# 计算机应用基础
# 项目化教程

吴巧玲　主　编
艾　爽　杨晓茜　副主编
张述平　薛　蜜　刘　颖　李　华　参　编

清华大学出版社
北　京

## 内 容 简 介

本书采用项目化教学方法，用项目引领学习内容，强调理论与实践相结合，通过技能着重培养学生的实际操作技能。全书由6个项目、77个任务组成，详细介绍了计算机应用的基础知识、中文版Windows 7操作系统、五笔字型输入法、Microsoft Office 2013办公套件、网络应用、光影魔术手及会声会影视频制作等内容。

本书内容深入浅出、通俗易懂，适合作为高等院校各专业的计算机基础课程的教材，也可作为成人继续教育和办公自动化培训机构的培训用书，以及自学人员的参考书。



**图书在版编目(CIP)数据**

计算机应用基础项目化教程 / 吴巧玲 主编.—北京：清华大学出版社，2017

ISBN 978-7-302-47976-5

Ⅰ.①计… Ⅱ.①吴… Ⅲ.①电子计算机－教材 Ⅳ.①TP3

中国版本图书馆CIP数据核字(2017)第201057号

**责任编辑**：王 军 李维杰
**装帧设计**：孔祥峰
**责任校对**：牛艳敏
**责任印制**：杨 艳

**出版发行**：清华大学出版社
　　**网　　址**：http://www.tup.com.cn，http://www.wqbook.com
　　**地　　址**：北京清华大学学研大厦A座　　**邮　　编**：100084
　　**社 总 机**：010-62770175　　**邮　　购**：010-62786544
　　**投稿与读者服务**：010-62776969, c-service@tup.tsinghua.edu.cn
　　**质 量 反 馈**：010-62772015, zhiliang@tup.tsinghua.edu.cn
**印 刷 者**：北京富博印刷有限公司
**装 订 者**：北京市密云县京文制本装订厂
**经　　销**：全国新华书店
**开　　本**：185mm×260mm　　**印　　张**：14　　**字　　数**：332千字
**版　　次**：2017年8月第1版　　**印　　次**：2017年8月第1次印刷
**印　　数**：1~4000
**定　　价**：32.00元

---

产品编号：075919-01

# 前　言

“计算机应用基础”课程是高等职业院校及其他各类高等院校开设范围最广的一门公共基础课，同时也是一门实践性和应用性都很强的课程。本书根据教育部最新制定的《高职高专教育计算机公共基础课程教学基本要求》，并根据高职院校“十三五”国家级规划教材的文件以及辽宁金融职业学院课程改革的具体要求编写而成。我们本着“基础理论以应用为目的，以必需、够用为度，专业课教学要加强针对性和实用性”的原则，在内容上力求涵盖各领域最新的知识、数据，适应时代发展，注重技能的运用。本书内容由6个项目、77个任务组成，利于强化学生动手解决实际问题的能力。

本书特色如下：一、理论部分简明扼要，没有过多涉及艰深难懂的知识，非常适合没有任何基础的学生学习。二、具有较好的操作性，技能实训部分重点培养学生的实际操作技能，学生只要认真按照项目要求上机操作，就能快速掌握有关计算机的实用知识和技能，学习应用计算机解决实际问题。三、编写思路突破传统，教程和实训合二为一，重占突出知识点及详尽的操作步骤，特别适合初学者使用；而技能扩展部分则提供了一些高级技巧，可以满足更高层次的需求。四、在编写过程中充分考虑高职层次学生的接受能力，尽量使内容深入浅出，讲解通俗易懂、条理分明，突出高职教育的特色。五、在教学内容安排上，围绕培养学生的办公自动化操作能力而设计，可作为“全国计算机信息高新技术考试”的参考书。

本书由吴巧玲担任主编，艾爽、杨晓茜担任副主编，张述平、薛蜜、刘颖、李华参编。在本书编写过程中，得到了辽宁金融职业学院教材编审委员会的大力支持以及信息工程系同事的鼎力帮助。同时，清华大学出版社为本书的及时出版做了大量工作，在此一并表示感谢！

由于本书编写时间较紧，加之编者水平有限，书中难免存在缺点和错误，恳请读者不吝赐教。

编　者

2017年6月于沈阳

# 目　　录

# 项目一　办公文件管理与制作

【能力目标】

1. 能认识电脑部件的构成
2. 能正常开关机、正确使用鼠标和键盘
3. 能保持正确输入坐姿和进行正确指法输入
4. 能切换各种输入法
5. 能使用和设置金山练习软件
6. 能使用记事本和Word打印简单文档
7. 能建立文件夹和文本文件并设置其属性
8. 能排列桌面图标
9. 能使用记事本、画图等附件
10. 能进行桌面和屏保设置
11. 能进行“开始”菜单及任务栏设置
12. 能正确删除程序
13. 能设置系统时间、日期等
14. 能够知道通知、请示、公函等常用公文格式
15. 能够对通知等简单公文进行排版
16. 能够排版红头文件
17. 能够打印文档

【知识目标】

1. 了解电脑的主要部件及其功能
2. 了解主机、显示器、键盘、鼠标部件间的连接
3. 了解计算机发展的四个阶段
4. 了解计算机软件发展
5. 熟练掌握键盘键位布局及各键位功能
6. 掌握写字板功能
7. 了解Word基本功能
8. 了解文件存放的基本分类方法
9. 掌握文件和文件夹基本操作
10. 掌握记事本等常用附件程序
11. 了解控制面板功能

12. 了解建立用户账户和设置屏保的必要性
13. 了解正确删除程序的必要性
14. 掌握Word简单文字排版知识
15. 掌握文档打印设置

【素质目标】

1. 具有做事认真的态度，讲究方法
2. 具有协作沟通能力
3. 具有团队荣誉意识
4. 具有有条理地存储、管理电子文档的习惯和意识
5. 具有树立保护个人信息安全的意识
6. 具有认真严谨的工作意识、树立团结互助的精神

【项目情境】

我校学生小王毕业实习到沈阳兴业银行行政部做行政助理，行政部接到打印通知任务。周经理告诉小王通知打印的具体要求，要求当天下班前必须打印盖章并张贴。小王在领到办公电脑后，需要快速连好电脑进行打印。

## 项 目 描 述

本项目旨在循序渐进地学习五笔字形输入法的单字录入，分为如下18个任务：

任务一：了解计算机
任务二：了解信息科技新发展
任务三：熟悉键盘布局
任务四：谈谈对课程的兴趣和建议
任务五：坐姿和指法训练
任务六：中英文打字练习
任务七：打印通知
任务八：建立文件夹并对文件夹进行管理
任务九：常用附件的使用
任务十：文件操作
任务十一：指法练习
任务十二：设置个性化桌面和屏保
任务十三：建立自己的用户账户
任务十四：安装和删除常用程序
任务十五：输入红头文件内容并进行排版
任务十六：银行假期通知公告

任务十七：会计人员年终个人总结

任务十八：英文测试

电子计算机的诞生，使人类社会迈进一个崭新的时代。它的出现使人类迅速进入信息社会，彻底改变了人们的工作方式和生活方式，对人类的整个历史发展有着不可估量的影响。计算机作为不可或缺的工具，已经在人们的生产、生活等各方面占据着举足轻重的地位。

# 学 习 任 务

## 任务一　了解计算机

认识计算机系统。

任务分析：

### 1. 启动计算机

计算机是电子数字计算机的简称，是一种能够自动地、高速地进行数值运算和信息处理的电子设备。它主要由一些机械的、电子器件组成，再配以适当的程序和数据。程序和数据输入后可以自动执行，用以解决某些实际问题。

计算机有三种启动方式：冷启动、热启动和复位。

#### 1) 冷启动

通过接通电源启动计算机的过程称为冷启动。

正确的开机顺序为：先打开打印机、显示器等外围设备，再打开主机电源。

#### 2) 热启动

在主机已经接通电源的情况下启动计算机称为热启动。热启动的方法是同时按下【Ctrl+Alt+Del】组合键。当计算机出现死机或其他情况需要重新启动系统时，通常使用热启动方式。

#### 3) 复位(Reset)

直接按主机上的复位按钮即为复位启动，当按下【Ctrl+Alt+Del】组合键重新启动计算机无效时，可以使用复位按钮重新启动计算机。

### 2. 计算机硬件系统

计算机系统分为软件系统和硬件系统。所谓软件，是指为方便用户使用计算机和提高使用效率而组织的程序以及用于开发、使用和维护的有关文档。硬件(Hardware)是“计算机硬件”的简称，与软件(Software)相对应，是电子计算机系统中所有实体部件和设备的统称。从基本结构上来讲，计算机可以分为五大部分：运算器、存储器、控制器、输入设备和输出设备。

从计算机的外部结构看，计算机可分为主机和外设两部分。计算机的主机主要由CPU、主板、内存、硬盘、光驱、电源、机箱、显卡和声卡等构成。外设是外部设备或外围设备的简称，是指连在计算机主机以外的硬件设备。外设可以简单理解为输入设备、输出设备和外存储器的统称，对数据和信息起着传输、转送和存储的作用。外设是计算机系统的重要组成部分。

1) 主机

拆开主机机箱，可以看到机箱的内部结构，它由主板、CPU、内存和硬盘等核心部件组成。

(1) 主板

机箱内最大的一块电路板就是主板，CPU、内存条、显卡、声卡以及其他许多小板卡和接口线路等都需要插在主板上。主板的性能很大程度决定CPU及其他部件性能的发挥，主板上有I/O接口、电源接口、CPU插槽、CMOS芯片等，主板的外形如图1-1-1所示。

(2) CPU

CPU是计算机的核心部件，包括能够完成各种数据处理的控制器和运算器，是评价计算机的一个主要性能指标，如图1-1-2所示。

图1-1-1　主板

图1-1-2　CPU

(3) 内存

内存是由超大规模集成电路组成的，直接通过主板和CPU相连，与CPU直接交换信息。按工作方式不同，内存分为随机存储器(RAM)和只读存储器(ROM)。随机存储器可以随机地向指定的单元存储信息，断电后信息将会丢失；而只读存储器一般用来存储一些系统固化的程序，断电后信息不消失。通常所说的内存是指随机存储器。现在，内存的容量一般有2GB、4GB、8GB、16GB等，其外观如图1-1-3所示。

(4) 硬盘

硬盘的全称为硬盘驱动器。硬盘具有存储容量大、读写速度快、可靠性高和使用方便等特点，因此绝大多数的数据都存储在硬盘中。目前硬盘正在向大容量、高速度方向发展，其外观如图1-1-4所示。

目前市场上比较流行的硬盘有希捷、西部数据和迈拓等品牌，目前主流硬盘容量为500GB~2TB，转速发展到7200r/min和10000r/min。

现在，还有一种重要的也是常用的外存储器，即U盘，也称为闪存和闪盘，以闪存芯片为信息载体记录保存数据。其优点是快速读写，断电后仍可以保留信息。容量一般为8GB~128GB，其外观如图1-1-5 所示。

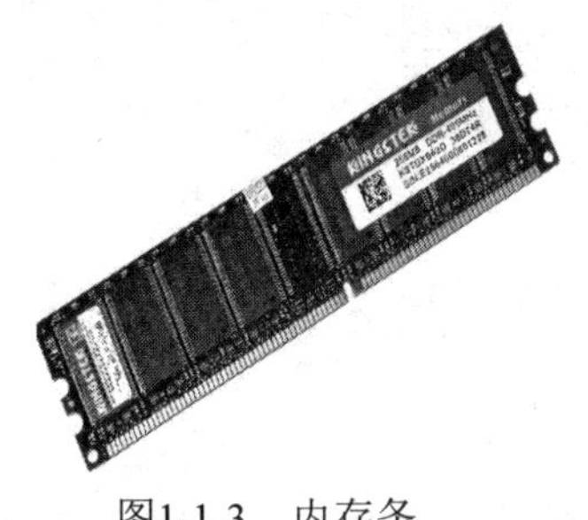

图1-1-3　内存条

图1-1-4　硬盘

图1-1-5　U盘

(5) 光盘与光驱

光盘是一种大容量的、可携带式的数据存储媒介。光盘是利用光学方式进行信息读写的存储器，最早用于激光唱机和影碟机。光盘具有容量大、可靠性高、稳定性好和使用寿命长等特点，一般的光盘有10年以上的使用寿命。目前，微机使用的光盘有三种：只读性光盘、一次写入性光盘与可抹性光盘。

只读性光盘(CD-ROM)只能读出信息而不能写入信息。存储容量可达大约650MB，适于存储软件、音频文件和视频文件等数据。一次写入性光盘(WORM)允许用户将信息记录在光盘上，一旦写入就不能修改和删除，但可以多次读出。可抹性光盘与磁盘存储器相似，可多次读写和修改。

常见的VCD就是一种只读光盘，可存储大约74分钟的音乐，VCD与CD-ROM基本是一样的。DVD是另外一种常见的只读光盘，可存储大约135分钟的音乐。DVD盘单面单层的容量为4.7GB，单面双层的容量为8.54GB，容量最高的是双面双层，可达17.08GB。

光驱是用来读写光碟内容的设备。随着多媒体的应用越来越广泛，使得光驱在台式机诸多配件中已经成标准配置。目前，光驱可分为CD-ROM光驱、DVD光驱(DVD-ROM)和刻录机等，如图1-1-6所示。

(6) 显卡

显卡的全称为显示接口卡，简称为显卡，是个人计算机的最基本组成部分之一。显卡的用途是对计算机系统所要显示的信息进行转换驱动，并向显示器提供行扫描信号，控制显示器的正确显示，是连接显示器和个人计算机主板的重要元件，是“人机对话”的重要设备之一，其外观如图1-1-7所示。

图1-1-6　光驱

图1-1-7　显卡

(7) 声卡

声卡也叫音频卡。声卡是多媒体技术中最基本的组成部分。声卡的基本功能是对来自话筒、磁带、光盘的原始声音信号加以转换，输出到耳机、音箱等声响设备，使其发出美妙的声音，其外观如图1-1-8所示。

图1-1-8　声卡

2) 外设

计算机外部设备不但包括键盘、鼠标、扫描仪和手写笔等输入设备，还包括显示器与打印机等输出设备。

(1) 键盘

键盘是计算机最早拥有的基本部件之一。常见的键盘有104键。目前，键盘接口有PS/2接口、USB接口和无线接口3种。

(2) 鼠标

鼠标是控制显示屏上光标移动位置的一种常用输入设备，被广泛应用于图形用户界面环境，通过简单的拖曳就能代替许多复杂的命令操作。鼠标分为机械式鼠标和光电式鼠标两种。

(3) 扫描仪

扫描仪是目前流行的一种输入图片及文字的外部设备，它利用光学扫描原理从纸介质上读出照片、文字或图形，然后把信息输入计算机，进行分析加工与处理，其外形如图1-1-9所示。

(4) 显示器

显示器是计算机系统中最基本的输出设备，它能及时动态地显示输入的信息和程序运行结果。常用的显示器有两种：LCD和CRT显示器，其外观分别如图1-1-10和图1-1-11所示。LCD显示器即液晶显示屏，优点是机身薄、占地小、辐射小，现已逐步替代CRT显示器。

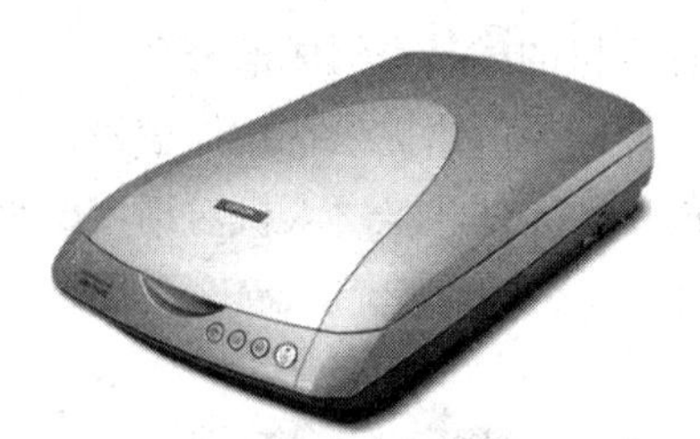

图1-1-9　扫描仪

图1-1-10　液晶显示器

图1-1-11　CRT显示器

(5) 多媒体音箱

音箱是一种输入设备，是用于将音频信号变换为声音的一种设备，包括有源音箱和无源音箱两种。

(6) 打印机

打印机是计算机常用的输出设备，主要用于打印数据、文字和图形，能将程序和数据结果保存下来。按打印机的打印方式，可分为点阵式打印机、喷墨式打印机和激光打印机。

点阵式打印机又叫针式打印机。点阵式打印机价格便宜，对纸张要求低，但噪声大、字迹质量不高。目前常用的有EPSON LQ-1600K系列打印机。

喷墨打印机通过喷墨管将墨水喷到打印纸上来完成字符和图形的输出。与点阵式打印机相比，它的噪音小、打印速度快、打印质量高。但打印成本较高，目前国内市场常见的有EPSON(爱普生)、HP(惠普)和Canon(佳能)等品牌。

激光打印机是一种非击打式打印机。它的打印速度快、分辨率高、无噪音，主要用于办公、平面设计等领域。目前主要有HP、Canon等品牌。

### 3. 计算机软件系统

计算机软件系统可分为系统软件和应用软件两类。

用户与计算机软件系统和硬件系统的关系如图1-1-12所示。

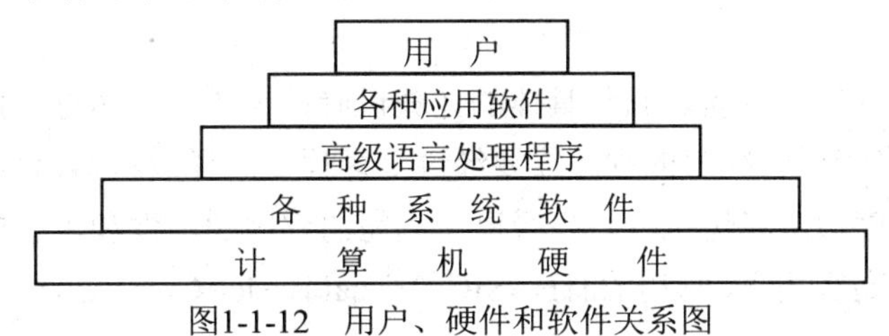


图1-1-12　用户、硬件和软件关系图

#### 1) 系统软件

系统软件由一组控制计算机系统并管理其资源的程序组成，其主要功能包括启动计算机，存储、加载和执行应用程序，对文件进行排序、检索，将程序语言翻译成机器语言等。实际上，系统软件可以看成用户与计算机的接口。它为应用软件和用户提供了控制、访问硬件的手段，这些功能主要由操作系统完成，此外，编译系统和各种工具软件也属此类，它们从另一方面辅助用户使用计算机。常用的系统软件主要有操作系统、语言处理程序和一些常用的服务程序。

(1) 操作系统

- 操作系统的定义

操作系统是控制和管理计算机系统内各种硬件和软件资源、有效地组织各种应用程序运行的系统软件，是用户与计算机之间的接口。

- 操作系统的功能

操作系统的功能主要为存储管理功能、处理机管理功能、设备管理功能、文件管理功能、用户接口等。

- 操作系统的地位

硬件是软件建立与活动的基础，而软件是对硬件功能的扩充。操作系统是“裸机”(没有安装软件的机器)之上的第一层软件，与硬件关系尤为密切。操作系统是整个计算机系统的控制管理中心，其他所有软件都建立在操作系统之上。

(2) 语言处理程序

程序设计语言是用户用来编写程序的语言，分为机器语言、汇编语言和高级语言三种。

- 机器语言

机器语言由一系列二进制代码构成，可以直接被计算机识别并执行。对于不同的计算机硬件，机器语言是不同的，针对某一类计算机编写的机器语言程序不能在其他类型的计算机上运行。机器语言的执行效率高、占用内存少，但是用机器语言编写的程序可读性差、编程难度大。

- 汇编语言

汇编语言使用指令助记符来代替操作码，使编程更简单、修改更方便、可读性更好。由于计算机只能识别机器语言，因此使用汇编语言编写的程序必须翻译成机器语言，把汇编语言翻译成机器语言的过程称为汇编，其中使用的翻译程序叫汇编程序。

机器语言和汇编语言都依赖机器，与计算机的硬件直接相关，都是面向机器的语言，称为低级语言。

- 高级语言

高级语言又称为算法语言。它与具体的计算机硬件无关，表达方式接近于被描述的问题，易于理解。用高级语言编写的程序需要经过编译程序翻译成机器语言程序后才能执行，也可以通过解释程序边解释边执行。高级语言编写的程序通用性和可移植性好。目前世界上有上百种计算机高级语言，常用的有BASIC、Visual Basic、C、Visual C++、Pascal、Delphi、Fortran、Java等。

(3) 工具软件

工具软件又叫服务软件，它是开发和研制各种软件的工具。常见的工具软件有调试程序、编辑程序、诊断程序和连接装配程序。

### 2) 应用软件

应用软件是为解决各种实际问题而专门设计的计算机程序，具有很强的实用性和专业性。由于计算机的日益普及，应用软件种类越来越多，主要有信息管理软件、办公自动化软件、文字和数据处理软件、计算机辅助设计软件和网络通信软件。

表1-1-1中列出了工作或娱乐中经常用到的软件及其说明，可以购买相应的软件光盘或通过网络下载来获取所需的软件。

**表1-1-1 常用应用软件推荐**

| 工作或娱乐 | 应用软件推荐 | 说明 |
| --- | --- | --- |
| 文字处理 | Office | 使用最为广泛的办公软件，包含多个组件，如使用Word组件编辑文档、使用Excel组件制作电子表格、使用PowerPoint组件制作课件等 |
| 压缩/解压缩工具 | WinRAR | 从网上下载的文件多数是经过压缩的，WinRAR是目前最好用的压缩/解压缩工具 |
| 图像处理 | Photoshop | 功能最强大的图像处理软件 |

(续表)

| 工作或娱乐 | 应用软件推荐 | 说明 |
|---|---|---|
| 多媒体播放 | RealOne<br>暴风影音 | 利用RealOne和Windows Media Player可以播放大多数在线视频或音频；而利用暴风影音，则可以播放几乎任何格式的视频 |
| 杀毒软件 | 360、瑞星、诺顿或卡巴斯基 | 只要电脑上网，便会遇到许多病毒，为避免遭受病毒侵害，安装杀毒软件是必需的 |
| 下载工具 | 网际快车(FlashGet)或迅雷(Thunder) | 下载软件可以提高下载文件的速度，而且支持断点续传(即如果发生意外使下载中断，第二次可从中断的地方继续下载) |
| 网络防火墙 | 瑞星个人防火墙或360安全卫士 | 安装个人防火墙能阻挡一些低级的黑客攻击 |
| 通信工具 | QQ、微信 | 利用它们可方便地与远方的朋友或商业伙伴交流 |

**任务实施：**

① 交流自己的计算机水平及经历，指出电脑设备各部件名称。

② 列举常用软件。

**任务小结：**

人们在日常生活和工作中越来越离不开计算机，熟练运用计算机是每个大学生必须具备的一项技能。计算机可以极大地提高工作质量和工作效率，也使日常生活更加丰富多彩。计算机系统的组成如图1-1-13所示。

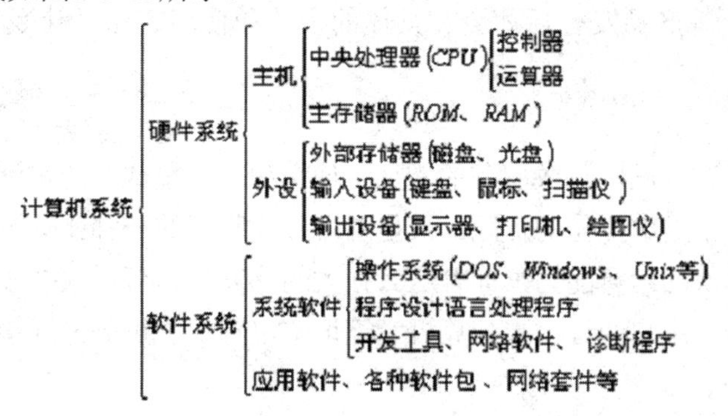


图1-1-13　计算机系统的组成

## 任务二　了解信息科技新发展

- 百度神灯、云计算。
- 讨论比尔·盖茨、IBM公司。

**任务分析：**

### 1. 百度神灯

“神灯搜索”可以将手机百度的搜索结果以全息投影的形式展现在用户面前，同时用户可以与之进行实时互动，实现更加直观、智能的搜索体验。如图1-2-1所示。

图1-2-1　百度神灯

手机百度中“神灯搜索”的操作方式非常简单，也非常有趣。只要用户手机里安装了最新版本的手机百度APP并为手机装上类似于手机壳的“百度神灯”配件，摩擦“百度神灯”边缘后，即可自动唤醒“神灯搜索”功能。在用户发出语音指令之后，“百度神灯”会将搜索结果以全息投影的影像呈现在手机屏幕上方，而用户可以直接与全息影像的搜索结果进行互动，实现动态的多轮对话交互。

具体用法，要等产品发行后才会有具体的参数和使用方法，让我们拭目以待。

### 2. 云计算

云计算是基于互联网的相关服务的增加、使用和交付模式，通常涉及通过互联网来提供动态易扩展且经常是虚拟化的资源。云是网络、互联网的一种比喻说法。云计算可以让你体验每秒10万亿次的运算能力，拥有这么强大的计算能力可以模拟核爆炸、预测气候变化和市场发展趋势。用户通过个人计算机、笔记本电脑、手机等方式接入数据中心，按自己的需求进行运算。

计算是通过使计算分布在大量的分布式计算机上，而非本地计算机或远程服务器中，企业数据中心的运行将与互联网更相似。这使得企业能够将资源切换到需要的应用上，根据需求访问计算机和存储系统。

云计算的特点是超大规模、虚拟化、高可靠性、通用性、高可扩展性、按需服务、极其廉价和存在潜在的危险性。

### 3. 比尔 • 盖茨和IBM

#### 1) 比尔 • 盖茨

比尔 • 盖茨(Bill Gates)1955年出生于美国华盛顿州西雅图，企业家、软件工程师、慈善家、微软公司创始人，曾任微软董事长、CEO和首席软件设计师。

比尔·盖茨13岁开始进行计算机编程设计，18岁考入哈佛大学，一年后从哈佛退学。1975年与好友保罗·艾伦一起创办了微软公司，比尔·盖茨担任微软公司董事长、CEO和首席软件设计师。比尔·盖茨曾经蝉联13年世界首富，创办了世界最大的软件公司微软，世界上有90%的电脑都在用他们的操作系统，数十年未逢敌手。

比尔·盖茨热心于社会的公益事业，并设立了资产达170亿美金的盖茨-梅林达基金会，将自己的巨额财富反馈给社会。同时，他又撰写了《未来之路》和《数字神经系统》两本书，为计算机的发展及其对人类生活的影响做了前瞻性的阐释。

计算机软件技术的发展可以说日新月异。50年前，计算机只能由高素质的专家使用，今天，计算机的使用非常普遍，甚至没有上学的小孩都可以灵活操作。

第一代软件(1946年~1953年)：第一代软件是用机器语言编写的，机器语言是内置在计算机电路中的指令，由0和1组成。

第二代软件(1954年~1964年)：当硬件变得更强大时，就需要更强大的软件工具以使计算机得到更有效的使用。汇编语言向正确的方向前进了一大步，但程序员还是必须记住很多汇编指令。第二代软件开始使用高级程序设计语言(简称高级语言，相应地，机器语言和汇编语言称为低级语言)编写，高级语言的指令形式类似于自然语言和数学语言(例如计算2+6的高级语言指令就是2+6)，不仅容易学习，方便编程，也提高了程序的可读性。

IBM公司从1954年开始研制高级语言，同年发布了第一门用于科学与工程计算的Fortran语言。

第三代软件(1965年~1970年)：在这个时期，处理器的运算速度得到了大幅度提升，处理器在等待运算器准备下一个作业时，无所事事。因此需要编写一种程序，使所有计算机资源处于计算机的控制中，这种程序就是操作系统。

第四代软件(1971年~1989年)：20世纪70年代出现了结构化程序设计技术，Pascal语言和Modula-2语言都是采用结构化程序设计规则制定的，BASIC这种为第三代计算机设计的语言也被升级为具有结构化的版本。此外，还出现了灵活且功能强大的C语言。

第五代软件(1990年至今)：第五代软件在发展过程中有三个著名事件：在计算机软件业具有主导地位的微软公司的崛起、面向对象程序设计方法的出现以及万维网(World Wide Web)的普及。

### 2. IBM

IBM的历史可以追溯到电子计算机发展前的几十年，在电子计算机发展之前，IBM经营穿孔卡片数据处理设备。IBM于1911年在纽约恩迪科特作为CTR公司注册。Thomas J. Watson是IBM的创始人，1914年担任CTR总经理，1915年担任总裁。1917年，CTR以国际商用机器有限公司进入加拿大市场，1924年2月14号改名为国际商业机器公司(IBM)。

IBM在1932年投入巨资100万美元建设第一个企业实验室，这个实验室在整个20世纪30年代的研发投入让IBM在技术产品上获得领先。在整个经济大萧条期间，IBM一直在研发和新产品上投资，它的产品比所有其他公司都更好、更快、更可靠，并因此赢得了独家代理罗斯福新政会计项目的合同。1935年时，IBM的卡片统计机产品已经占领美国市场份额的85.7%，IBM公司因卡片机的大量销售而积累雄厚的财力和强大的销售服务能力，为以后成为计算机领域的巨头奠定了重要基础。

世界上第一台通用型计算机(ENIAC，Electronic Numerical Integrator And Computer)于1946年2月15日在宾夕法尼亚大学诞生，如图1-2-2所示。这个庞然大物有8英尺高、3英尺宽、100英尺长，重达30吨，耗电高达140千瓦，用了18800个电子管，每秒能进行5000次加法运算。

图1-2-2　ENIAC

1945年6月，美籍匈牙利科学家冯•诺依曼提出了在数字计算机内部的存储器中存放程序的概念，这是所有现代计算机的模板，被称为“冯•诺依曼结构”。按这一结构建造的电脑称为程序计算机，又称为通用计算机。冯•诺依曼计算机主要由运算器、控制器、存储器和输入/输出设备组成。它的特点是：程序以二进制代码的形式存放在存储器中，所有的指令都由操作码和地址码组成，指令在其存储过程中按照顺序执行以及以运算器和控制器作为计算机结构的中心等。

根据计算机采用的主要元器件，计算机的发展可以分为四个阶段：

(1) 第一代计算机(1946年~1957年)的硬件

真空电子管计算机，基本元件是电子管。第一代电子计算机的代表是UNIVAC-1，它是由真空管制造电子元件的计算机，利用穿孔卡作为主要的存储介质，体积庞大，重量惊人，耗电量很大，使用不普遍，程序设计语言使用汇编语言和机器语言，主要用于科学计算。不过这一时期的电子计算机为接下来计算机的发展提供了方向。

(2) 第二代计算机(1958年~1964年)的硬件

晶体管计算机，基本元件是半导体晶体管。1947年，晶体管的发明引起了计算机硬件的飞跃。由于晶体管相对真空管的巨大优势，计算机开始使用晶体管制造电子元件，这样的电脑被称作第二代计算机。相对真空管计算机，晶体管计算机无论是耗电量还是产生的热能都大大降低，可靠性和计算能力大为提高。程序设计语言使用Fortran、COBOL等高级语言，开始用于数据处理、事务管理和工业控制。

(3) 第三代计算机(1965年~1971年)的硬件

集成电路计算机，基本元件是小规模集成电路和中规模集成电路。这一代计算机的特征是使用集成电路代替晶体管，使用硅半导体制造存储器。第三代计算机的可靠性和速度大为提高，运算速度每秒几十万次到几百万次。有了较成熟的操作系统软件，计算机的兼容性更好、成本更低、应用更广。鼠标也是在这个时期产生的。

(4) 第四代计算机(1972年至今)的硬件

大规模集成电路计算机，基本元件是大规模和超大规模集成电路。这一代的计算机开始与目前通用的电脑相同。第四代计算机开始使用大规模集成电路和超大规模集成电路，出现了CPU、声卡、显卡、内存、主板、硬盘这些熟悉的电脑硬件，操作系统、数据库管理系统等系统软件也在不断发展。目前，我们使用的微型计算机都属于第四代计算机。

**任务实施：**

谈谈你了解到的信息技术的新发展。

**任务小结：**

计算机技术迅猛发展，目前被广泛地应用于人们的生活中，给人们的生活带来了巨大的便利，计算机技术也从单一化领域逐步发展到多元化领域。运用计算机综合处理和控制文字、图像、动画和活动影像等信息，使多种信息建立起逻辑链接，集成为一个系统并具有交互作用，将视听信息以数字信号的方式集成在一个系统中，计算机就可以很方便地对它们进行存储、加工、控制、编辑、变换，还可以查询、检查。但随着社会经济的发展，各行各业对计算机技术的要求越来越高，要适应社会需求，就必须深入研究计算机技术，以使计算机技术更好地满足社会需求。

### 任务三 熟悉键盘布局

通过打字游戏熟悉键盘布局。

**任务分析：**

熟悉键盘上26个字母的键位分布。

**任务实施：**

打开金山打字通软件，选择打字游戏。

**任务小结：**

整个键盘分为五个区：功能键区、主键盘区、编辑区、辅助键区和状态指示区。熟练掌握主键盘区26个英文字母的位置。

## 考 核 任 务

### 任务四 谈谈对课程的兴趣和建议

- 谈谈你对本门课程的兴趣和建议。
- 到中关村网站的DIY硬件版去了解一下计算机硬件。
- 试试下载360杀毒软件并安装。

## 知识拓展

### 1. 数制

数制也称计数制，是指用一组固定的符号和统一的规则来表示数值的方法。编码是采用少量的基本符号，选用一定的组合原则以表示大量复杂多样的信息技术。计算机是信息处理的工具，任何信息都必须转换成二进制数据后才能由计算机进行处理、存储和传输。

#### 1) 计算机的数据单位

在计算机内部，所有数据都是采用二进制数的编码来表示的。为了衡量计算机中数据的量，人们规定了一系列表示数据量的常用单位，常用的数据单位有位、字节、字等。

(1) 位

位(bit)又称比特，是计算机中最小的数据单位，表示一位二进制编码。计算机中最直接、最基本的操作就是对二进制位进行的操作。

(2) 字节

字节(byte)简写为B，一个字节由8个二进制数位组成，是计算机中用来表示存储空间大小的基本容量单位。计算机存储器(包括内存储器和外存储器)通常是以字节为单位来表示容量的。除用字节为单位表示存储容量外，还可以用千字节(KB)、兆字节(MB)、吉字节(GB)以及太字节(TB)等表示存储容量。它们之间存在下列换算关系：

1B=8bit　1KB=1024B　1MB=1024KB　1GB=1024MB　1TB=1024GB

(3) 字

字(Word)，又称计算机字。在计算机中作为一个整体一次被存取、传送、处理的二进制位数，称为字长。一个字由若干个字节组成，不同的计算机系统的字长是不同的，常见的有8位、16位、32位、64位等。字长越长，计算机一次处理的信息位就越多，精度就越高，字长是计算机性能的一个重要指标。目前，主流微型计算机都是32或64位机。

#### 2) 数制的基本概念

(1) 进位计数制

按进位的原则进行计数，称为进位计数制。在日常生活中，会遇到不同进制的数。例如，一周七天，逢七进一；一小时六十分钟，逢六十进一等。使用最多的是十进制数，而计算机中使用的是二进制数。

(2) 基数

在进位计数制中，每个数位上允许使用数码的个数是基数。例如：十进制数，基数是10；十六进制数，基数是16；八进制数，基数是8；二进制数，基数是2。

(3) 权

以基数为底，数码所在位置的序号为指数的整数次幂(整数部分各位的位置序号为0)，称为这个数码的权。例如，$(28.6)_{10}$是十进制数，基数是10，其中2的权是$10^1$，8的权是$10^0$，6的权是$10^{-1}$。

#### 3) 常用数制

(1) 二进制数

以2为基数，以0、1作为数字符号，按逢二进一规则来计数，约定在数据后加上字母

“B”表示二进制数据。例如二进制数1001可表示成1001B，也可以表示成$(1001)_2$。

(2) 八进制数

以8为基数，以0、1、2、3、4、5、6、7作为数字符号，按逢八进一规则来计数，约定在数据后加上字母“O”表示八进制数据。

(3) 十进制数

以10为基数，以0、1、2、3、4、5、6、7、8、9作为数字符号，按逢十进一规则来计数，约定在数据后加上字母“D”表示十进制数据。

(4) 十六进制数

以16为基数，以0、1、2、3、4、5、6、7、8、9、A、B、C、D、E、F作为数字符号，按逢十六进一规则来计数，约定在数据后加上字母“H”表示十六进制数据。

#### 4) 数制之间的转换

(1) R(二、八、十六)进制向十进制的转换

在十进制系统中，任何一个数都可以采用如下多项式来表示。

$(76512.49)_{10}=7\times10^4+6\times10^3+5\times10^2+1\times10^1+2\times10^0+4\times10^{-1}+9\times10^{-2}$

从上式可以看出，一个十进制数等于每一位上的数码和其所对应的位权相乘，再把各个乘得的结果相加。其他进制也适用这一原则，其最终的计算结果即为十进制数。例如：

$(101.1)_2=1\times2^2+0\times2^1+1\times2^0+1\times2^{-1}=(5.5)_{10}$

$(73.4)_8=7\times8^1+3\times8^0+4\times8^{-1}=(59.5)_{10}$

$(5B)_{16}=5\times16^1+11\times16^0=(91)_{10}$

(2) 十进制向R(二、八、十六)进制的转换

将一个数从十进制转换为R进制时(R为基数)，需要将该数分为整数部分和小数部分两部分，并分别采取不同的转换方法。

对整数部分：除基取余，至零为止，最后一个余数是转换后R进制数的最高位，第一个余数是转换后R进制数的最低位。

对小数部分：乘基取整，至零或到精度为止，第一个整数是转换后R进制数的最高位，最后一个整数是转换后R进制数的最低位。

### 2. 数据编码

#### 1) 西文字符的编码

目前计算机中最常用的西文字符编码为ASCII码，即美国信息交换标准码，该编码被国际标准化组织指定为国际标准。ASCII码有7位码和8位码两种版本，基本的ASCII码用一个字节中的低7位(最高位置0)表示一个西文字符的编码，共可表示$2^7=128$个字符。

#### 2) 汉字编码

1980年，我国颁布了第一个汉字编码的国家标准：《信息交换用汉字编码字符集·基本集》，简称国标码，其代号为GB2312-80。该字符集共收录6763个汉字(其中一级汉字3755个，二级汉字3008个)和682个基本图形字符，共计7445个字符。

#### 3) 其他语言文字编码

(1) BIG-5码

目前在中国台湾地区、中国香港特别行政区通行的一种繁体字编码标准。

(2) GBK编码

扩展汉字编码，共收录了21003个汉字和883个符号。

(3) Unicode编码

它是国际标准化组织制定的一个编码标准，该编码将中文、英文、日文、俄文等世界上几乎所有的文字统一起来考虑，为每个文字分配一个统一且唯一的编码，以满足跨语言、跨平台进行文本转换和处理的要求。

对于初学者来说，熟悉汉字典型偏旁部首和常用疑难汉字拆分，分析掌握易拆错汉字的拆分方法，会使得对五笔字形的学习事半功倍。

### 3. 专业词汇中英对照

(1) 云计算——cloud computing

(2) 中央处理器——Central Processing Unit

(3) IBM——International Business Machines Corporation

(4) ASCII——American Standard Codef or Information Interchange

## 任务五　坐姿和指法训练

坐姿和指法训练。

**任务分析：**

打字之前一定要端正坐姿。如果坐姿不正确，不但会影响打字速度的提高，而且还会很容易疲劳、出错。正确的坐姿应该是：上身挺直，稍偏于键盘左方，略微前倾，离键盘的距离约为20~30厘米。两肩放松，双脚平放在地上，手腕与肘形成一条直线，手指自然弯曲轻放在基准键上，手臂不要过度张开，击键时力度要均衡。

### 1. 认识键盘

整个键盘分为五个区：功能键区、主键盘区、编辑区、辅助键区和状态指示区，如图1-5-1所示。

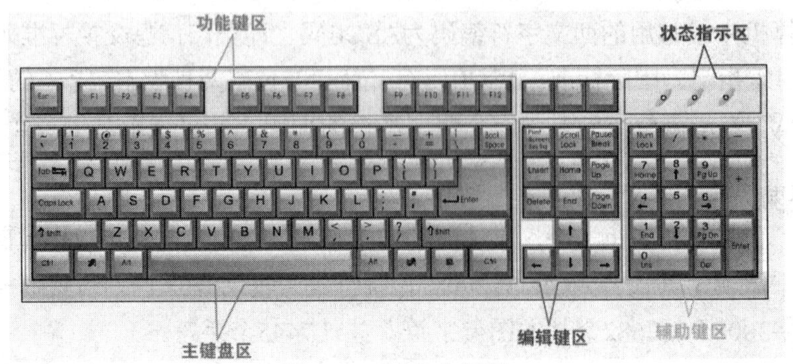


图1-5-1　键盘分区图

#### 1) 主键盘区

对于打字来说，最主要的是熟悉主键盘区各个键的用处。主键盘区除包括26个英文字母、10个阿拉伯数字和一些特殊符号外，还附加一些功能键：

- 【Back Space】：退格键，删除光标前一个字符。
- 【Enter】：换行键，将光标移至下一行的行首。
- 【Shift】：字母大小写临时转换键；与双符号键同时按下，输入上方符号。
- 【Ctrl】、【Alt】：控制键，必须与其他键一起使用。
- 【Caps Lock】：锁定键，将英文字母锁定为大写状态。
- 【Tab 】：跳格键，将光标右移到下一个跳格位置。
- 空格键：输入一个空格。

#### 2) 功能键区

【F1】~【F12】：功能根据具体的操作系统或应用程序而定。

#### 3) 编辑键区

编辑键区中包括插入字符键【Ins】，删除当前光标位置的字符键【Del】，将光标移至行首的【Home】键和将光标移至行尾的【End】键，向上翻页【Page Up】键和向下翻页【Page Down】键，以及上下左右箭头。

#### 4) 辅助键区

小键盘区(辅助键区)有9个数字键，可用于数字的连续输入，用于输入大量数字的情况，例如财会的数据输入方面。

#### 5) 状态指示区

【NUM】键是数字开关灯，用来指示小键盘区数字键的状态。指示灯亮时，可以输入数字；指示灯关闭时不能输入数字，只能执行小键盘区数字键对应的方向键。

【CAP】键是大小写开关灯，用来指示键盘字母键的大小写状态。指示灯亮时，只能输入大写字母；如果指示灯关闭，就只能输入小写字母。

【SCR】键是滚动锁开关灯，指示灯亮时表示滚动锁在起作用，反之滚动锁不起作用。

### 2. 打字姿势

打字之前一定要端正坐姿。如果坐姿不正确，不但会影响打字速度的提高，而且还会很容易疲劳、出错。正确的坐姿应该是：上身挺直，稍偏于键盘左方，略微前倾，离键盘的距离约为20~30厘米。两肩放松，双脚平放在地上，手腕与肘形成一条直线，手指自然弯曲轻放在基准键上，手臂不要过度张开，击键时力度要均衡，如图1-5-2所示。

图1-5-2　正确的打字姿势

### 3. 使用金山打字通软件

(1) 金山打字通简介

金山打字通(TypeEasy)是金山公司推出的两款教育系列软件之一，是一款功能齐全、数据丰富、界面友好、集打字练习和测试于一体的打字软件。循序渐进突破盲打障碍，摆脱枯燥学习。软件包含联网对战打字游戏、易错键常用词重点训练、纠正南方音模糊音、提供五笔反查工具、配有数字键录入、同声录入等12项职业训练等。

(2) 金山打字通2003使用方法

左右手指放在基准键上；击完键迅速返回原位；食指击键注意键位角度；小指击键力量保持均匀；数字键采用跳跃式击键。

如图1-5-3所示，英文练习分为键位练习(初级)、键位练习(高级)、单词练习和文章练习。在键位练习部分，通过配图引导以及合理的练习内容安排，快速熟悉、习惯正确的指法，由键位记忆到英文文章全文练习，逐步盲打并提高打字速度。

图1-5-3　使用金山打字通

**任务实施：**

**1) 软件的使用**

打开金山打字通软件，选择【英文打字】，然后选择【键位练习】。

**2) 指法练习**

字符键基本指法：不击键时，手指放在基准键上，击键时手指从基准键位置伸出，手指位置，如图1-5-4所示。

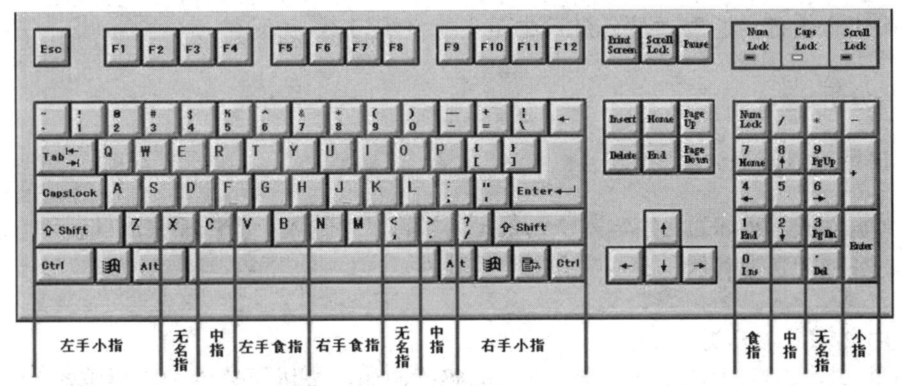


图1-5-4　键盘指法图(一)

字符【A】、【S】、【D】、【F】、【J】、【K】、【L】、【；】这八个键称为基准键。其中【F】和【J】键上有一段凸起的横线，以便食指触摸定位练习键盘输入时，要双手并用、十指分工，不要用单手、单指操作。双手大拇指放在空格键上，左右手的食指分别放在【F】和【J】键上，其他手指按顺序摆放，分工击键，击键完毕，手指应迅速返回到基准键上，如图1-5-5所示。

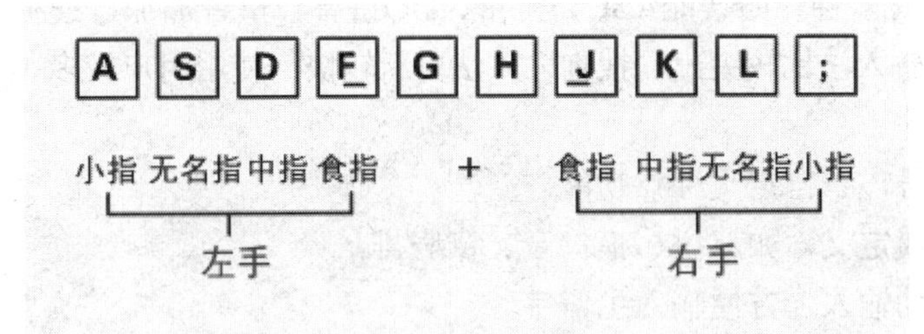


图1-5-5　键盘指法图(二)

**3) 盲打练习**

在初步熟悉键盘上各键位的分布以后，要记住每个键的键位以及手指分工，从熟悉的某篇文章开始，坚持使用盲打，错了重来，直到熟练盲打该文章为止。然后换文章直至能够完全掌握盲打。

**任务小结：**

初学打字，一定掌握适当的练习方法，长远来看，以严格态度练习指法比暂时提高自己的打字速度更为重要。练习时注意：

① 一定把手指按照分工放在正确的键位上。

② 有意识慢慢地记忆键盘各个字符的位置，体会不同键位上的字键被敲击时手指的感觉，逐步养成不看键盘的输入习惯。

③ 进行打字练习时必须集中注意力，做到手、脑、眼协调一致，尽量避免边看原稿边看键盘，这样容易分散记忆力。

④ 初级阶段的练习即使速度慢，也一定要保证输入方法的准确性。

## 任务六　中英文打字练习

使用“金山打字通”软件，进行中英文打字练习。

**任务分析：**

### 1. 拼音输入法简介

中文输入法，又称为汉字输入法，是指为了将汉字输入计算机而采用的编码方法，是中文信息处理的重要技术。

#### 1) 中文输入法分类

(1) 音码：根据汉字的读音特征进行编码。例如：全拼、简拼、双拼等输入法。

(2) 形码：根据汉字结构、笔画、书写顺序等汉字字形特征进行编码。例如：五笔字形输入法。

(3) 音形混合码：既利用汉字的读音特征，又利用汉字字形特征进行编码。例如：自然码输入法。

#### 2) 常见拼音输入法

拼音输入法有多种，如智能ABC、全拼、QQ拼音、拼音加加、搜狗输入法等，其中拼音加加、搜狗输入法比较突出，搜狗输入法更新较快，使用用户较多。下面介绍搜狗输入法的特点：

(1) 特殊符号，有自定义标点功能。

(2) 使用习惯定义，如双拼、模糊音、横竖排。

(3) 偏旁辅助输入，方便输入生僻字。

(4) 五笔输入：按u键，就可以用“横竖撇点折”来输入任何不会拼写的字。

(5) 自定义词库：多行输入，丰富了日期变量的输入(加入了时间、星期，还可以拆分出年月日时分秒)，还创造性地添加了排序属性和是否启用属性。

(6) 提供词库：搜狗提出了“细胞词库”的概念，既方便了输入，又减小了需要检索的词库。

(7) 生词记忆：搜狗输入法有较强的记忆功能，输入生词后，再次输入时就可以直接作为词组输入了。

(8) 联网：记忆的生词可以自动上传下载，使用习惯定义也可以手动上传下载。

(9) 中英文混合输入：输入英文并回车输入，搜狗对网址输入做了很多优化，常用网址会有提示。

### 3) 切换输入法

单击任务栏上的输入法图标，出现输入法菜单后，单击其中的输入法菜单项即可。也可通过快捷键【Ctrl+Shift】快速选择汉字输入法，如图1-6-1所示。

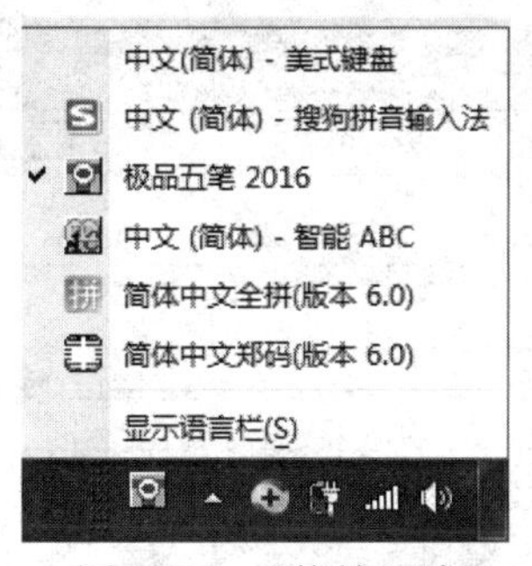


图1-6-1　切换输入法

### 4) 中文输入法窗口(以搜狗输入法为例)，如图 1-6-2 所示

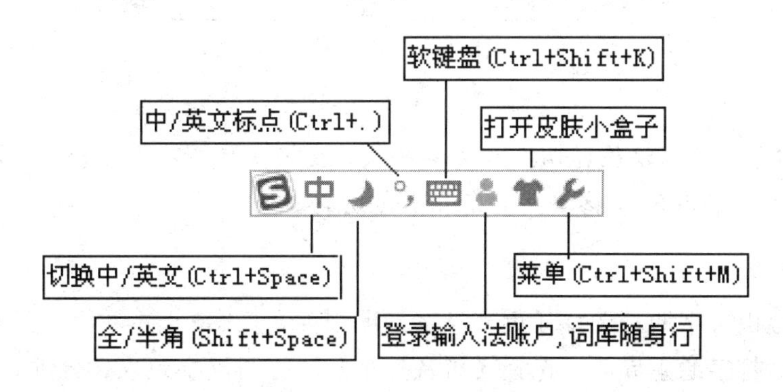


图1-6-2　搜狗输入法窗口

(1)【图标】：搜狗输入法的标志。

(2)【中/英文切换】：单击左键或按【Ctrl+Space】键即可更改。

(3)【全/半角切换】：全角、半角指的是字母、数字所占位置多少，单击左键或者按【Shift+Space】即可更改。半角为1个字符位置，例如：a b c 1 2 3。全角为两个字符位置，例如：ａ　ｂ　ｃ　１　２　３。

(4)【中英文标点切换】：单击左键或用快捷键【Ctrl+.】，即可更改。

(5)【软键盘】：用来输入特殊符号或其他语言。在【软键盘】按钮上单击右键，出现【软键盘】菜单，选择【软键盘】选项，在级联菜单中单击相应符号，输入完毕后单击【输入法】按钮，关闭【输入法】菜单。

## 2. 金山打字通练习方法

拼音输入法除了用【v】键代替韵母“ü”外，没什么特殊的规定，按照汉语拼音发音输入就可以。

如图1-6-3所示，此练习包括音节练习、词汇练习、文章练习。在音节练习阶段，了解拼音打字的方法，还可以帮助用户学习标准的拼音。同时还加入了异形难辨字练习、连音词练习、方言模糊音纠正练习以及HSK(汉语水平考试)字词练习。此外，还可以进行速度测试，包括屏幕对照、书本对照、同声录入三种方式。其中，书本对照功能允许用户自行选择要测试的内容，也可以将软件内置的测试文章打印出来，作为测试素材。

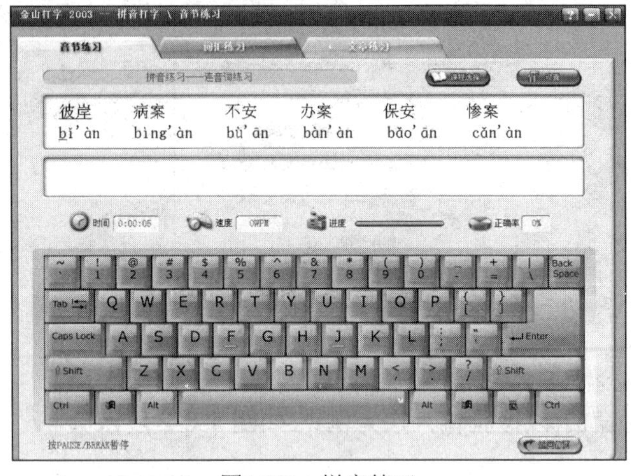


图1-6-3　拼音练习

**提示：**

【Ctrl+Shift】：输入法循环切换键(每按一次，变换一种输入法)。【Ctrl+空格】：中/英文输入法切换键。【Shift+空格】：全角和半角切换键。

**任务实施：**

① 打开金山打字通，选择【英文打字】巩固英文打字5分钟。

② 在金山打字通主界面，选择【拼音打字】，练习汉字录入10分钟。

**任务小结：**

学习需要总结，打字也不例外，要经常测试速度，找出不足。除了拼音录入以外，专业录入多使用五笔字形输入法。学习五笔打字教程，首先需要背诵五笔字根表，逐步通过字根练习、单字练习、词组练习和文章练习，循序渐进掌握五笔输入法，如图1-6-4所示。在项目二将详细介绍五笔输入法。

图1-6-4　五笔输入法

## 任务七　打印通知

打印图1-7-1所示任务。

通　知

尊敬的客户：

由于我行支付系统将在 2017 年 9 月 2 日 14:00 至 3 日 9:00 进行升级并暂停小额支付，在此期间若我行客户急需完成到沈阳市兴业银行账户的转账交易可到我行各网点通过大额支付系统办理，或者通过我行的网银加急通道办理，9 月 3 日 9:00 后一切恢复正常，请相互转告，谢谢！

沈阳市兴业银行
2017 年 9 月 1 日

图1-7-1　通知

**任务实施：**

① 单击【开始】菜单，单击【所有程序】/【附件】，选择【写字板】，打开写字板应用程序，输入以上内容。设置字体为宋体；选择第一行，字号设置为16，居中。其余字号为10.5；正文第二段设置首行缩进0.74厘米；最后两行设置为右对齐。

② 把上述内容复制到Word中，尝试进行设置。将正文第二段设置首行缩进2字符，其他设置同上。

**任务实施：**

① 打开记事本，录入通知信息，并排版打印。

② 打开Word，复制刚才在记事本中录入的信息，排版打印。

**知识拓展**

在进行中文录入时，经常要对输入法进行添加和删除。例如，添加/删除智能ABC输入法的步骤如下：

### 1. 删除智能ABC输入法

(1) 单击【开始】/【控制面板】/【区域和语言】菜单项，弹出【区域和语言】对话框，如图1-7-2所示。

(2) 单击【键盘和语言】选项卡的【更改键盘】按钮，弹出【文字服务和输入语言】对话框，如图1-7-3所示。

(3) 选择【常规】选项卡，在【默认输入语言】下拉框中选择“中文(简体)-智能ABC”，单击【删除】按钮，然后单击【确定】按钮，删除完毕。

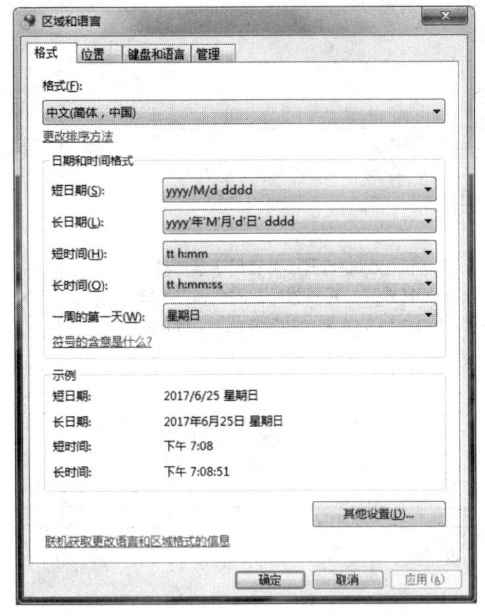

图1-7-2　【区域和语言】对话框

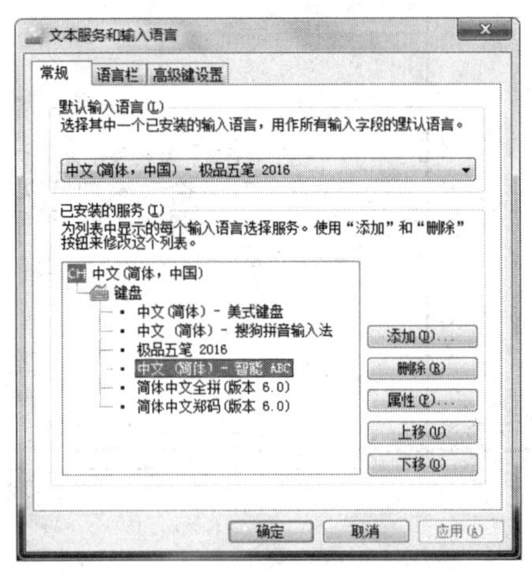

图1-7-3　【文字服务和输入语言】对话框

## 2. 添加智能ABC输入法

(1) 单击【开始】/【控制面板】/【区域和语言】菜单项，弹出【区域和语言】对话框。

(2) 在【键盘和语言】选项卡中单击【详细信息】按钮，打开【文字服务和输入语言】对话框。

(3) 单击【添加】按钮，弹出【添加输入语言】对话框，如图1-7-4所示。

(4) 在【键盘】/【输入法】下拉列表框中选择“中文(简体)-智能ABC”，单击【确定】按钮，完成添加。

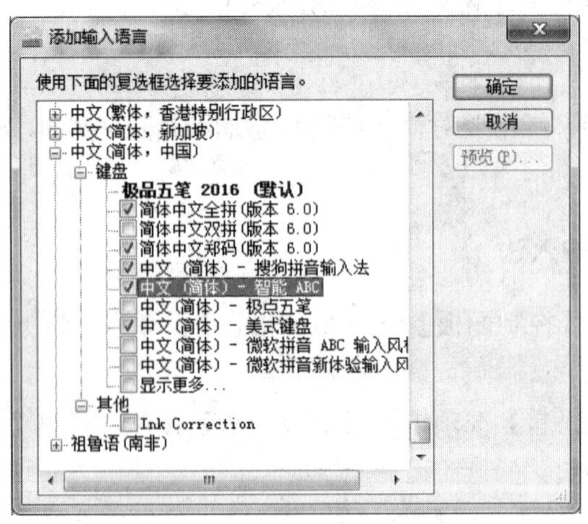

图1-7-4　【添加输入语言】对话框

## 3. 专业词汇中英文对照

(1) 键盘——keyboard

(2) 打字——type

(3) 输入法——input method

## 任务八　建立文件夹并对文件夹进行管理

任务分析：

Windows 7在文件管理方面提供了良好的支持，提供了强大的文件管理功能，用于对文件进行查看和更改。

### 1. 新建文件夹

例如在桌面上建立以自己名字命名的文件夹：

(1) 将鼠标指向桌面上的空白处。

(2) 单击鼠标右键，弹出快捷菜单，单击【新建】/【文件夹】命令。这时在桌面上将出现一个文件夹图标，其名称暂时为“新建文件夹”。直接输入需要建立的文件夹名(自己的名字)。

(3) 输入完成后，按Enter键。

#### 1) 打开“Windows 资源管理器”

Windows把所有软硬件资源都当成文件或文件夹，可在资源管理器窗口中查看和操作。打开“Windows 资源管理器”的方法有多种：

- 单击锁定到任务栏左侧的“Windows资源管理器”图标。
- 右键单击【开始】按钮，在快捷菜单中单击【Windows资源管理器】。
- 单击【开始】按钮/【所有程序】/【附件】/【Windows资源管理器】。
- 按键盘上的“Windows徽标键”+“E”。

#### 2) 使用“Windows 资源管理器” 新建文件夹或文件的操作步骤为：

(1) 通过左侧的导航窗格浏览到目标文件夹或桌面，使右侧的内容窗格为目标文件夹。

(2) 有两种方法用来新建文件夹：

- 在右侧的内容窗格中，右键单击文件和文件夹之外的空白区域。显示快捷菜单，指向【新建】，单击“文件夹”或需要新建的文档类型，将新建一个文件夹或文档，默认文件夹名为“新建文件夹”或“新建xx文档”(xx为文档类型)。
- 在左侧的导航窗格中，右键单击目标文件夹。显示快捷菜单，指向【新建】/【文件夹】，将新建一个文件夹，默认文件夹名为“新建文件夹”。

### 2. 选定文件和文件夹

在对文件和文件夹操作之前，首先要选定文件和文件夹。一次可选定一个或多个对象，选定的文件和文件夹会突出显示。

- 选定一个文件或文件夹：单击要选定的文件或文件夹。
- 框选文件和文件夹：在需要选择的文件夹窗口中，按下鼠标左键拖动，将出现一个框，框住要选定的文件和文件夹，然后释放鼠标按钮。

- 选定多个连续文件或文件夹：先单击选定第一个对象，按住【Shift】键的同时，单击最后一个要选定的文件或文件夹。
- 选定多个不连续文件或文件夹：先单击选定第一个对象，按住【Ctrl】键的同时，分别单击各个要选定的文件或文件夹。
- 选定文件夹中的所有文件或文件夹：按下【Ctrl+A】组合键。

### 3. 重命名文件和文件夹

右键单击要更改名称的文件或文件夹，在快捷菜单中单击【重命名】，输入新的文件或文件夹名称。

### 4. 复制文件和文件夹

复制就是把一个文件夹中的文件和文件夹复制一份到另一个文件夹中，原文件夹中的内容仍然存在，新文件夹中的内容与原文件夹中的内容完全相同。方法有如下三种：

- 鼠标拖动。选定要复制的文件和文件夹，按下“Ctrl”键，再用鼠标将选定的文件拖动到目标文件夹上，此时目标文件夹突出显示，然后松开鼠标键和“Ctrl”键。
- 快捷键(或菜单)。选定要复制的文件和文件夹，按“Ctrl+C”键(或右键单击快捷菜单中的“复制”)执行复制；浏览到目标驱动器或文件夹，按“Ctrl+V”键(或右键单击快捷菜单中的“粘贴”)执行粘贴。
- 发送到。如果要把选定的文件和文件夹复制到U盘等移动存储器中，右键单击选定的文件和文件夹，单击快捷菜单中的“发送到”子菜单中的移动存储器。

### 5. 移动文件和文件夹

移动就是把一个文件夹中的文件和文件夹移到另一个文件夹中，原文件夹中的内容不再存在，都转移到新文件夹中。所以，移动也就是更改文件在计算机中的存储位置。方法有如下两种：

- 鼠标拖动。先选定要移动的文件和文件夹，用鼠标将选定的文件和文件夹拖动到目标文件夹上，此时目标文件夹突出显示，然后松开鼠标左键。
- 快捷键(或菜单)。选定要移动的文件和文件夹，按“Ctrl+X”键(或右键单击快捷菜单中的“剪切”)执行剪切；切换到目标驱动器或文件夹，按“Ctrl+V”键(或右键单击快捷菜单中的“粘贴”)执行粘贴。

### 6. 隐藏文件和文件夹或驱动器

文件、文件夹或驱动器都有一个隐藏属性，默认设置下在资源管理器中不显示隐藏的文件、文件夹或驱动器。

如果要设置或查看文件属性，在资源管理器中，右键单击某个文件、文件夹或驱动器图标，然后单击快捷菜单中的“属性”。选中“属性”后面的“隐藏”复选框，然后单击“确定”按钮。

### 7. 显示隐藏的文件和文件夹

在“Windows资源管理器”中，单击“组织”菜单中的“文件夹和搜索选项”，显示“文件夹选项”对话框。单击“查看”选项卡，在“高级设置”下，选中“显示隐藏的文件、文件夹和驱动器”。如果想查看所有文件的扩展名，取消“隐藏已知文件类型的扩展名”前的“√”，单击“确定”按钮。

**任务实施：**

① 选中桌面空白处。

② 利用快捷菜单创建文件夹

③ 通过文件夹的创建衍生出对文件夹的不同设置。

**任务小结：**

通过不同的设置对文件进行管理。

## 任务九　常用附件的使用

**任务分析：**

记事本、画图是在工作中经常会用到的小附件。

### 1. 打开记事本，记录每天工作要点

打开记事本有很多种方式，一种是可以直接在“开始”菜单列表里面找到；另一种是在命令搜索框里输入“记事本”，就会在出现记事本附件，单击就可以打开；还有一种是在“开始”菜单的【所有程序】/【附件】里面找，记事本这种系统自带的小工具一般都可以在附件里面找到。

打开记事本后，要是不太喜欢默认的字体，可以打开记事本界面【格式】菜单里的“字体”进行修改。可以修改字体、字形(常规、倾斜、粗体、倾斜 粗体四种)和大小，例如这里选择的是幼圆字体、常规、四号，单击【确定】就会看见字体变了。

### 2. 截取桌面，粘贴到画图中

在电脑上进行图形图像的各种处理、平面设计绘图会用到Photoshop、Adobe Image、AutoCAD这些软件。它们功能很强大，主要用来处理复杂的工作任务，但同时使用起来也比较麻烦。在Windows 7操作系统中预装了画图这款软件，使用方便并能满足平时简单的图像处理工作。借助画图附件，可以对各种位图格式的图画进行编辑，用户还可以自己绘制图画，也可以对拍照、下载的图片进行编辑和修改。在编辑完成后能以BMP、JPG、GIF等格式存档，下面我们来一起学习吧！

在电脑桌面上依次单击【开始】按钮 /【所有程序】/【附件】/【画图】，还可以直接在“搜索程序和软件”中输入“画图”，回车后找到画图附件并进入软件。

来认识下画图界面吧！如图1-9-1所示。Windows 7采用的是Ribbon 菜单。分别为【主页】菜单、【查看】菜单，最顶层是【自定义快速访问栏】；文件菜单采用双列设计，很

像Office 2007的界面，比XP的界面要丰富很多，界面各个位置的功能都有详细的文字标识；注意处理照片时在“查看”菜单中勾选【标尺】和【状态栏】就行，有些图片的部分需要用到标尺来进行测量，可以勾选【网格线】，有些在画流程图时可以用到。

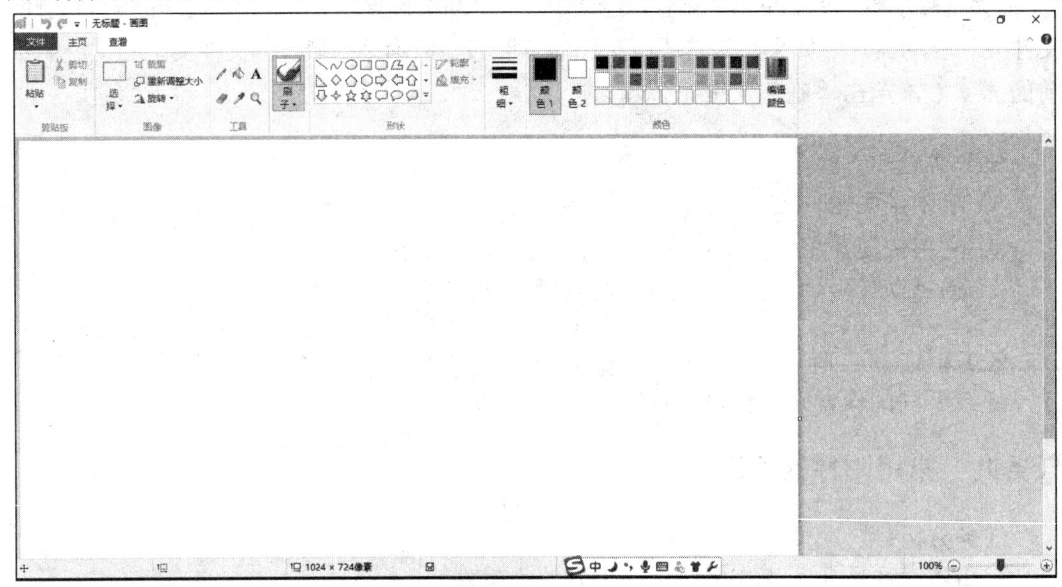


图1-9-1　画图界面

选取图片的方法有三种：

- 用电脑上的“Prtsc Sysrq”截图抓屏键直接“Ctrl+V”，复制并粘贴进“画图”。
- 单击【主页】菜单，打开需要编辑的照片。
- 用鼠标左键直接单击图片，按住拖动到“画图”中。

### 3. 对图片进行裁剪。

在平时处理图片时有需要裁剪的地方，在画图中就可以做到，画图中有矩形裁剪和自由图形选择裁剪，通常使用最多的是矩形裁剪。选择想要的图片区域裁剪后，按下【Ctrl+C】或【Ctrl+X】剪切并选择新建文件，然后【Ctrl+V】复制。注意在裁剪完后新建时原文件选择不保存，对原图进行了编辑，选择保存就属于编辑图片的状态了。

画图中图片大小的调整有【重新调整大小和扭曲】和【图片属性调整】，【重新调整大小和扭曲】内含重新调整大小的百分比和像素，主要是缩小调整的图片比例，还有倾斜角度的调整；【图片属性调整】是对图片原有像素不变进行裁剪调整，还有照片的尺寸和颜色选择。

可以使用“画图”在图片中添加其他形状。已有的形状除了传统的矩形、椭圆、三角形和箭头之外，还包括一些有趣的特殊形状，如“心形”、“闪电形”或“标注”等。如果希望自定义形状，可以使用“多边形”工具；画图工具的“颜料盒”颜色非常丰富，在编辑图像时可以针对性地用画笔添加颜色，如图1-9-2所示。

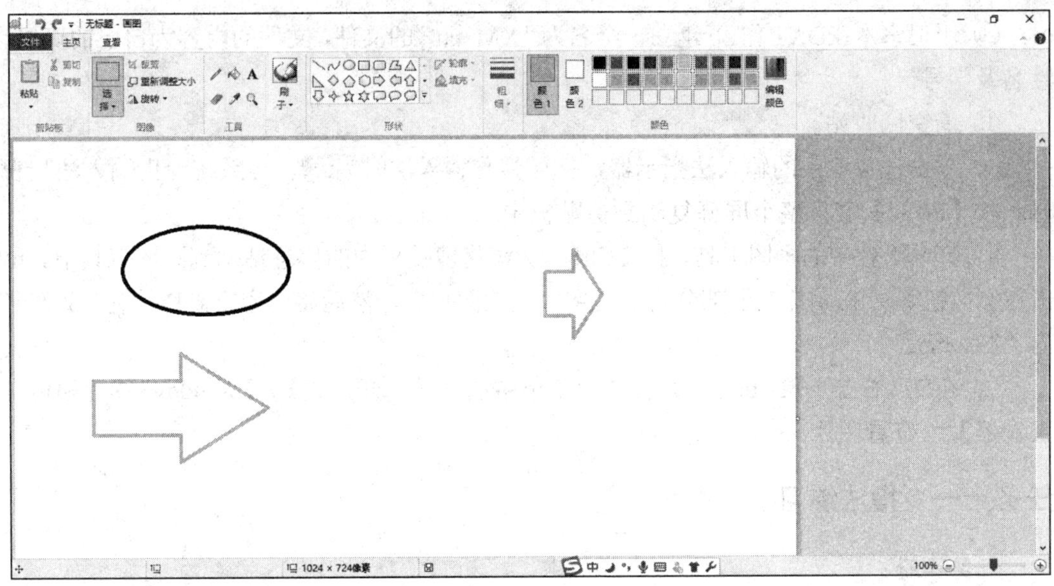


图1-9-2　画图中的形状和颜色工具

还可以完成图片的旋转、各种颜色的添加，完成图像编辑后对文件的保存格式比较多样，简单易用的画图还有好多功能等着你去发现，在使用时可以使用快捷键，都有提示。

**任务实施：**

① 打开记事本，输入文字并保存。

② 截取屏幕，在画图工具中进行设置并保存。

**任务小结：**

记事本和画图的使用，可以节省一些工作时间。

## 任务十　文件操作

**任务实施：**

① 在D盘上建立一个名为“工作”的文件夹。

② 在“工作”文件夹下再建立两个文件夹，分别命名为“工作要点”和“工作重点”。

③ 利用右键快捷菜单，在“工作”文件夹中新建一个文本文件，命名为“TODAY.txt”，输入内容“今日工作要点”并保存。

④ 将“TODAY.txt”复制到“工作要点”文件夹中。

⑤ 将“工作要点”下的内容全部拷贝到“工作重点”中。

⑥ 将D:\工作\TODAY.txt文件更名为“mondy.txt”。

⑦ 删除“工作要点”下的文件“TODAY.TXT”。

⑧ 在D盘建立一个名“DOS”的文件夹，将C:\Windows\路径下的“Cursors”文件夹拷贝到D:\DOS文件夹下。

⑨ 将D:\DOS下所有文件的属性设为只读；隐藏D:\工作\mondy. txt文件。

⑩ 用记事本在D:\工作\下建立一个名为“XM. txt”的文件，文件的内容为自己的班级、姓名及学号。

⑪ 清空回收站。

⑫ 单击任务栏中的输入法指示器，例如搜狗输入法时为S，当系统弹出输入法列表时，按【PrtSc】键将整个屏幕复制到剪贴板中。

⑬ 打开附件中的画图工具，按【Ctrl+V】键将剪贴板中的信息粘贴到画图工具中。单击左侧按钮A，在图片左上部分写上文字“我的图片”，然后将内容存到D盘中，文件名为“T1.bmp”。

⑭ 在D盘右击“T1. bmp”，在快捷菜单中选择【打开方式】/【Windows图片和传真查看器】，查看图片。

## 任务十一　指法练习

**任务实施：**

① 打开金山，练习打字。

② 指法练习。

### 知识拓展

#### 文件扩展名

文件扩展名(Filename Extension，或称延伸文件名、后缀名)是早期操作系统(如VMS/CP/M/DOS等)用来标志文件格式的一种机制。以DOS为例，文件扩展名跟在文件主名后面，由一个分隔符号分隔。在一个像“example.txt”的文件名中，example是文件主名，txt为文件扩展名，表示这个文件是一个纯文字文件，句号“.”就是文件主名与文件扩展名的分隔符号，如表1-11-1所示。

表1-11-1　文件扩展名

| 文件扩展名 | 说明 | 打开\编辑方式 |
|---|---|---|
| doc | Word文档 | 用微软公司的Word软件打开 |
| txt | 文本文档(纯文本文件) | 记事本，网络浏览器等大多数软件均可打开 |
| wps | WPS文字编辑系统文档 | 用金山公司的WPS软件打开 |
| xls | Excel电子表格 | 用微软公司的Excel软件打开 |
| ppt | PowerPoint演示文稿 | 用微软公司的PowerPoint等软件打开 |
| rar | WinRAR压缩文件 | 用WinRAR等打开 |
| htm或html | 网络页面文件 | 用网页浏览器、网页编辑器(如W3C Amaya、Dreamwear等)打开 |
| pdf | 可移植文档格式 | 用PDF阅读器打开(比如Acrobat)、用PDF编辑器编辑 |
| exe | 可执行文件、可执行应用程序 | 用Windows视窗操作系统打开执行 |
| jpg | 普通图形文件(联合图像专家小组) | 用各种图形浏览软件、图形编辑器打开 |
| png | 便携式网络图形、一种可透明图片 | 用各种图形浏览软件、图形编辑器打开 |
| bmp | 位图文件 | 用各种图形浏览软件、图形编辑器打开 |

(续表)

| 文件扩展名 | 说明 | 打开\编辑方式 |
| --- | --- | --- |
| swf | Adobe Flash影片 | 用Adobe Flash Player或各种影音播放软件打开 |
| fla | swf的源文件 | 用Adobe Flash打开 |

## 任务十二　设置个性化桌面和屏保

### 任务分析：

小王新升级Win XP系统为Windows 7系统，现在准备设置个性化的桌面和屏保。

### 1. 打开和调整Aero功能，选择自己喜欢的背景

Windows 7操作系统作为一款增长最有力、发展前景最好的操作系统，在个性化外观和文件管理方面提供了良好的支持，普及速度越来越快。

从Windows Vista系统开始，微软在系统中引入了Aero功能，只要计算机的显卡内存在125MB以上，并支持DirectX 9或以上版本，就可以打开该功能。打开Aero功能后，Windows窗口呈现透明化，将鼠标悬停在任务栏的图标上，还可以预览对应的窗口。

(1) 在桌面空白处单击鼠标右键，在弹出的快捷菜单中执行【个性化】命令，弹出如图1-12-1所示的窗口。在“Aero主题”列表中选择一种Aero主题，系统便自动切换到该主题。

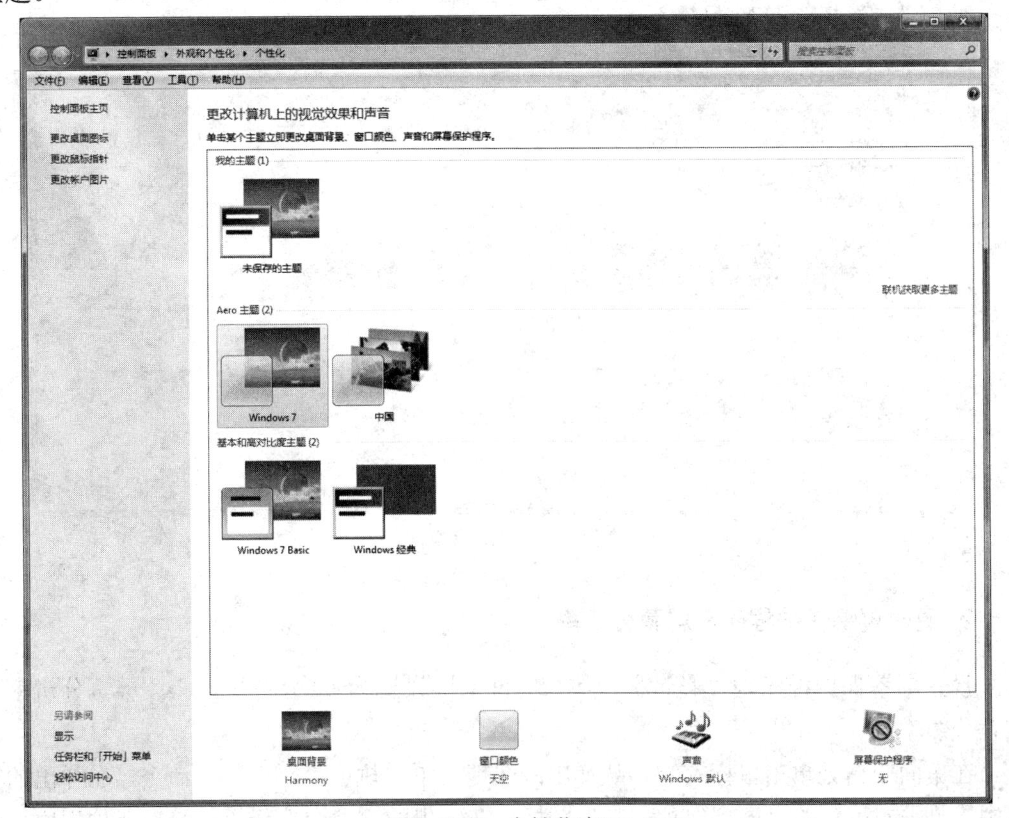


图1-12-1　个性化窗口

(2) 还可以直接单击下方的【桌面背景】图标，在打开的窗口中既可以选择Windows自带图片，又可浏览自己保存的图片，然后单击【保存修改】按钮即可，如图1-12-2所示。

图1-12-2　选择桌面背景图片

(3) 如果一次选择多张图片，Windows桌面将定时切换壁纸，在窗口下方可以更改图片时间间隔，如图1-11-3所示。

图1-12-3　定时切换桌面壁纸

## 2. 更改屏幕保护程序、屏幕分辨率

设置屏幕保护程序为“彩带”，等待时间间隔设置为“5分钟”，修改屏幕分辨率为推荐分辨率。

在桌面空白处单击鼠标右键，从弹出的快捷菜单中执行“个性化”命令，在弹出的窗口中，单击右下角的“屏幕保护程序”图标，在弹出的窗口中选择“彩带”保护程序，设置等待时间为“5分钟”，如图1-12-4所示。

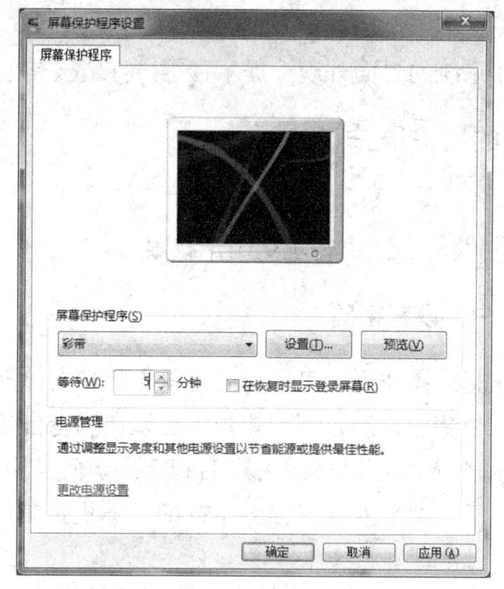


图1-12-4　设置屏幕保护程序

在屏幕空白处单击鼠标右键，从弹出的快捷菜单中执行“屏幕分辨率”命令，在屏幕分辨率界面中调整分辨率，如图1-12-5所示。单击【分辨率(R)】后的下拉箭头，会出现调整分辨率的具体菜单。选择【推荐】分辨率后单击【确定】按钮。

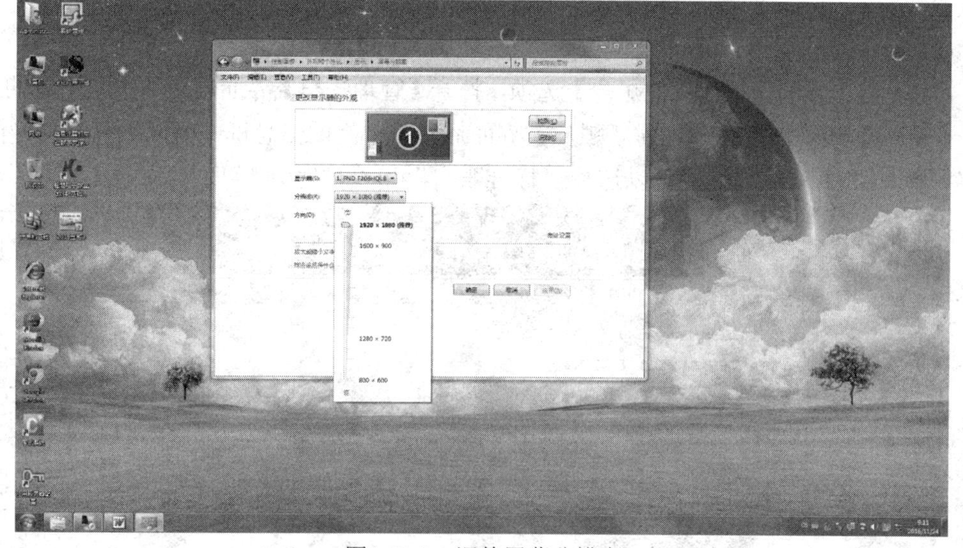

图1-12-5　调整屏幕分辨率

单击【确定】按钮后，会出现显示设置的菜单，单击“保留更改”按钮即可。

**任务实施：**

① 选中桌面空白处，单击鼠标右键，选择【个性化】命令。

② 进行桌面背景及屏保的设置。

③ 利用快捷菜单进行屏幕分辨率的设置。

**任务小结：**

Windows 7的默的设置不一定适合每个人的使用习惯与审美观。因此，用户可以通过个性化设置，自定义操作系统的界面外观、提示音等，打造极具个性化的Windows 7界面。

## 任务十三　建立自己的用户账户

**任务分析：**

为了自己电脑的私密性，小王决定规定用户权限。

### 1. 创建一个新的账户，设置密码

用户账户是通知Windows操作系统可以访问哪些文件和文件夹，可以对计算机和个人首选项进行哪些更改的信息集合。通过用户账户，可以在拥有自己的文件和设置的情况下与多个人共享计算机。每个人都可以使用用户名和密码访问其用户账户。

有3种类型的账户，每种类型为用户提供不同的计算机控制级别：

- 标准账户适用于日常计算。
- 管理员账户可以对计算机进行最高级别的控制，但应该只在必要时使用。
- 来宾账户主要针对需要临时使用计算机的用户。

(1) 单击【开始】菜单，选择【控制面板】，之后选择【用户账户和家庭安全】选项，选择【用户账户】选项。选择【更改用户账户控制设置】选项，拖动滑动条更改用户账户控制设置。

(2) 操作完成后单击【确定】按钮，更改用户账户控制设置。

(3) 单击下方的【管理其他账户】选项，打开【管理账户】界面后，单击左下方的【创建一个账户】该项，打开【创建新账户】界面后，在中间的信息框中可以输入要创建的账户名，例如“小王”，类型可以选择“标准账户”和“管理员”两种，如图1-13-1所示。

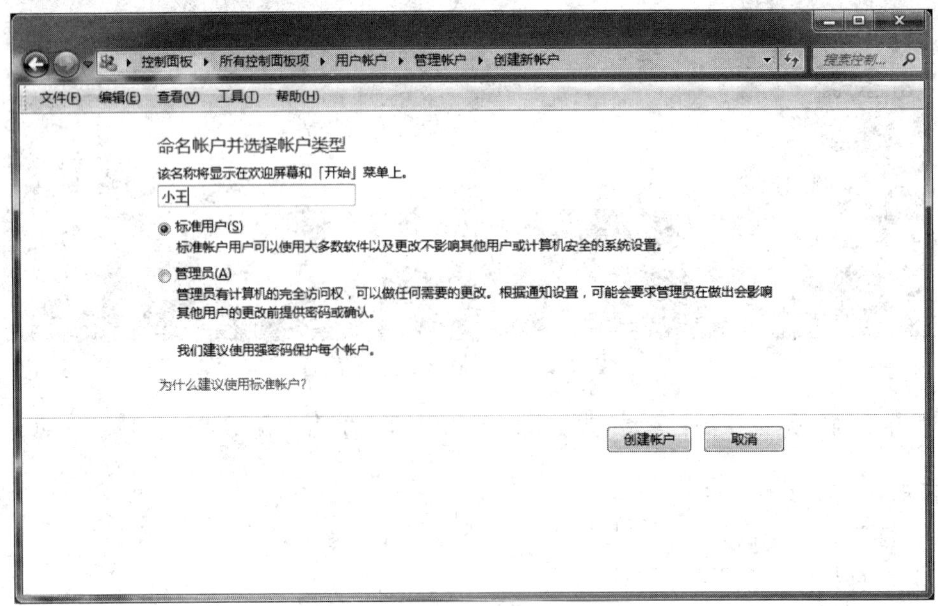


图1-13-1　创建新账户

(4) 输入完成后，单击【创建账户】按钮即可。这时在【管理账户】中便会多出一个名为“小王”的账户，即为刚才创建的新账户，级别为“标准用户”。

(5) 单击【小王标准用户】可以打开【小王标准用户】的管理设置界面，在该界面中可以进行【创建密码】设置，如图1-13-2所示。

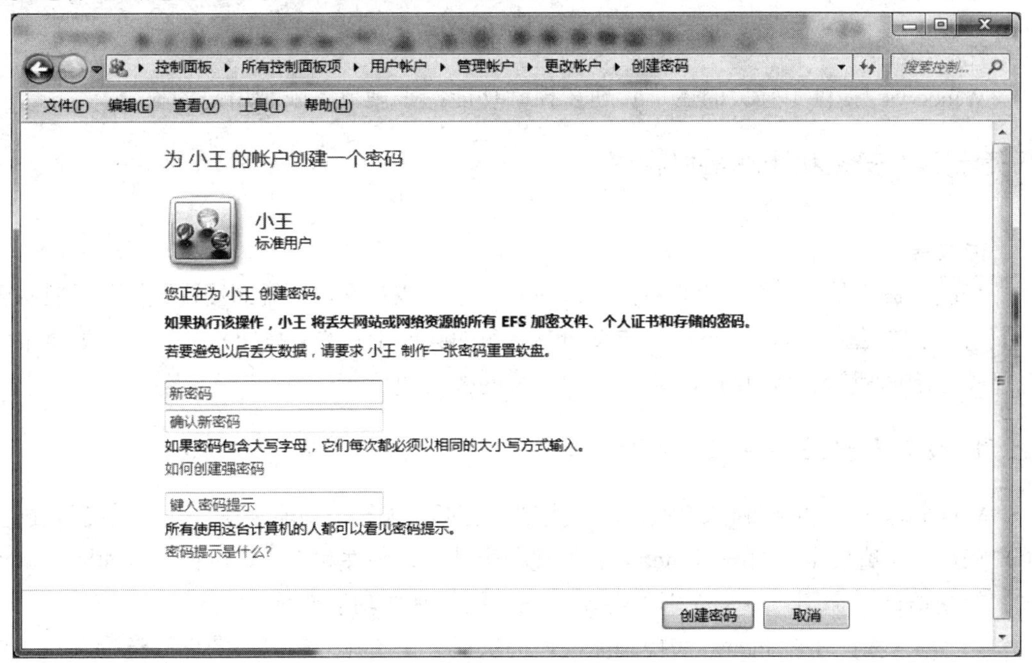

图1-13-2　创建新密码

(6) 创建完新账户后，在如图1-13-3所示的对话框中可以更改用户的图片、设置家长控制、更改账户类型、删除账户等。

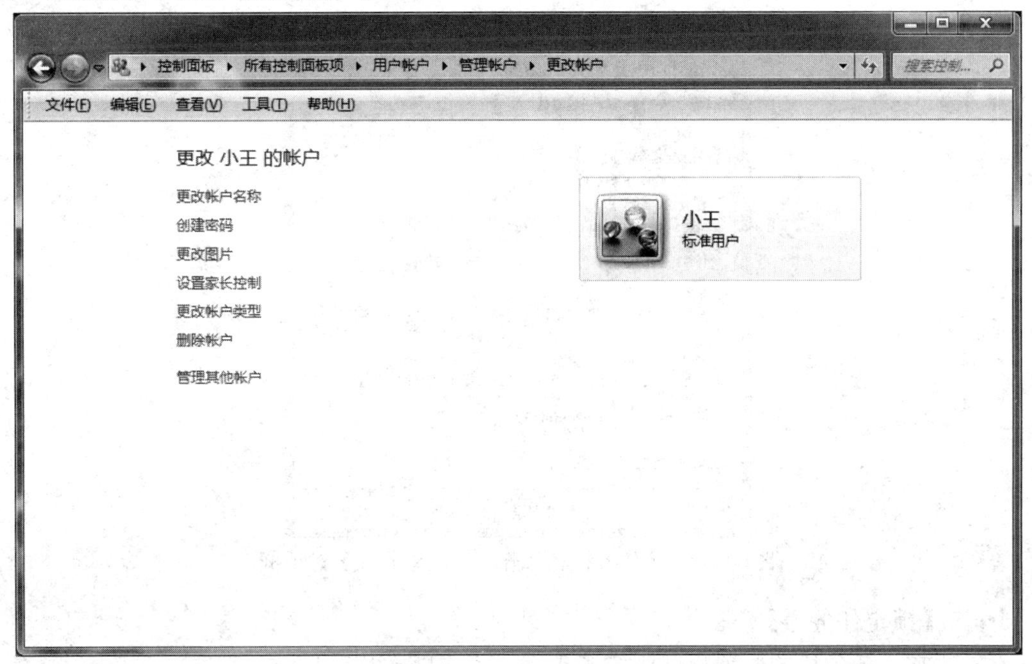

图1-13-3　更改账户设置

**任务实施：**

① 选择控制面板。

② 更改用户账户设置。

③ 创建新账户，并对其进行设置。

**任务小结：**

Windows 7提供了强大的用户管理和控制功能，来规范、限制用户的权限。

## 任务十四　安装和删除常用程序

**任务分析：**

控制面板中是一组系统管理程序，通过它可以完成对操作系统的设置。打开【控制面板】窗口的方法为：单击Windows 7桌面左下角的圆形【开始】按钮，从【开始】菜单中选择【控制面板】就可以打开Windows 7系统的控制面板。

### 1. 设置【开始】菜单及任务栏

Windows 7系统的控制面板默认以“类别”的形式来显示功能菜单，分为系统和安全、用户账户和家庭安全、网络和Internet、外观和个性化、硬件和声音、时钟语言和区域、程序、轻松访问等类别，每个类别下会显示该类别的具体功能选项。

除了“类别”，Windows 7控制面板还提供了“大图标”和“小图标”查看方式，只需单击控制面板右上角【查看方式】旁边的小箭头，从中选择自己喜欢的形式就可以了。

在任务栏上单击右键，选择【属性】后进入【任务栏和[开始]菜单属性】对话框，里面有三个选项卡：【任务栏】、【[开始]菜单】和【工具栏】。【任务栏】选项卡中又分三块：【任务栏外观】、【通知区域】和【使用Aero Peek预览桌面】，如图1-14-1所示。

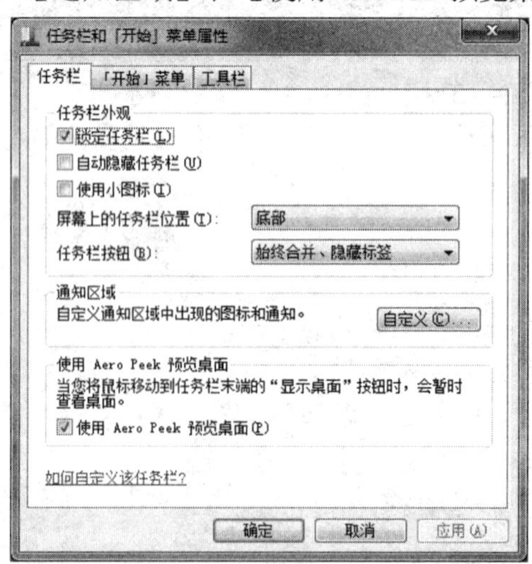


图1-14-1　【任务栏和「开始」菜单属性】对话框

- 【锁定任务栏】

勾选它：任务栏的位置也就固定了下来，不可随意移动。

不勾选：可移动任务栏。

- 【屏幕上的任务栏的位置】

功能是可以改变任务栏的位置。

- 【自动隐藏任务栏】

不勾选：任务栏一直可见。

勾选它：无任何操作时任务栏会自动隐藏。

- 【使用小图标】

勾选它：任务栏及任务栏上图标的大小会比默认的小。

不勾选：任务栏图标为默认大小。

- 【任务栏按钮】

当任务栏上的图标过多时，就会将它们合并放在一起。

- 【通知区域】

单击【自定义】便可打开一个窗口，在里面可以设置图标：

  - 显示图标和通知
  - 隐藏图标和通知
  - 仅显示通知

- 【使用Aero Peek预览桌面】

当把鼠标移动到任务栏末端的“显示桌面”按钮时，会暂时性地查看桌面。

【开始】菜单的属性如图1-14-2所示。

- 【电源按钮操作】

可以自定义【开始】菜单中显示的“关机”、“睡眠”、“重新启动”、“锁定”、“注销”、“切换用户”选项。

- 【隐私】

一般设置最近显示的项目或文件。

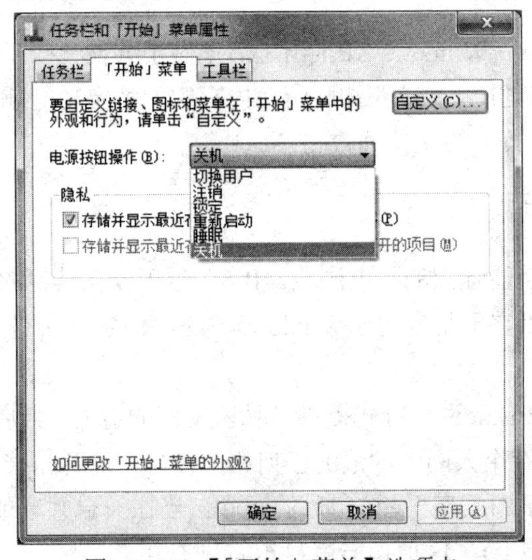


图1-14-2　【「开始」菜单】选项卡

### 2. 卸载不必要的程序

- 单击【开始】/【控制面板】，进入【控制面板】窗口。在窗口中找到【程序】/【卸载程序】图标，单击进入；在列表中选择要卸载的程序，用鼠标右键选择【卸载】，或者单击上边的【卸载】按钮；出现确认对话框，单击【卸载】，然后出现进度条，最后显示“完成”。
- 有的程序在【开始】菜单中也放置了卸载的快捷方式，单击也可以卸载。

**任务实施：**

① 打开控制面板。

② 选择任务栏和【开始】菜单进行设置。

③ 选择程序进行卸载。

**任务小结：**

熟练使用Windows 7控制面板的各种功能

## 知识拓展

### Windows 7 系统安全知识

在Windows 7的安全性上，虽然没有微软说的那么夸张，但是它确实比以前的系统好了很多。接下来，就让我们来了解一下Windows 7 的安全性知识吧！

### 1. 保护内核

内核是操作系统的核心，这也使得它成为恶意软件和其他攻击的主要目标。基本上，如果攻击者能够访问或操控操作系统的内核，那么他们就可以在其他应用程序甚至操作系统本身都无法检测到的层次上执行恶意代码。微软开发了“内核模式保护”来保护核心，并确保不会出现未获授权的访问。

除了保护内核，微软在Windows XP推出之后还做了其他一些基础性的改善以保护操作系统。许多攻击都基于攻击者能够获知驻留在内存中的特定功能或命令的位置，或者能够执行对那些可能只包含数据的文件的攻击。

### 2. 更安全的网页浏览

Windows 7附带了功能强大的网页浏览器IE8。也可以在其他的Windows操作系统版本上下载并运行IE8，所以它不是专用于Windows 7的，但它确实带来了一些安全性能上的提升。

首先，顾名思义InPrivate浏览方式提供了私密上网的能力。当启动一个InPrivate浏览窗口时，IE浏览器不会保存个人网上冲浪的任何相关信息。这意味着，所输入的信息不会保存在cache中，也没有历史信息记录访问过的网站。当在一台共享或公共的电脑上使用IE8时(比如在图书馆的电脑上)，这项功能就显得特别有用。

IE8另一个安全上的改进是保护模式。保护模式的实现是基于Windows 7的安全组件，这些组件能够确保恶意或未经授权的代码不会被允许在浏览器上运行。保护模式会阻止drive-by下载攻击(又称偷渡式下载攻击)，这些攻击使得用户在访问某个被攻破的网站时就能安装恶意软件到系统中。

#### 3. 保护机制(Protection)

#### 4. 安全工具和应用软件

#### 5. 监控Action Center

## 任务十五　输入红头文件内容并进行排版

在红头文件中如何输入相关内容并设置段落格式以及排版。

**任务分析：**

Word 2013是一种文字处理程序，适合办公人员、排版人员使用，可以方便地输入文字，设置字体、段落格式，以及进行页面设置并进行保存。

#### 1. 文字的输入

请参照素材“红头文件.docx”，重新打开Word 2013文档，输入第一段文字“中央××市委××部××年工作要点”。

**1) 文本的输入是Word文字处理中最基本的操作，操作要点如下**

(1) 在文档窗口中会出现一个闪烁的光标，即“插入点”，文本的输入总是从“插入点”开始的。这个插入点可以自己选择在哪个位置。

(2) 输入文字到达右边界时，不要使用回车键换行，Word会在每行的最右端自动换行。

(3) 当一个段落输入完毕时，按回车键，会在“插入点”插入一个段落标记“↵”来结束本段落。“插入点”移到下一行新段落的开头，等待继续输入下一段落的内容。

(4) 一般情况下，不使用插入空格符来对齐文本或产生缩进，可以通过格式设置操作实现指定的效果。

(5) 输入出错时，按【Back Space】退格键删除“插入点”左侧的字符，按【Del】键删除“插入点”右侧的字符。

**2) 输入文字之后，对第一段文字进行设置，设置成二级标题、黑体、二号字**

文本的选定就是为Word指明要操作的对象。Word中的许多操作都遵循“先选定，后操作”的原则，即在执行操作前必须选定要操作的对象。

选定文本有鼠标和键盘两种方法。

(1) 用鼠标选定文本

- 先把鼠标移到要选择的文本的一端，然后按住鼠标左键，拖动鼠标直到要选定的文本的另一端为止，被选中的文本呈反色显示。

- 将鼠标移到文本左侧的空白处，当鼠标变成空心箭头“↗”时，单击选中一行，按住并上下拖动鼠标可选多行；连击两次可以选中一个自然段；连击三次则选中整篇文档。
- 选择【开始】/【选择】下拉菜单项，可以选择全选，也可以使用快捷键【Ctrl+A】选择所有文本和对象。

(2) 用键盘选定文本

将光标移到要选定的文字内容的首部(或尾部)，按住【Shift】键不放，同时按【→】键、【↓】键、【←】键或【↑】键，移动光标一直延伸到要选定的文字内容尾部(或首部)，松开按键。

Word 2013有关字体的格式设置都在【开始】菜单的【字体】和【样式】分组中，如图1-15-1所示。

图1-15-1　【字体】和【样式】分组

### 2. 段落的设置

输入第二段文字“××年，我部要认真贯彻落实××提出的各项任务，坚持以改革总揽全局，进一步加强党的建设和各级领导班子建设，深化干部制度改革，使党的组织工作更好地适应和促进我市改革开放和各项改革的顺利进行”。设置文字的对齐方式为两端对齐，首行缩进两字符，行距为1.5倍行距。

#### 1) 段落对齐方式

段落对齐指的是段落边缘和页边距的对齐方式。对齐方式包括“左对齐”、“居中”、“右对齐”、“两端对齐”和“分散对齐”五种。对齐方式和行距可以直接在【开始】菜单的【段落】中设置，对段落的设置除了单机【开始】菜单中【段落】分组的相应按钮外，还可以单击【段落】分组右下角的对话框启动按钮，在弹出的【段落】对话框中进行相应的设置，如图1-15-2所示。

#### 2) 段落缩进

段落缩进是指在行或段落前后相对页边距留出的空白位置，Word 2013提供了四种段落缩进方式：

- 首行缩进：是指段落首行的左边界相对于页面边界右缩进一段距离，其余行的左边界不变。
- 悬挂缩进：是指段落首行的左边界不变，其余行的左边界相对于页面左边界右缩进一段距离，即第一行开始的几个字符突出于其他各行显示。
- 左缩进：整个段落的左边界向右缩进一段距离。
- 右缩进：是指整个段落右边界相对于页面右边界向左缩进一段距离。

### 3) 间距

间距分为段前间距、段后间距和行距。单击按钮，可以选择需要的行距。

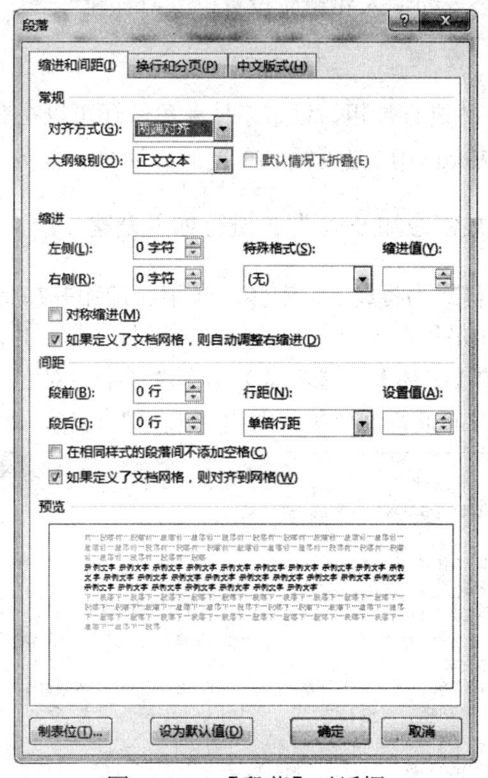

图1-15-2　【段落】对话框

## 3. 页面的设置

对文件进行页面设置，纸张为A4纸，纸张方向为纵向。

在【页面布局】菜单的【页面设置】分组里设置纸张方向和纸张大小。

## 4. 以原文件名称保存

单击Word窗口左上角的【保存】按钮，或者按【Ctrl+S】组合键保存文档。

**任务实施：**

① 打开Word 2013。

② 输入相应内容，进行文字的输入。

③ 对文字进行字体、段落、页面的设置。

④ 输入完成后，按照原文件名称保存。

**任务小结：**

用户输入文字之后，选择文字时，在所选文字旁边会显示一个浮动工具栏，用户可以直接进行文字的设置，也可以使用快捷菜单进行相应设置。红头文件文档格式很讲究，最好直接套用，不要修改，尤其是头部格式。

## 任务十六　银行假期通知公告

完成银行假期通知公告的输入和相应设置，并打印出来。

**任务分析：**

Word 2013可以对字体进行加粗，设置字体颜色，还可以在对文件打印时进行页面设置。因此，小王决定用Word 2013完成领导布置的假期公告任务。

### 1. 打开素材“春节放假通知.docx”，进行如下设置

**1) 标题设置：标题样式为标题 1、宋体二号字、加粗并加着重号。**

当浮动工具栏不能满足我们需要的设置时，可以打开如图1-16-1所示的【字体】对话框，在【字体】对话框的【字体】、【高级】两个选项卡中对字符格式进行设置。设置完毕后，在【预览】框里，可以看到效果，单击【确定】按钮，即完成设置。

图1-16-1　【字体】对话框

**2) 正文第 2 段到第 10 段文字设置：宋体五号字，其中(星期五)、(星期六)设置成下标形式，并设置字体为小三号字**

下标可以在展开的【字体】对话框的【字体】选项卡中进行设置。

**3) 第二段到第 10 段文字设置：首行缩进 2 字符，行距设置为固定值 20 磅，字体对齐方式为两端对齐。最后两段设置段落对齐方式为右对齐**

**4) 页面设置：设置纸张为 A4 纸，纸张方向为横向，上下页边距的距离为 2.5 厘米，页眉页脚距边界 1.5 厘米，指定行和字符网格，每行字符数为 60**

页面设置可以在【页面布局】菜单的【页面设置】对话框中进行，如图1-16-2所示。在【页面设置】对话框中可以看到【页边距】、【纸张】、【版式】和【文档网格】四个

选项卡，设置完成后单击【确定】按钮，即完成设置。

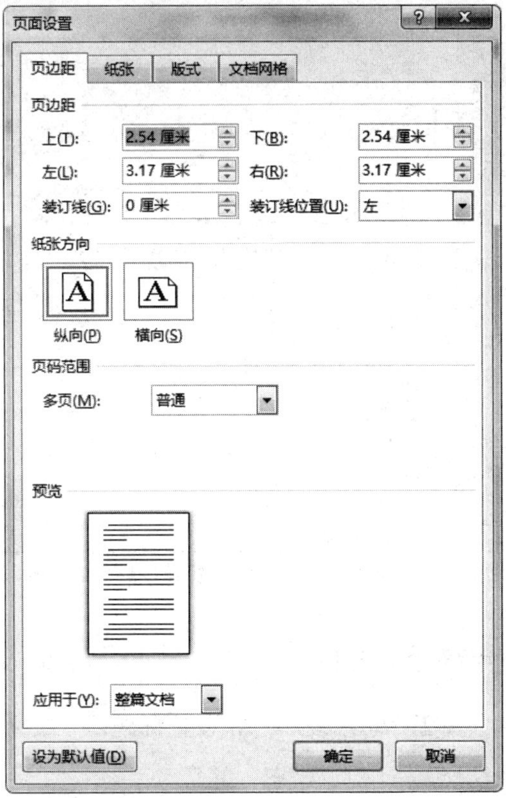

图1-16-2　【页面设置】对话框

5) 保存文档到 D 盘，命名为放假通知，并打印两份

(1) 选择【文件】/【另存为】菜单项，打开【另存为】对话框，在【保存位置】下拉列表中选择驱动器，在【文件名】文本框中填入保存的名称，在【保存类型】文本框中选择文件的保存类型.docx。

(2) 选择【文件】/【打印】菜单项，设置相应的份数，如图1-16-3所示。

任务实施：

① 在【字体】对话框中进行字体、字号、字形以及效果的设置。

② 在【段落】对话框中进行首行缩进、行距、对齐方式的设置。

③ 在【页面设置】对话框中设置纸张方向、页边距的距离、页眉页脚距边界的距离。

④ 在【文件】菜单中选择【另存为】和【打印】进行设置。

任务小结：

本任务对字体、段落和页面布局进行了更详细的设置，使你能够掌握文字排版的知识并打印。

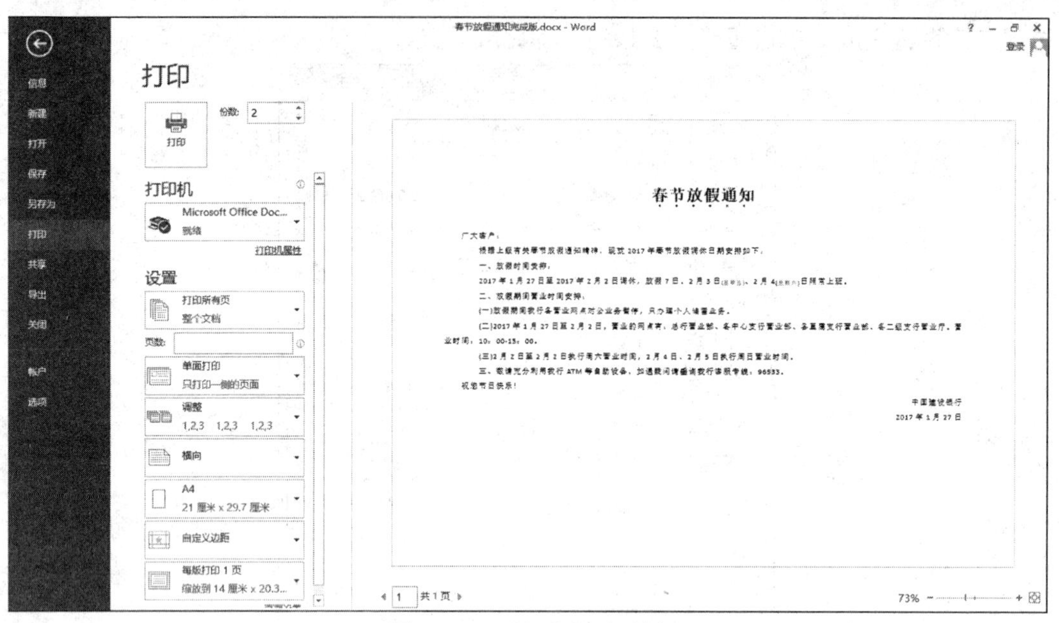


图1-16-3　【打印】对话框

## 任务十七　会计人员年终个人总结

(1) 打开素材“会计人员工作总结.docx”，设置标题：一级标题、隶书一号字、加粗、居中。

(2) 正文：楷体、小四号字、两端对齐，首行缩进两字符，段后间距0.5行，行距为1.5倍行距。

(3) 页面设置：A4，纵向，上、下、左、右页边距为2厘米。

(4) 将该素材以原文件名保存。

(5) 对文件进行双面打印，打印两份。

## 任务十八　英文测试

打开金山打字软件，选择速度测试。

(1) 设置时间模式10分钟，正确率要求98%以上，低于1%速度减1，低于90%速度为零。

(2) 平均速度120及格，200满分。

**知识拓展：**红头文件的发展历程

南北朝的西魏时期，有位出色的政治家苏绰，他博览群书，精通天文地理，尤其擅长算术。据《周书•苏绰传》记载：西魏官员有疑难问题，都会在征求苏绰的意见后才做出决定。我国今天施行的公文程式是由他制定的。“绰始制文案程式，朱出墨入，及计账户籍之法。”“朱出墨入”，指的是朝廷发出的文书是用朱(红色)标，下面上呈的文书是用墨(黑色)标，界限严明。由此可见，“红头文件”已有1400余年的历史。

# 项 目 小 结

通过本项目我们主要认识了计算机软硬件，掌握了Windows基本操作、在Word中输入文字、简单排版文字及打印文档。

# 项 目 习 题

## 一、选择题

1. 通常计算机硬件由输入设备、______和输出设备五部分组成。

A. 控制器、运算器、寄存器　　B. 控制器、寄存器、存储器

C. 运算器、控制器、存储器　　D. 寄存器、存储器、运算器

2. 计算机存储容量的基本单位是______。

A. 兆字节　　B. 字节

C. 千字节　　D. 千兆字节

3. 硬盘的实际容量比标明容量______。

A. 大　　B. 小

C. 相同　　D. 可能大，也可能小

4. 在计算机存储中，1GB表示______。

A. 1000KB　　B. 1024KB

C. 1000MB　　D. 1024MB

5. 在Windows 7中，启动中文输入法或者将中文输入方式切换到英文方式，应同时按下______键。

A. 【Alt+空格】　　B. 【Ctrl+空格】

C. 【Shift+空格】　　D. 【Enter+空格】

6. 在Windows 7中，切换不同的汉字输入法，应同时按下______键。

A. 【Alt+空格】　　B. 【Ctrl+空格】

C. 【Shift+空格】　　D. 【Ctrl+Shift】

7. 在Windows 7的资源管理器中，按______键可删除文件。

A. 【F7】　　B. 【F8】

C. 【Esc】　　D. 【Delete】

8. 在Windows 7的资源管理器中，选择文件或目录后，拖曳到指定位置，可完成对文件或子目录的______操作。

A. 复制　　B. 移动或复制

C. 重命名　　D. 删除

9. 在Windows 7中，“复制”的快捷键是____

A. 【Ctrl+C】　B. 【Ctrl+V】

C. 【Shift+V】　D. 【Ctrl+Shift】

10. 保存一个文档时，默认的扩展名是____。

A. .docx　B. .xlsx

C. .wps　D. .txt

11. 在Word 2013中，如果要把一个打开的文档文件以新的名称存盘，应使用____。

A. 另存为　B. 保存

C. 全部保存　D. 自动保存

12. 在Word 2013中，“段落”格式设置中不包括设置____。

A. 首行缩进　B. 对齐方式

C. 段间距　D. 字符间距

## 二、操作题

1. 到电脑商城列一份价格在3000~5000元的最新的计算机组装清单。

2. Windows操作题

(1) 在D盘建立如下所示的文件夹结构：

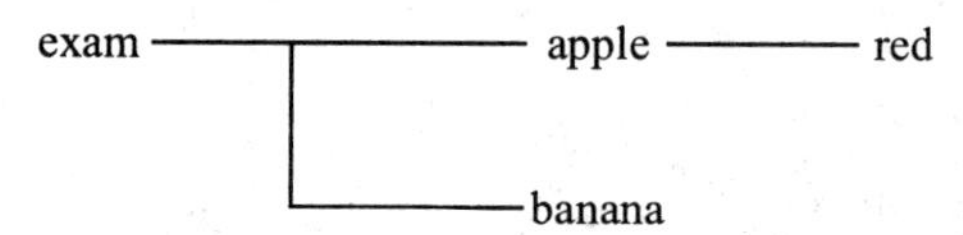


(2) 设置banana文件夹的属性为只读和隐藏。

(3) 在apple文件夹中创建名为“color.txt”的文件， 输入内容“there are many apples”。

(4) 将文件夹banana的只读属性撤消。

(5) 将apple文件夹中的“color.txt”文件复制到exam\banana文件夹中。

(6) 将banana文件夹中的“color.txt”文件移动到exam文件夹中，并将文件重命名为“color2.txt”。

(7) 搜索“color2.txt”文件和red文件夹并删除。

(8) 将回收站中的“color2.txt”文件彻底删除，并还原red文件夹。

(9) 将banana文件夹的图标修改为五角星形状。

(10) 设置桌面背景为“Windows任一主题 ”，位置为“拉伸”，屏幕保护程序为“气泡”。

(11) 以自己的名字创建一个新账户，设置账户密码为“123456”。

3. 利用样文制作下图所示的招聘简章。

(1) 更改字体。选定所有文字后，字体设置为“宋体”。

(2) 更改字号。将全文的正文部分设置为5号字，标题文字为1级标题、二号字居中。每一段落的标题文字设置为加粗。

# 银行招聘公告

为满足广发银行股份有限公司业务发展需要，现将有关招聘事宜公告如下：

**一、招聘基本条件：**

(一)品行端正，具有良好的职业操守，无不良行为记录;素质优良，具有较强的事业心和责任感，富有开拓精神;

(二)相貌端正，心态积极，身体健康;

(三)一般要求大学本科及以上学历，金融、财会或相关专业毕业，年龄在43周岁以下。

**二、招聘岗位：**

(一)公司银行部客户经理(5名)

从事公司银行业务2年以上，熟悉公司银行业务，有较强的市场营销能力、沟通协调能力，具有一定客户资源者优先。

(二)运营计财部科技岗(1名)

从事金融行业科技技术2年以上，熟悉金融行业科技技术相关规章制度及操作流程，有较强的业务专业技能，工作认真负责具有较强责任心，有工作经历者优先。

(三)大堂经理(5名)

具有2年以上相关工作经历，年龄在28周岁以下，形象气质佳，具有较强的营销服务意识及厅堂营销能力。

(四)信用卡部信用卡发卡员(5名)

具有较强的工作责任心和营销服务意识，能吃苦耐劳，有较强的市场营销能力，一经录用，按国家规定缴纳五险一金，按业绩考核上不封顶。用工性质为劳务外包。

(五)信用卡部信用卡消费信贷岗(3名)

具有较强的工作责任心和营销服务意识，能吃苦耐劳，有较强的市场营销能力，一经录用，按国家规定缴纳五险一金，按业绩考核上不封顶。用工性质为劳务外包。

(3) 首行缩进。对第一段进行首行缩进两字符设置。

(4) 设置间距、行距。对全文设置间距：段前、段后均为0，行距为1.5倍。

(5) 页面设置为A4纸，上、下、左、右页边距的距离为2.5厘米。

# 项目二　客户信息录入

【能力目标】

1. 能够依据字根表准确拆分常用汉字
2. 能够使用五笔字形输入法进行单字录入
3. 能够使用五笔字形输入法输入词组

【知识目标】

1. 了解五笔字形录入原理
2. 熟练掌握五笔字根口诀
3. 掌握五笔字根的键盘分布规律
4. 熟练掌握五笔字形单字的编码规则
5. 熟练掌握末笔识别码的使用
6. 熟练掌握词组的编码规则

【素质目标】

1. 具有语言表达能力，能够准确、有条理地表达汉字输入码的分析过程
2. 具有积极思考、自主学习能力
3. 具有协作沟通能力

【项目情境】

毕业后，小王被分配到柜员岗位，需要能够快速录入客户名单。可是经常会遇到生僻字，不认识的客户姓名大大降低了工作效率，使用五笔字形输入法就可以解决这个问题。于是小王回家下载了极品五笔，可是怎样才能更快、更有效地开展学习呢？

## 项 目 描 述

本项目旨在循序渐进地学习五笔字形输入法的单字录入，分为如下七个任务：

任务一：五笔输入示范

任务二：学练五笔录入

任务三：字根和汉字拆分测试

任务四：输入汉字“程”、“等”、“万”

任务五：输入汉字“一”、“地”、“在”

任务六：输入词组“学习五笔字形”、专业名、学校名

任务七：输入客户名单测试

信息的中文录入输入法比较常用的有搜狗、QQ拼音、拼音加加、五笔字形输入法等。其中，五笔字形输入法是北京大学王永民教授发明的一种汉字形码输入法，常见版本有86版五笔、极品五笔、万能五笔、陈桥智能五笔等，本项目的汉字录入以极品五笔为例。

目前专业速录师和打字员在人才市场上都有一定的需求以及不错的薪资待遇。速录师可以使用速录机设备，按照汉字读音进行录入，多用于专业的会议记录等；而五笔字形输入法，可以使用普通电脑通过几个月到一年短期培训达到高级速录师的标准。它根据汉字的字形进行编辑，输入效率高，重码率低，是比较专业的一种汉字输入法。在银行业务中多要求使用五笔录入，通常要求100个汉字/分钟。

# 学 习 任 务

## 任务一　五笔录入示范

示范汉字“明”的五笔录入过程。

**任务分析：**

### 1. 五笔录入过程分析

例如汉字“取”的录入过程如下：

(1) 先把汉字“取”按照五笔字形输入法分成最常用的基本单位，即字根。字根可以是汉字的偏旁部首，也可以是部首的一部分，甚至是笔画。“取”可以拆分为“耳”和“又”这两个字根。

(2) 取出这两个字根后，把它们按一定的规律分类，再把这些字根依据科学原理分配在键盘上作为输入汉字的基本单位。字根“耳”在B键位，字根“又”在C键位。

(3) 当需要输入汉字时，按照汉字的书写顺序拆分字根，然后依次按键盘上与字根对应的键，系统根据输入的字根组成代码，在五笔输入法的字库中检索出所要的字。“取”的输入按照书写顺序依次输入B键和C键，就可以看到“取”字在输入框中第一个位置，按空格就可以打出“取”字了。

为了简化编码，五笔字形输入法将汉字分为3个层次、5种笔画和3种字形。

#### 1) 汉字的3个层次

五笔字形输入法把汉字分为笔画、字根和单个字3个层次。

笔画是最基本的组成成分，而字根是由基本的笔画组合而成的，将字根按照一定的位置关系组成汉字。在五笔字形输入法中，字根是组成汉字的基本元素。

例如汉字“仁”，是由基本字根“亻”和“二”组成的。“亻”这个基本字根是由笔

画"丿"(撇)和"丨"(竖)组成的。"二"这个基本字根由两个"一"(横)笔画组成。

#### 2) 汉字的 5 种笔画

笔画是一次写成的一条连续不断的线段。五笔字形把汉字笔画分成五种：横、竖、撇、捺、折。这与正常的汉字笔画分类不同，所以归类笔画汉字时，要遵循"只看方面，不计长短"的原则。例如，"㇀"(提)视为横，点视为捺，左竖钩视为竖，带折均视为折(除左竖钩以外的带转折的笔画)。

为了方便记忆和应用，分别用数字"1、2、3、4、5"作为"横、竖、撇、捺、折"这5种基本笔画的代码，如表2-1-1所示。

表2-1-1　汉字的5种笔画

| 笔画名称 | 代码 | 笔画走向 | 笔画 | 由基本笔画变形而来的笔画 |
| --- | --- | --- | --- | --- |
| 横 | 1 | 从左到右或从左下到右上 | 一 | ㇀ |
| 竖 | 2 | 从上到下 | 丨 | 亅 |
| 撇 | 3 | 从右上到左下 | 丿 | |
| 捺 | 4 | 从左上到右下 | ㇏ | 丶 |
| 折 | 5 | 带转折 | 乙 | ㇕、㇆、㇋、㇙、㇄ |

#### 3) 汉字的 3 种字形

字形是汉字各部分的位置关系类型。五笔字形将汉字分为左右型、上下型和杂合型3种字形，并分别用代码"1、2、3"来表示，如表2-1-2所示。

表2-1-2　汉字的3种字形

| 字形 | 代码 | 字例 | 注释说明 |
| --- | --- | --- | --- |
| 左右型 | 1 | 洒 湖 端 封 | 字根间有一定间距，总体呈左右排列。汉字结构中的左右结构和左中右结构归于此类 |
| 上下型 | 2 | 字 意 茫 华 | 字根间有一定间距，总体呈上下排列。汉字结构中的上下结构和上中下结构归于此类 |
| 杂合型 | 3 | 因 内 凶 句 | 字根之间虽有间距，总体呈一体，没有上下左右之分，不分块。汉字结构中的单体字、半包围、全包围结构归于此类 |

**提示：**

凡属字根相连(指单笔与字根相连或带点结构)一律视为杂合型，例如自、千、本、勺、太等；凡键面字(单个基本字根就是一个完整的字)，有单独编码方法，不归于字形范围。

### 2. 认识五笔字形的字根

#### 1) 字根的键盘分布

在五笔字形中，将优选出的130多个基本字根分布在键盘25个字母键上(学习键【Z】除外)。熟记五笔字根在键盘上的分布规律，并与字母键结合记忆，是学习五笔字形输入法的关键一环。

2) 五笔字根键位分布如图 2-1-1 所示

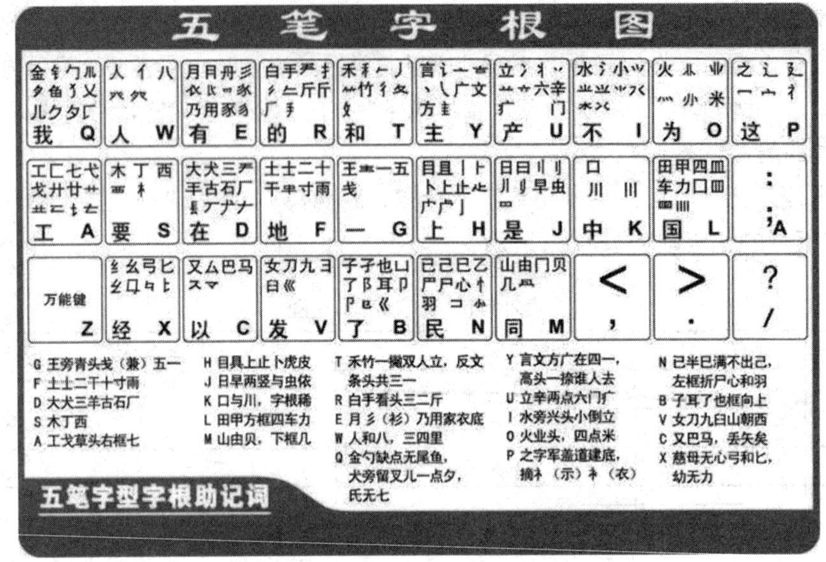


图2-1-1　五笔字形字根键位分布图

**任务实施：**

① 切换到五笔输入法，分析汉字“明”的字根组成。

② 依次键入字根所在键位，汉字“明”出现在输入框中的第一位。

③ 按空格键完成录入。

**任务小结：**

1. 五笔字形字根的分布规律

五笔字形字根在键盘上的分布是有规律可循的，掌握这些规律可以使五笔初学者更容易记忆字根。

规律1：字根的第1笔画确定字根所在区。例如：“王、土、大、木”的第1笔都为横，它们都在第1区；“已、子、女、又”的第1笔都为折，它们都在第5区。

规律2：有些字根的第2笔画与位号一致。例如：“王、禾、言”等字根的第2笔画都为横，它们所在位为第1位；“士、丁、白”的第2笔画是竖，它们所在位为第2位。

规律3：单笔画和复合笔画形成的字根，其位号与字根的笔画数一致。

规律4：字根形态相近的放在同一键上，例如字母键【L】上的字根为“田、甲、四、皿、囗、罒”等；字母键【B】上的字根为“卩、阝”等。

五笔字形将25个字母键分为5个区，每区5个键位。

2. 字根的区和位

根据基本字根的起笔笔画，将字根分为五类，同一起笔的字根安排在键盘相连的区域。

对应键盘上的五个“区”分别为：1区——横区，2区——竖区，3区——撇区，4区——捺区，5区——折区；每个区有5个字母键，每个字母键称为一个“位”，并且分别用代码“1、2、3、4、5”来表示区号和位号。

将每个区中的区号作为第一位数字，将位号作为第二位数字，组成的两位数字就称为“区位号”，如图2-1-2所示。例如：字母【B】键所在的区号为“5”，该键在“折”区中第2个位置，因此字母【B】键的区位号为“52”。

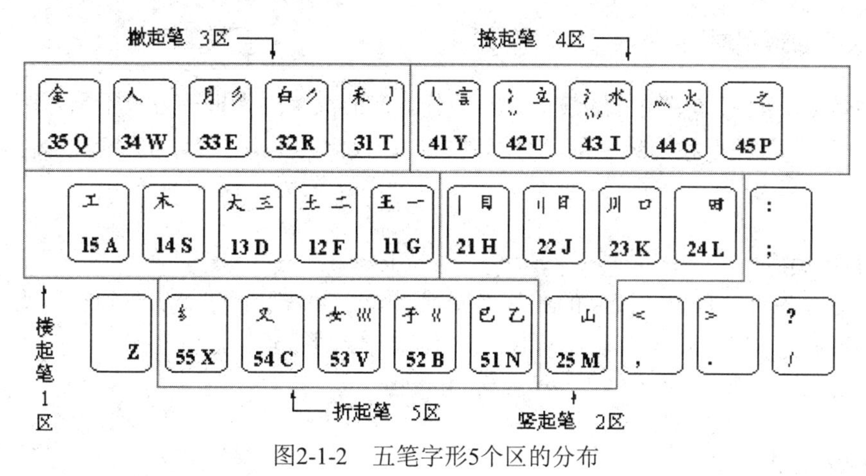


图2-1-2　五笔字形5个区的分布

## 任务二　学练五笔录入

完成“学习五笔字形”六个汉字的录入。

**任务分析：**

汉字是由字根按照一定的位置关系排列组成的。要想正确拆分汉字，掌握汉字拆分原则，首先要掌握组成汉字的字根之间的结构关系。

### 1. 字根间的4种结构关系

基本字根可以拼合成所有的汉字，五笔字形输入法就是将一个汉字折分成若干个字根依次输入，便输入了该汉字。了解组成汉字的各字根间的结构关系，是拆分汉字的基础。基本字根在组成汉字时，按照它们之间的位置关系可以概括为单、散、连、交4种结构关系。

(1) 单字根结构汉字

单字根结构汉字：汉字本身就单独成为汉字的字根，如一、土、金、大、木、人等。这些汉字称为“键面字”，对这些汉字不必折分。

(2) 散字根结构汉字

散字根结构汉字：构成汉字的字根不止一个，且字根间保持一定距离，不相连也不相交，如汉、字、笔、相、培、训、打、划、分等汉字。

(3) 连字根结构汉字

连字根结构汉字：单笔与某一基本字根相连和带点结构两种情况。

单笔与某一基本字根相连，如自、尺、产、千、且、于、入等；而单笔与某一基本字根有明显距离则是“散”而不是“连”，如个、少、么、旦等是“散”而不是“连”。

带点的结构被认为是“连”。这里所说的“点”是指单独形成字根的“丶”，如勺、术、太、主、尤、刃、斗等字。

(4) 交字根结构汉字

交字根结构汉字：两个或多个字根成交叉、套迭的结构称为“交”的关系，如农、里、必、申、果、专等。

### 2. 汉字的拆字原则

拆字是学习五笔字形输入法最重要的部分。有的汉字因为拆分方式不同，可以拆分成不同的字根，这就需要按照统一的拆分原则来进行汉字的拆分。汉字拆分可以概括为以下5条原则：

#### 1) 书写顺序

按书写顺序拆分是拆分汉字的最基本原则，即按照书写顺序“从左到右”或“从上到下”的顺序将汉字拆分成各个基本字根。例如：汉字“树”可拆分成“木”、“又”、“寸”，而不能拆分成“木”、“寸”、“又”基本字根。

#### 2) 取大优先

取大优先是指拆分汉字时，保证按书写顺序的同时，要做到拆出尽可能大的字根。例如：汉字“草”应该拆分成“艹”和“早”两个基本字根，而不能拆分成“艹”、“日”和“十”3个基本字根。

#### 3) 兼顾直观

兼顾直观是指如果拆出的字根有较好的直观性，就便于联想记忆，给输入带来方便。例如：汉字“夷”应该拆分成“一”、“弓”和“人”，而不要拆分成“大”和“弓”基本字根。汉字“自”应该拆分成“丿”和“目”基本字根。

#### 4) 能散不连

能散不连是指如果一个汉字可以拆分成几个基本字根“散”的关系，就不用拆分成“连”的关系。例如：汉字“午”应该按“散”拆成“𠂉”和“十”基本字根，而不按“连”拆成“丿”和“干”基本字根。

#### 5) 能连不交

能连不交是指汉字能按相连的关系拆分，就不要按相交的关系拆分。例如：汉字“天”应按“连”拆成“一”和“大”基本字根，而不按“交”拆成“二”和“人”基本字根。

### 3. 五笔编码规则

汉字在输入时最多只能输入4码，共有下面三种情况：

(1) 正好4码：依次输入字根的编码即可，如表2-2-1所示。

(2) 超过4码的汉字输入：依次输入第一、第二、第三码 + 最末字根编码，如表2-2-2

所示。

(3) 不足4码的汉字输入：按照书写顺序依次输入，当汉字出现在输入框中的第一个位置时，按空格键上屏。

表2-2-1　正好4码的汉字实例

| 汉字 | 拆分字根 | | | | 编码 |
|---|---|---|---|---|---|
| | 第一字根 | 第二字根 | 第三字根 | 最末字根 | |
| 型 | 一G | 廾A | 刂J | 土F | GAJF |
| 都 | 土F | 丿T | 日J | 阝B | FTJB |
| 热 | 扌R | 九V | 丶Y | 灬O | RVYO |
| 蒙 | 艹A | 冖P | 一G | 豕E | APGE |

表2-2-2　超过4码的汉字实例

| 汉字 | 拆分字根 | | | | 编码 |
|---|---|---|---|---|---|
| | 第一字根 | 第二字根 | 第三字根 | 最末字根 | |
| 赢 | 亠Y | 乙N | 口K | 丶Y | YNKY |
| 餐 | ⺊H | 夕Q | 又C | 𧘇E | HQCE |
| 蔑 | 艹A | 罒L | 厂D | 丿T | ALDT |
| 魔 | 广Y | 木S | 木S | 厶C | YSSC |

任务实施：

① 逐字分析“学习五笔字形”的拆分字根，并分组互相研究。

② 完成“学习五笔字形”的拆分。

③ 拆分自己的姓名、专业和学校名称。

④ 打开记事本，尝试输入前两个任务中的汉字。

任务小结：

### 1. 键面字输入方法

在录入过程中，汉字“五”本身就是字根，不能拆分，这样的字称为“键面字”。键面字的录入有特殊的规则，它们有三种：

#### 1) 键名字

键名字(键面上的第一个字根)的输入方法：把所在键连打四下。

例如：“土”字就是连打四下【F】键，即“FFFF”。

键名字一共有25个，它们所在的键位如图2-2-1所示。

#### 2) 成字字根

成字字根(除键名字以外的其他字根)的输入方法：所在键(也称“报户口”) + 第一笔画 + 第二笔画 + 末笔笔画。输入示例如表2-2-3所示。

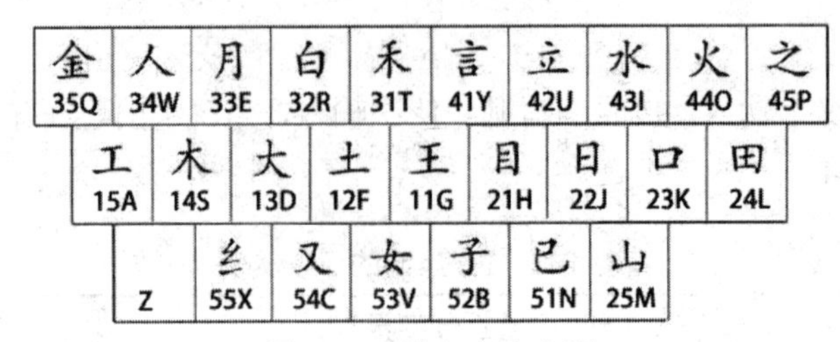


图2-2-1　键名字分布图

例如："五"字在【G】键上(报户口G)、第一笔画是"一"(G)、第二笔画是"|"(H)、末笔笔画是"一"(G)，所以汉字"五"的完整编码是"GGHG"。

表2-2-3　输入成字字根实例

| 成字字根 | 报户口 | 首笔笔画 | 次笔笔画 | 末笔笔画 | 编码 |
|---|---|---|---|---|---|
| 石 | 石D | 一G | 丿T | 一G | DGTG |
| 七 | 七A | 一G | 乙N | 补打空格 | AGN |
| 车 | 车L | 一G | 乙N | 丨H | LGNH |
| 马 | 马C | 乙N | 乙N | 一G | CNNG |
| 乃 | 乃E | 丿T | 乙N | 补打空格 | ETN |
| 戈 | 戈A | 一G | 乙N | 丿T | AGNT |
| 羽 | 羽N | 乙N | 丶Y | 一G | NNYG |
| 弓 | 弓X | 乙N | 一G | 乙N | XNGN |
| 心 | 心N | 丶Y | 乙N | 丶Y | NYNY |

**提示：**

成字字根如果是两笔，编码规则就是：所在键 + 第一笔画 + 第二笔画 + 空格，例如："丁"字的五笔字形输入码是"SGH空格"。

### 3) 五种单笔画

在五笔字形字根总表中，五种单笔画——横(一)、竖(丨)、撇(丿)、捺(丶)和折(乙)的输入方法：所在键 + 所在键 + L + L。五种笔画编码如表2-2-4所示。

表2-2-4　五种单笔画编码

| 单笔画 | 单笔画所在键位 | 单笔画所在键位 | 字母键 | 字母键 | 编码 |
|---|---|---|---|---|---|
| 一 | 11G | 11G | 24L | 24L | GGLL |
| 丨 | 21H | 21H | 24L | 24L | HHLL |
| 丿 | 31T | 31T | 24L | 24L | TTLL |
| 丶 | 41Y | 41Y | 24L | 24L | YYLL |
| 乙 | 51N | 51N | 24L | 24L | NNLL |

## 2. 不足4码汉字的录入

对于不足4码，并且没有出现在输入框中的汉字，要在输入时加上末笔识别码。关于末笔识别码部分的知识，在下一项目中进行介绍。

# 考 核 任 务

## 任务三　字根和汉字拆分测试

打开金山打字通，分组完成5页综合字根录入，以最后一名同学录入完成的时间为小组完成时间。按照小组成绩给各组同学记分，第一名小组5分，第二名小组4分，以此类推。

分组对下面给出的汉字按照规则进行正确拆分：

第一组：整、键、耀、奥、摸、喀、随、续、班、掩

第二组：露、密、监、翻、撑、势、戈、弋、戊、戌

第三组：戍、凹、凸、盛、勤、武、贰、竹、羽、彦

第四组：般、翘、废、拜、州、年、段、夜、垂、末

第五组：未、毛、牙、身、看、半、瓦、卫、予、飞

### 知识拓展

### 1. 五笔字根口诀详解

五笔字根口诀是为了帮助五笔字形初学者记忆字根而编写的，是将每个键上的字根进行组合汇编，运用谐音和象形等手法汇编而成。它通俗易记，对初学者掌握字根有很大帮助，如表2-3-1所示。

表2-3-1　五笔字根口诀及详解

| 字根键位图 | 区位号及键位 | 字根口诀 | 解释说明 |
|---|---|---|---|
| 王 龶 一 五 戋 一 G | 11 G | 王旁青头戋(兼)五一 | 王旁是指偏旁部首“王”；青头指“青”字上半部分“龶”；“兼”与“戋”同音；“一”和“㇀”笔画数为1，在1位上 |
| 土 士 二 十 干 甲 寸 雨 地 F | 12 F | 土士二干十寸雨 | 雨指“⻗”字头，“甲”与“十”形似，要对其特殊记忆 |
| 大 犬 三 𡗗 羊 古 石 厂 镸 ア ナ 𠂇 在 D | 13 D | 大犬三羊古石厂 | “羊”指羊字底“羊”，而“𡗗”和“镸”和“羊”相似；“ア”“ナ”“𠂇”与“厂”相似 |
| 木 丁 西 覀 木 要 S | 14 S | 木丁西 | “西”还可以指“西字头”，例如汉字“贾” |

(续表)

| 字根键位图 | 区位号及键位 | 字根口诀 | 解释说明 |
|---|---|---|---|
| 工匚七弋 戈廾廿艹 工 A | 15 A | 工戈草头右框七 | 右框指“匚”；“廿”、“廾”与“卄”形似；“戈”与“弋”相似，第二笔为折，所以位号为5 |
| 目且丨⺊ 卜上止 虍 上 H | 21 H | 目具上止卜虎皮 | “具上”指具字的上部；“虎皮”指“虎”字和“皮”字的外部偏旁；“⺊”与“卜”相似；“止”和“龰”与“上”形似 |
| 日曰刂 早虫 是 J | 22 J | 日早两竖与虫依 | “日曰早罒虫”由键名字根“日”变形而来；“两竖”即“刂”；“依”是为了押韵，无意义 |
| 口 川 中 K | 23 K | 口与川，字根稀 | 竖笔画数为3，“川”是由“川”变形而来；“字根稀”指此键上的字根比较少 |
| 田甲四皿 车力口 国 L | 24 L | 田甲方框四车力 | “方框”是指“口”；“车”的繁体字“車”与“田”“甲”形近；“四皿罒”首笔为竖，形如“四”同4，区位号24 |
| 山由冂贝 几 同 M | 25 M | 山由贝，下框几 | “山由贝”的首笔为竖，次笔为折，故在25键位上；“下框”是指“冂”；“⺆”与“冂”相似 |
| 禾竹丿 彳攵 和 T | 31 T | 禾竹一撇双人立，<br>反文条头共三一 | “禾”与“禾”形近；“攵”与“夂”形近；“𠂉竹攵”首笔为撇，次笔为横，故在31键上，“丿”的笔画数与位号一致 |
| 白手斤 厂 的 R | 32 R | 白手看头三二斤 | “看头”指“看”字的上部“龵”；“厂彡”撇笔画数为2；“三二”指字根都在32键【R】上 |
| 月目丹彡 乃用豕 有 E | 33 E | 月彡(衫)乃用家衣底 | “月乃用⺼丹”形近；“爫”首笔为撇，下面加3点，故键位为33；“彡豸家”都有3撇；“家衣底”指“家”字和“衣”字的下部 |
| 人亻八 人 W | 34 W | 人和八，三四里 | “亻”由“人”变形而来；“八”首笔为撇3，次笔为捺4，故在34键位上；“登祭头”和“八”形似；“三四里”指在34键【W】上 |
| 金钅勹儿 鱼犭乂 儿夕厂 我 Q | 35 Q | 金勺缺点无尾鱼，犬旁留叉<br>儿一点夕，氏无七 | “勺缺点”即“勹”；“无尾鱼”指鱼字的上部；“氏无七”指“氏”字的外部 |
| 言讠一 广文 方 主 Y | 41 Y | 言文方广在四一，高头一捺<br>谁人去 | “在四一”指前面介绍的字根都在41键【Y】上；“高头”指“高”字的上部；“一捺”指笔画捺和点；“谁人去”指“谁”字的右部 |

(续表)

| 字根键位图 | 区位号及键位 | 字根口诀 | 解释说明 |
|---|---|---|---|
| 立 冫 丬 丷 䒑 亠 六 辛 疒 门 产 U | 42 U | 立辛两点六门疒 | “六亠辛”与键名字根“立”形似；“门”首次笔为42；“冫、丬、䒑、丷、疒”字根都有两点 |
| 水 氵 小 ⺌ ⺍ 业 ⺗ 不 I | 43 I | 水旁兴头小倒立 | “氺”与键名字“水”形近，“小⺌⺍⺗业”均有三点；“氵”以点起笔，笔画数为3 |
| 火 业 灬 米 为 O | 44 O | 火业头，四点米 | “火”是键名字根；“业”形近；“米”与“灬”都有四个点 |
| 之 辶 廴 冖 宀 礻 这 P | 45 P | 之字军盖道建底，摘礻(示)衤(衣) | “之辶廴”首次笔为45，并且形近；“宀、冖”首次笔为45，均指宝盖；“道建底”即“道建”的底部，“礻”是指“礻衤”分别去掉一点和两点 |
| 已 己 巳 乙 尸 心 忄 羽 コ 民 N | 51 N | 已半巳满不出己，左框折尸心和羽 | “己已巳尸”首次笔为51；“忄⺗”由“心”字变形而来；“左框”是指“コ” |
| 子 孑 也 凵 了 阝 耳 卩 《 了 B | 52 B | 子耳了也框向上 | “子孑了阝卩耳也”首次笔为52；“《”笔画数与位号一致；“框向上”是指“凵” |
| 女 刀 九 彐 臼 巛 发 V | 53 V | 女刀九臼山朝西 | “女刀”首次笔为52；“巛”笔画数与位号一致；“山朝西”是指“彐” |
| 又 厶 巴 马 以 C | 54 C | 又巴马，丢矢矣 | “ス”由键名字根“又”变形而来；“丢矢矣”是指“厶”，首次笔为54；“巴马”首笔为折，所以区号为5 |
| 纟 幺 弓 匕 母 经 X | 55 X | 慈母无心弓和匕，幼无力 | “纟幺”由键名字根“纟”变形而来；“母弓匕”形似，首次笔均为折，区位码为55 |

2. 专业词汇中英文对照

(1) 五笔字形——the Five-Stroke Method

(2) 五笔字形(英文简称)——WBX

(3) 汉字——Chinese Character

(4) 字根——Etymon

## 任务四　输入汉字“程”、“等”、“万”

输入汉字“等”、“程”、“万”。

任务分析：

### 1. 分析汉字输入码

以汉字“等”为例，分析这几个汉字的输入码。

(1) 汉字“等”按照五笔字形拆字规则，可拆分为“竹”、“土”和“寸”3个字根。

(2) 按照汉字的书写顺序，依次键入“T”、“F”和“F”，这时汉字“等”并没有出现在输入框中。这种情况下，汉字的拆分不足4码，需要补打该字的末笔识别码。

### 2. 认识末笔识别码

末笔识别码是以汉字末笔画代码为区号、字形代码为位号构成的。例如：汉字“程”字的最后一笔画为“横”，末笔画代码为“1”；字形结构为“左右型”，字形代码为“1”；因此“程”字的末笔识别码为“11”，即【G】键。汉字“程”字由“禾、口、王”三个字根组成，再加上末笔识别码“G”，其完整编码为“TKGG”。表2-4-1列出了汉字输入时所用到的15个末笔识别码。

表2-4-1 汉字的末笔识别码

| 末笔代码 / 字形代码 | 横(1) | 竖(2) | 撇(3) | 捺(4) | 折(5) |
|---|---|---|---|---|---|
| 左右型1 | G(11) | H(21) | T(31) | Y(41) | N(51) |
| 上下型2 | F(12) | J(22) | R(32) | U(42) | B(52) |
| 杂合型3 | D(13) | K(23) | E(33) | I(43) | V(53) |

提示：

末笔识别码对于初学者来说是重点，也是难点。对末笔识别码的运用要在理解的基础上加以记忆，并用大量的练习来加深对末笔识别码的认识。

按照同样的方法，分析汉字“程”和“万”的输入码。

任务实施：

① 打开记事本。

② 分别输入汉字“等”、“程”和“万”。

任务小结：

在使用末笔识别码输入汉字时，对汉字末笔有如下约定，需要注意：

(1) 以“折”为末笔：五笔字形输入法规定，以“力、刀、九、匕、七”字根作为汉字最后一个字根，并且要用到末笔识别码的汉字，一律以其“伸”得最长的“折”笔作为末笔。

(2) 以被包围部分为末笔：五笔字形输入法规定，“半包围”和“全包围”的汉字取末笔字形交叉识别码时，取被包围部分作为整个汉字的末笔识别码，如“延、回、疾”等。

(3) 以“撇”为末笔：“我、戋、成”等汉字的“末笔”，要遵循“从上到下”的汉字书写顺序原则，一律规定“撇”作为汉字的末笔识别码。

## 任务五　输入汉字“一”、“地”、“在”

输入汉字“一”、“地”、“在”。

任务分析：

### 1. 一级简码

在录入五笔字形中的简码汉字时，可以只取前面的1至3个字根，再按空格键输入。即只取最前面的1个、2个或3个字根输入，形成汉字的一、二、三级简码。

一级简码又称高频字，即使用频率比较高的字。一级简码分布在键盘中的25个键位上(【Z】键除外)，每一个字母键对应一个一级简码，具体分布如图2-5-1所示。

图2-5-1　一级简码

一级简码的输入方法很简单，只需按一级简码所在的键位再按空格键就可完成输入。例如，输入一级简码“民”，先按【N】键再按空格键即可；输入一级简码“要”，只需要按【S】键再按空格键即可。

### 2. 二级简码的输入

二级简码需要输入汉字编码的前两个字根码，再按空格键。五笔字形输入法的二级简码有600多个，表2-5-1所示为5个区二级简码的分布情况。

表2-5-1　二级简码表

| 区号 \ 位号 | | GFDSA | HJKLM | TREWQ | YUIOP | NBVCX |
|---|---|---|---|---|---|---|
| | | 1 2 3 4 5 | 1 2 3 4 5 | 1 2 3 4 5 | 1 2 3 4 5 | 1 2 3 4 5 |
| 第一区 | G | 五于天末开 | 下理事画现 | 玫珠表珍列 | 玉平不来 | 与屯妻到互 |
| | F | 二寺城霜载 | 直进吉协南 | 才垢圾夫无 | 坟增示赤过 | 志地雪支 |
| | D | 三夺大厅左 | 丰百右历面 | 帮原胡春克 | 太磁砂灰达 | 成顾肆友龙 |
| | S | 本村枯林械 | 相查可楞机 | 格析极检构 | 术样档杰棕 | 杨李要权楷 |
| | A | 七革基苛式 | 牙划或功贡 | 攻匠菜共区 | 芳燕东　芝 | 世节切芭药 |

(续表)

| 区号 | 位号 | GFDSA | HJKLM | TREWQ | YUIOP | NBVCX |
|---|---|---|---|---|---|---|
| | | 1 2 3 4 5 | 1 2 3 4 5 | 1 2 3 4 5 | 1 2 3 4 5 | 1 2 3 4 5 |
| 第二区 | H | 睛睦睚盯虎 | 止旧占卤贞 | 睡睥肯具餐 | 眩瞳步眯瞎 | 卢　眼皮此 |
| | J | 量时晨果虹 | 早昌蝇曙遇 | 昨蝗明蛤晚 | 景暗晃显晕 | 电最归紧昆 |
| | K | 呈叶顺呆呀 | 中虽吕另员 | 呼听吸只史 | 嘛啼吵噗喧 | 叫啊哪吧哟 |
| | L | 车轩因困轼 | 四辊加男轴 | 力斩胃办罗 | 罚较　辚边 | 思团轨轻累 |
| | M | 同财央朵曲 | 由则　崭册 | 几贩骨内风 | 凡赠峭赕迪 | 岂邮　凤嶷 |
| 第二区 | H | 睛睦睚盯虎 | 止旧占卤贞 | 睡睥肯具餐 | 眩瞳步眯瞎 | 卢　眼皮此 |
| | J | 量时晨果虹 | 早昌蝇曙遇 | 昨蝗明蛤晚 | 景暗晃显晕 | 电最归紧昆 |
| | K | 呈叶顺呆呀 | 中虽吕另员 | 呼听吸只史 | 嘛啼吵噗喧 | 叫啊哪吧哟 |
| | L | 车轩因困轼 | 四辊加男轴 | 力斩胃办罗 | 罚较　辚边 | 思团轨轻累 |
| | M | 同财央朵曲 | 由则　崭册 | 几贩骨内风 | 凡赠峭赕迪 | 岂邮　凤嶷 |
| 第四区 | Y | 主计庆订度 | 让刘训为高 | 放诉衣认义 | 方说就变这 | 记离良充率 |
| | U | 闰半关亲并 | 站间部曾商 | 产瓣前闪交 | 六立冰普帝 | 决闻妆冯北 |
| | I | 汪地尖洒江 | 小浊澡渐没 | 少泊肖兴光 | 注洋水淡学 | 沁池当汉涨 |
| | O | 业灶类灯煤 | 粘烛炽烟灿 | 烽煌粗粉炮 | 米料炒炎迷 | 断籽娄烃糨 |
| | P | 定守害宁宽 | 寂审宫军宙 | 客宾家空宛 | 社实宵灾之 | 官字安　它 |
| 第五区 | N | 怀导居　民 | 收慢避惭届 | 必怕　愉懈 | 心习悄屡忧 | 忆敢恨怪尼 |
| | B | 卫际承阿陈 | 耻阳职阵出 | 降孤阴队隐 | 防联孙耿辽 | 也子限取陛 |
| | V | 姨寻姑杂毁 | 叟旭如舅妯 | 九　奶　婚 | 妨嫌录灵巡 | 刀好妇妈姆 |
| | C | 骊对参骠戏 | 骒台劝观 | 矣牟能难允 | 驻　　　驼 | 马邓艰双 |
| | X | 线结顷　红 | 引旨强细纲 | 张绵级给约 | 纺弱纱继综 | 纪弛绿经比 |

3. 三级简码的输入

三级简码需要输入汉字编码的前3个字根。只要汉字的前三个字根编码在这个编码体系中是唯一的，一般都作为三级简码。三级简码的输入方法是：第一字根+第二字根+第三字根+空格键，即取汉字的前3个字根再加一个空格键。

例如汉字“丽”的全码为“GMYY”，但“丽”是三级简码，只需要输入编码“GMY”加一个空格键即可输入。

**提示：**

从形式上看，三级简码和4字码汉字的输入都按4个键，但实际上却大不相同。三级简码少分拆了1个字根，减轻了脑力负担，并且三级简码最后按空格键用右手大拇指，有利于其他手指自由变位，快速进入下一个字的输入状态。

**任务实施：**

① 打开记事本。

② 分别输入汉字“一”、“地”和“在”。

③ 在金山打字软件中联系更多简码汉字。

**任务小结：**

使用五笔字形输入法，每个汉字最多只需要按4次键即可录入。在单字录入时，应该尽量使用简码输入，以提高录入速度。

## 任务六　输入词组“学习五笔字形”、专业名、学校名

输入词组“学习五笔字形”、专业名、学校名。

**任务分析：**

词组输入是五笔字形编码方案的特点之一。单字练习熟练后，在汉字输入过程中要养成打词组的好习惯，这样打字速度才会更上一层楼。在五笔字形输入法中，所有词组编码长度最长为4码，词组的取码规则要因词组的字数而定。

### 1. 两字词组的输入

两字词组在汉语词汇中占有很大的比例。两字词组的输入方法是：分别取两个汉字的前两个字根码，共4码即可输入两字词组。

例如，输入词组“天空”，分别取两个字的前两个字根“一、大、宀、八”的编码，其完整编码为“GDPW”；输入词组“简历”，分别取两个字的前两个字根“⺮、门、厂、力”的编码，其完整编码为“TUDL”，如表2-6-1所示。

表2-6-1　两字词组的输入

| 天空 | 一 | 大 | 宀 | 八 | 简历 | ⺮ | 门 | 厂 | 力 |
|---|---|---|---|---|---|---|---|---|---|
| GDPW | G | D | P | W | TUDL | T | U | D | L |

### 2. 三字词组的输入

三字词组的输入方法是：分别取前两个字全码的第一个字根码，再取第三个字的前两个字根码，共4码即可输入三字词组。

例如，输入三字词组“计算机”，分别取前两字的第一个字根“讠、⺮”的编码，再取第三个字的前两个字根“木、几”的编码，其完整编码为“YTSM”；输入三字词组“独创性”，分别取前两字的第一个字根“犭、人”的编码，再取第三字的前两个字根“忄、丿”的编码，其完整编码为“QWNT”，如表2-6-2所示。

表2-6-2　三字词组的输入

| 计算机 | 讠 | ⺮ | 木 | 几 | 独创性 | 犭 | 人 | 忄 | 丿 |
|---|---|---|---|---|---|---|---|---|---|
| YTSM | Y | T | S | M | QWNT | Q | W | N | T |

### 3. 四字词组的输入

四字词组的输入方法是：分别取4个字全码的第一个字根码，共4码即可输入四字词组。

例如，输入四字词组“家喻户晓”，分别取4个字的第一个字根“宀、口、丶、日”的编码，其完整编码为“PKYJ”；输入四字词组“打草惊蛇”，分别取4个字的第一个字根“扌、艹、忄、虫”的编码，其完整编码为“RANJ”，如表2-6-3所示。

表2-6-3　四字词组的输入

| 家喻户晓 | 宀 | 口 | 丶 | 日 | 打草惊蛇 | 扌 | 艹 | 忄 | 虫 |
|---|---|---|---|---|---|---|---|---|---|
| PKYJ | P | K | Y | J | RANJ | R | A | N | J |

### 4. 多字词组的输入

多字词组的输入方法是：分别取第一、第二、第三个汉字和最后一个汉字的第一个字根码，共四码即可输入多字词组。

例如，输入多字词组“中国共产党”，分别取“中、国、共、党”的第一个字根“口、囗、龷、⺌”的编码，其完整编码为“KLAI”；输入多字词组“新疆维吾尔自治区”，分别取“新、疆、维、区”的第一个字根“立、弓、纟、匚”的编码，其完整编码为“UXXA”，如表2-6-4所示。

表2-6-4　多字词组的输入

| 中国<br>共产党 | 口 | 囗 | 龷 | ⺌ | 新疆维吾尔<br>自治区 | 立 | 弓 | 纟 | 匚 |
|---|---|---|---|---|---|---|---|---|---|
| KLAI | K | L | A | I | UXXA | U | X | X | A |

**任务实施：**

① 打开记事本，根据词组录入规则输入“学习五笔字形”。

② 输入自己的专业名和学校名称。

**任务小结：**

“五笔字形均直观，依照笔顺把码编”，“键名汉字打四下，基本字根要照搬”，
“一二三末取四码，顺序拆分大优先”，“不足四码要注意，交叉识别补后边”。

以上是五笔字形输入法的编码口诀，它能够帮助解释和说明输入汉字的方法，可以进一步理解五笔字形编码流程图的编码原则。

含义分别是指：遵循“书写顺序和兼顾直观”拆分原则；键入 4 次键可直接输入键名汉字；遵循“取大优先”原则和拆分字根为 4 个及以上时，按一、二、三和末字根顺序取 4 码；不足 4 码时，在输入字根编码后，补加末笔识别码。五笔字形编码流程图如图 2-6-1 所示。

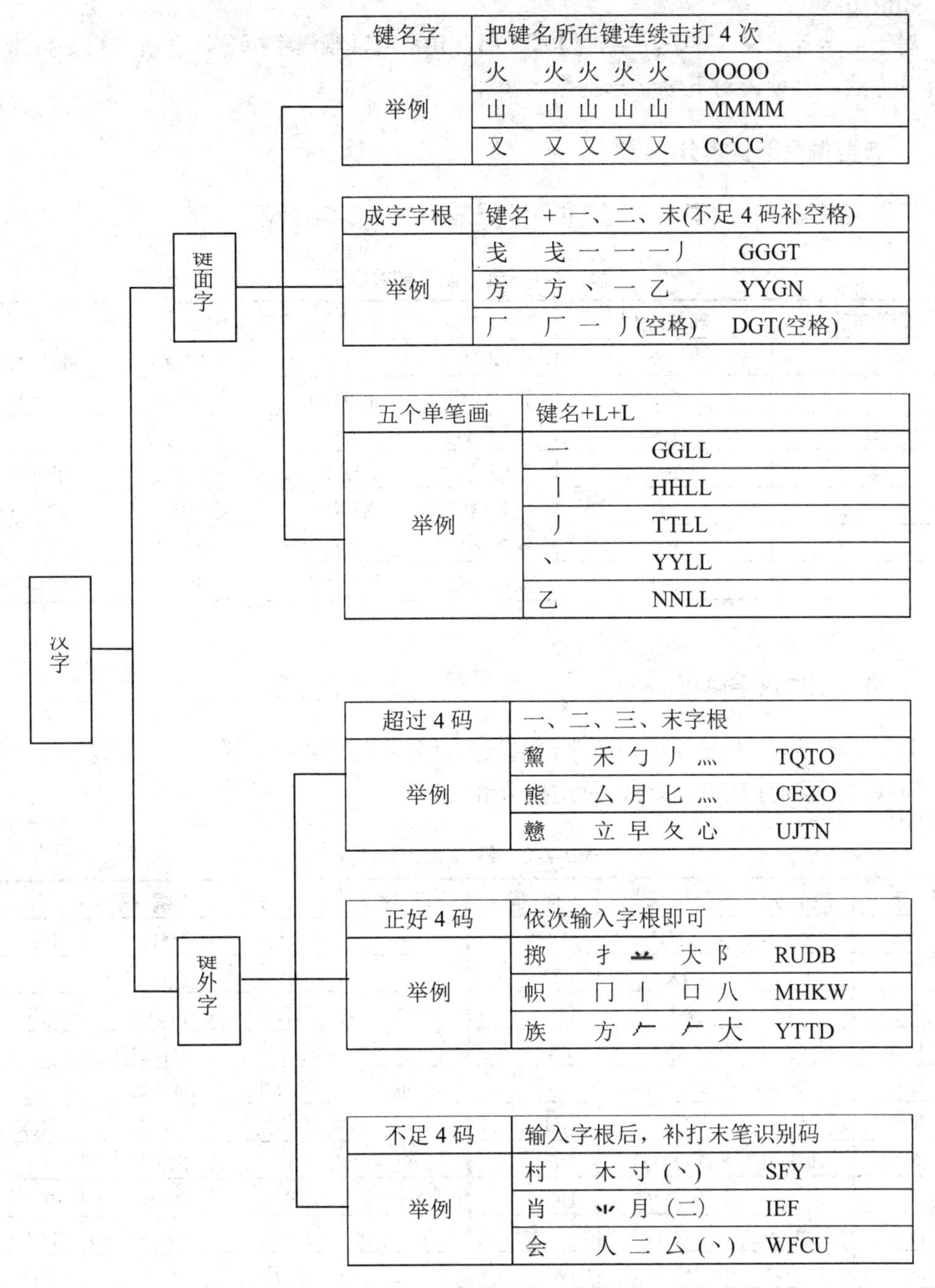


图2-6-1　五笔字形编码流程图

## 任务七　输入客户名单测试

- 打开金山打字通，练习录入客户名单或指定文章。
- 测试客户名单录入速度每分钟5个以上。

**知识拓展**

对于初学者来说，熟悉汉字典型偏旁部首和常用疑难汉字拆分，分析掌握易拆错汉字的拆分方法，会使得对五笔字形的学习事半功倍。

### 1. 典型偏旁部首拆分

下面列举了一些典型偏旁部首的拆分方法，如表2-7-1所示。

表2-7-1　典型偏旁部首拆分

| 偏旁部首 | 部首编码 | 汉字实例 | | | |
|---|---|---|---|---|---|
| 饣 | QN | 饭QNRC | 馁QNEV | 饿QNTT | 馈QNKM |
| 犭 | QT | 狁QTCQ | 犯QTBN | 犹QTDN | 独QTJY |
| 革 | AF | 鞭AFWQ | 鞋AFFF | 鞠AFQO | 靶AFCN |
| 豸 | EE | 豹EEQY | 豺EEFT | 貌EERQ | 貊EEDJ |
| 牛 | TR | 牲TRTG | 物TRQR | 特TRFF | 犊TRFD |
| 礻 | PY | 祁PYBH | 祺PYAW | 祷PYDF | 祖PYEG |
| 衤 | PU | 被PUHC | 衫PUET | 裱PUGE | 袜PUGS |

### 2. 易拆错的汉字解析

为了方便学习，快速掌握五笔字形的汉字拆分，表2-7-2中列举了一些容易拆错汉字的拆分方法，学习时应认真体会，总结拆分经验。

表2-7-2　易拆错汉字解析

| 汉　字 | 拆　分 | 编　码 | 简　码 | 汉　字 | 拆　分 | 编　码 | 简　码 |
|---|---|---|---|---|---|---|---|
| 似 | 亻乙丶人 | WNYW | WNY | 遇 | 日冂丨辶 | JMHP | JM |
| 拽 | 扌日匕 | RJXT | RJX | 未 | 二小 | FII | |
| 末 | 一木 | GSI | GS | 寒 | 宀二 || | PFJU | PFJ |
| 长 | 丿七丶 | TAYI | TA | 凹 | 几冂一 | MMGD | |
| 阜 | 亻ココ十 | WNNF | | 面 | 丆冂 || 三 | DMJD | |
| 牙 | 匚丨丿 | AHTE | AHT | 我 | 丿扌乙丿 | TRNT | TRN |
| 既 | 彐厶匚儿 | VCAQ | VCA | 豹 | 爫犭勹丶 | EEQY | |
| 凸 | 丨一冂一 | HGMG | HGM | 成 | 厂乙乙丿 | DNNT | DN |
| 巨 | 匚コ一 | AND | | 特 | 丿扌土寸 | TRFF | TRF |
| 涂 | 氵人禾丶 | IWTY | IWT | 饭 | 勹乙厂又 | QNRC | QNR |
| 舟 | 丿舟 | TEI | | 优 | 亻ナ乙 | WDNN | WDN |
| 拜 | 手三十 | RDFH | | 练 | 纟七乙八 | XANW | XAN |
| 鬼 | 白儿厶 | RQCI | RQC | 买 | 乙冫大 | NUDU | |
| 承 | 了三フ< | BDII | BD | 乘 | 禾丬匕 | TUXV | TUX |
| 片 | 丿丨一乙 | THGN | THG | 派 | 氵厂氏 | IREY | IRE |
| 舞 | 二罒一丨 | RLGH | RLG | 午 | 𠂉十 | TFJ | |
| 捕 | 扌一月丶 | RGEY | RGE | 象 | 勹日豸 | QJEU | QJE |

(续表)

| 汉 字 | 拆 分 | 编 码 | 简 码 | 汉 字 | 拆 分 | 编 码 | 简 码 |
|---|---|---|---|---|---|---|---|
| 报 | 扌卩又 | RBCY | RB | 身 | 丿冂三丿 | TMDT | TMD |
| 翠 | 羽亠人十 | NYWF | | 而 | 丆冂刂 | DMJJ | DMJ |
| 年 | 𠂉丨十 | RHFK | RH | 所 | 厂コ斤 | RNRH | RN |
| 牛 | 𠂉丨 | RHK | | 黄 | 艹由八 | AMWU | AMW |
| 离 | 文凵冂厶 | YBMC | YB | 族 | 方𠂉𠂉大 | YTTD | YTT |
| 傲 | 亻龶勹攵 | WGQT | | 豫 | 厶𠃌勹豕 | CBQE | CBQ |
| 麦 | 龶丿 | GTU | | 每 | 𠂉母一 | TXGU | TXG |
| 乐 | 匚小 | QII | QI | 久 | 夕丶 | QYI | QY |
| 叉 | 又丶 | CYI | | 展 | 尸艹𧘇 | NAEI | NAE |
| 亲 | 立木 | USU | US | 且 | 月一 | EGD | EG |
| 辛 | 立丶一丨 | UYGH | | 夜 | 亠亻丿丶 | YWTY | YWT |

3. 专业词汇中英文对照

(1) 词组——phrase
(2) 简码——brevity code
(3) 末笔识别码——end pen identification code

# 项 目 小 结

本项目我们主要学习了字根分布规律、汉字单字的拆分和录入规则，以及词组的输入规则，并能够使用记事本和金山打字通进行练习提高。

# 项 目 习 题

## 一、选择题

1. 对于汉字“早”的拆分，叙述正确的是______。
   A. 拆分成“日”和“十”　　B. 按键外字拆分
   C. 成字字根　　D. 以上都不对
2. 汉字“升”的五笔字形编码是______。
   A. TGTH　　B. TAK
   C. ATGH　　D. TAJ
3. 汉字“瓜”的五笔字形编码是______。
   A. TTCY　　B. RCYU

C. TTNY　　D. RCYI

4. 词语“基本建设”的五笔字形编码是______。

A. GSVY　　B. AGVY

C. ASVY　　D. GGVY

5. 词语“不切实际”的五笔字形编码是______。

A. GGPB　　B. GAPB

C. DAPB　　D. DGPB

## 二、操作题

1. 巩固背诵五笔字形五个区的字根口诀。

2. 利用金山打字软件熟练掌握五笔字形5个区的字根。

3. 在记事本中使用简码输入下面的汉字：

不、的、产、是、中、为、发、民、经、五、于、下、不、理、二、直、本、时、轩、车、由、偿、粘、录、纱、鱼、万、庄、刁、旷、钓、庙、故、千、仆、仁、足、自

4. 在记事本中输入下面的词语：

金融、会计、计算机、市场经济、哪里、困难、奥林匹克、精通、投资者、对外贸易、基金、利率、中央人民广播电台、北京、善罢甘休、程序逻辑、惊惶失措、衣食住行、方针政策、一切从实际出发、搬起石头砸自己的脚、百尺竿头更进一步

5. 使用金山打字通软件练习专业文章——经贸5篇文章。

# 项目三　Word 2013应用

**【能力目标】**

1. 能够进行图文混排
2. 能够设置图片艺术字格式和使用艺术字
3. 能够使用五笔字形输入法进行单字录入
4. 能够创建表格
5. 能够进行表格的基本操作(行列单元格的删除、增加、合并等)
6. 能够美化表格(边框和底纹、自动套用格式)
7. 能够运用表格数据进行简单运算
8. 能够给长文档加目录
9. 能够给文档添加页码、页数、页眉和页脚等
10. 能够正确使用分节符

**【知识目标】**

1. 掌握图文混排版式
2. 掌握图片工具栏的使用方法
3. 熟练掌握艺术字的使用方法
4. 掌握表格创建方法
5. 掌握表格表头制作方法和基本操作
6. 掌握边框和底纹的使用方法
7. 掌握表格求和、平均值计算
8. 掌握长文档排版技巧
9. 掌握目录插入方法及格式刷
10. 掌握页码、页眉和页脚的插入方法
11. 掌握分节符的使用方法
12. 了解宣传单的常用设计要求和风格

**【素质目标】**

1. 具有语言表达能力、协作沟通能力
2. 具有积极思考、自主学习能力
3. 具有审美意识和认真严谨的工作作风

**【项目情境】**

作为柜员工作一段时间后，由于表现良好，小王被调职到办公室。来到新的部门，面对新的挑战，需要处理的文字工作变多，于是小王决定尽快熟练掌握Word 2013，完成领导布置的各项任务。

# 项 目 描 述

本项目旨在熟练掌握Word 2013的文档处理方法，分为如下12个任务：

任务一：设计简历封面

任务二：设计银行新年海报

任务三：设计年终总结封面

任务四：制作个人简历

任务五：制作活动经费预算表

任务六：制作差旅费报销单

任务七：制作毕业论文目录

任务八：员工培训管理系统排版

任务九：完成毕业开题报告的设计和目录生成

任务十：设计篮球比赛宣传海报

任务十一：设计理财宣传单

任务十二：设计社团纳新海报或迎新海报

Word是Office办公套装软件中最重要的组成部分之一，用户可以用它来撰写项目报告、合同、协议、公文、传单海报、商务报表等。可以说，一切和文书处理相关的东西都可以用Word来处理。与旧版的Word软件相比，Word 2013在功能、易用性和兼容性等方面都有了明显提升，全新的导航搜索窗口、专业级的图文混排功能、丰富的样式效果，让用户在处理文档时更加得心应手。

# 学 习 任 务

## 任务一　设计简历封面

**任务分析：**

Word 2013提供了设置水印、插入图片和艺术字、绘制图形等功能，可以将这些图形图片与文本交叉混排在同一文档中，从而使文档更加美观漂亮、生动有趣，达到用户满意的版面效果。

### 1. Word 2013的启动与退出

对于初学者来说，首先要了解如何启动和退出Word 2013应用程序。

#### 1) Word 2013 的启动

(1) 使用【开始】菜单。单击【开始】/【程序】/【Microsoft Office 2013】/【Word 2013】菜单项，即可启动Word 2013应用程序。

(2) 使用快捷菜单。在桌面空白区域单击鼠标右键，在弹出的快捷菜单中，选择【新建】/【Microsoft Word文档】菜单项，在桌面上就出现了一个新文档的图标，用鼠标双击该图标即可进入Word文档；或者在新建文档上单击右键，然后单击【打开】命令，也能打开Word 2013应用程序。

(3) 通过双击Word 2013文档来启动打开“资源管理器”，双击某一Word 2013文档(文件后缀名为.docx)即可自动启动Word 2013，并打开该文档。

#### 2) Word 2013 的退出

退出Word 2013的方法有以下几种：

(1) 选择【文件】/【退出】菜单项。

(2) 单击Word 2013窗口标题栏右上角的【关闭】按钮。

(3) 单击Word 2013窗口标题栏左上角的控制菜单 W，选择【关闭】命令。

(4) 双击Word 2013窗口标题栏左上角的控制菜单 W。

(5) 按【ALT+F4】快捷键。

### 2. 图片水印的设置

(1) 启动Word 2013 ，选择空白文档，看到如图3-1-1所示的窗口界面。

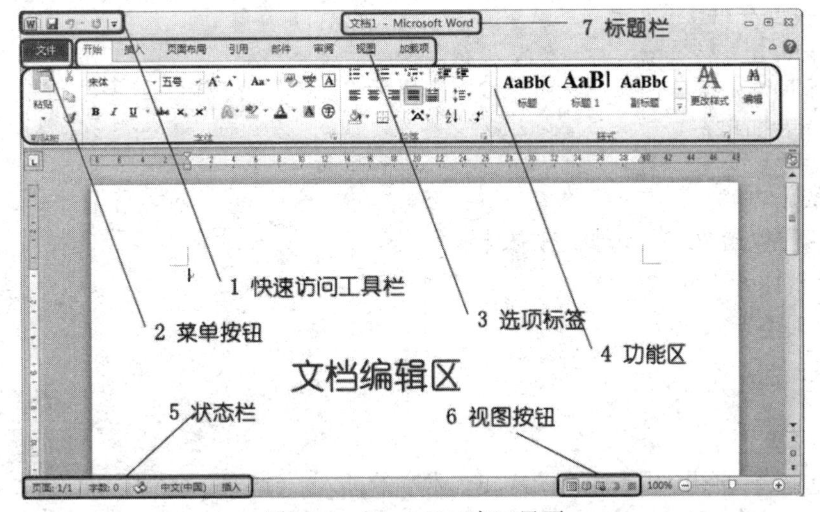


图3-1-1　Word 2013窗口界面

(2) 选择【设计】菜单，单击【水印】下拉按钮，选择【自定义水印】命令，弹出【水印】对话框。选中【图片水印】单选按钮，单击【选择图片】按钮，如图3-1-2所示。在【插入图片】页面中，单击【来自文件】图标选项按钮，打开【插入图片】对话框。选择【校园】图片选项，单击【插入】按钮。

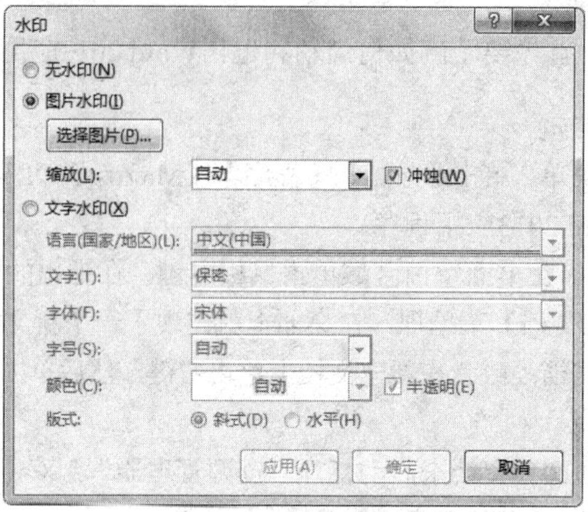

图3-1-2　【水印】对话框

### 3. 图片的插入

单击要插入图片的位置，选择【插入】菜单/【图片】，选取素材文件中的“logo”文件。双击插入的图片，Word 2013将自动切换出【图片工具】下的【格式】菜单，可以对图片进行相应的设置，如图3-1-3所示。

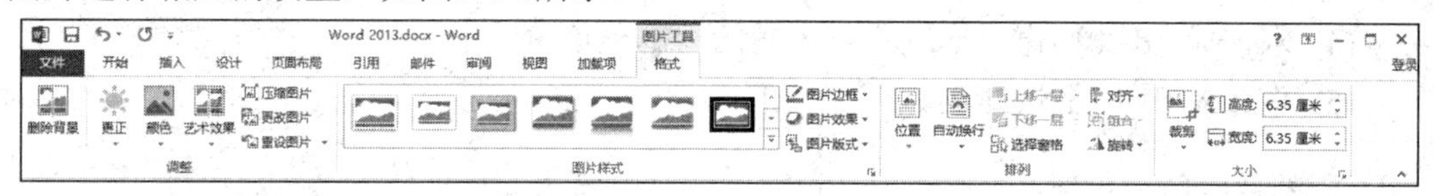


图3-1-3　【图片工具】的【格式】菜单

### 4. 艺术字的插入

单击【插入】菜单，在“文本”分组中单击“艺术字”按钮，在其下拉菜单中选择自己喜欢的样式即可。

**任务实施：**

① 打开Word 2013，选择空白文档。

② 设置图片水印。

③ 插入图片。

④ 插入艺术字。

**任务小结：**

本任务简单介绍图片水印、图片和艺术字的插入，领略在文档中插入图片、艺术字的美感。

## 任务二　设计银行新年海报

完成银行新年海报的设计。

**任务分析：**

纯文字文档非常呆板，无法引起客户的兴趣，利用图片、艺术字可以美化文档。

(1) 打开一空白文档，选择“金鸡贺岁”图片，给图片设置图片水印效果，图片缩放120%，取消冲蚀效果，如图3-2-1所示。

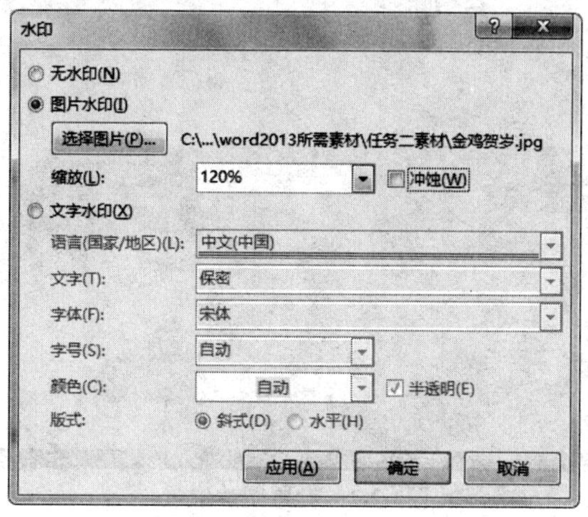


图3-2-1　设计图片水印效果

(2) 插入图片“福”，设置图片大小高度为3.53厘米，锁定纵横比。选择图片位置为顶端居左、四周型环绕方式。设置图片艺术效果为【标记】，设置图片效果为【映像】/【映像变体】中的【半映像 接触】。

### 1. 调整图形的大小

方法一：鼠标调整法。选中图片，这时候图形周边会显示控制点，将鼠标光标放在合适的控制点上，按住鼠标拖动调整即可。

方法二：功能区设置。选中图片，在【图片工具-格式】选项卡的【大小】分组中设置【高度】和【宽度】，输入合适的值即可。

说明：在【图片工具-格式】选项卡的【大小】分组中单击【剪裁】，然后调整图片大小。可以进行手动剪裁、剪裁为形状、纵横比、填充、调整等。

### 2. 设置图片位置

设置位置。选中图片，在【图片工具-格式】选项卡的【排列】分组中单击【位置】，在打开的列表中选择合适的位置，如图3-2-2所示。

### 3. 调整图片

选中图片，在【图片工具-格式】选项卡的【调整】分组中，可以删除图片背景、设置图片颜色及艺术效果等。

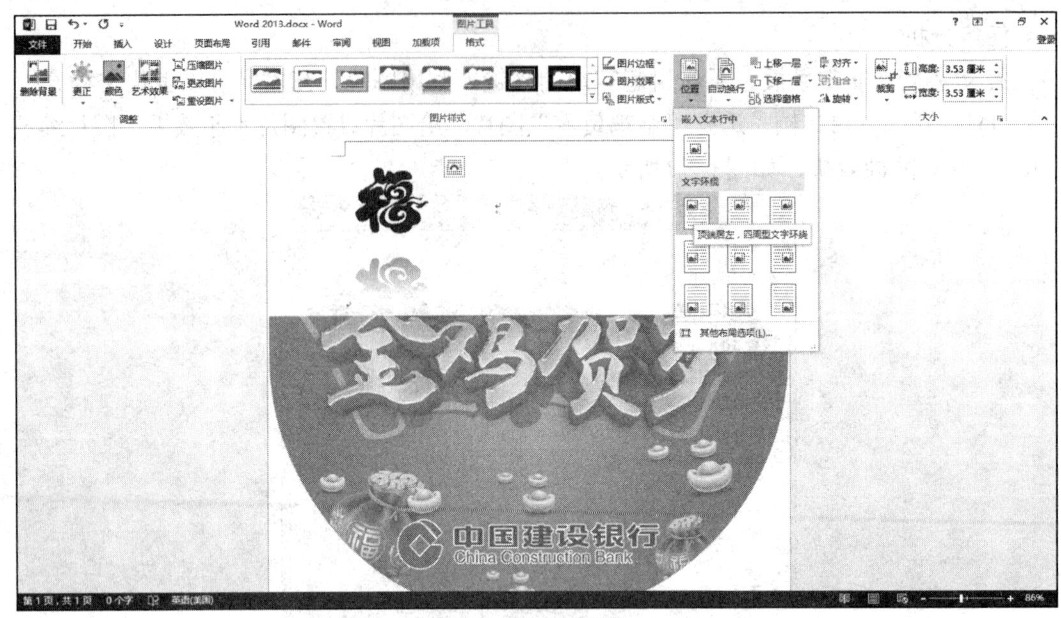


图3-2-2　设置图片位置

## 4. 设置图片样式

选中图片，在【图片工具-格式】选项卡的【图片样式】分组中，可以选择预设样式，也可以分别设置【图片边框】、【图片效果】、【图片版式】等，如图3-2-3所示。

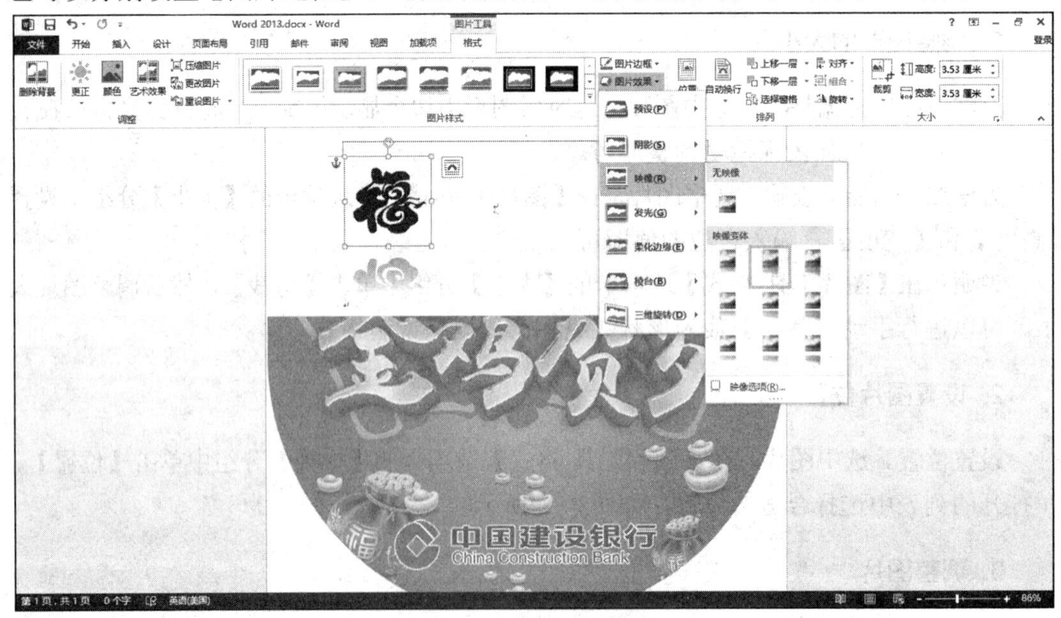


图3-2-3　设置图片样式

## 5. 艺术字的插入

插入艺术字“新年快乐”，设置艺术字样式为样式列表中第2行第2列的样式，设置文本填充颜色为深红色，设置文本效果为【映像】/【映像变体】/【半映像，4pt偏移量】，设置文本效果为【发光】/【发光变体】中第2行第2列的样式，如图3-2-4所示。

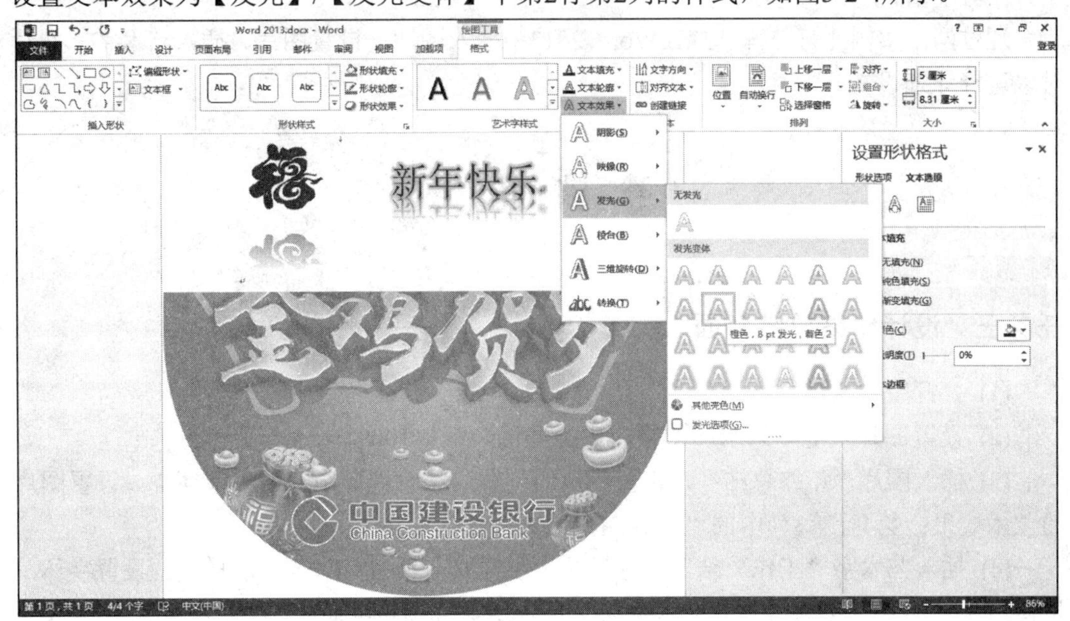


图3-2-4　设置文本效果

银行新年海报的最终效果图如图3-2-5所示。

图3-2-5　银行新年海报的最终效果图

**任务实施：**

① 打开空白文档。

② 设置图片水印，并对图片进行缩放设置。

③ 插入图片，改变图片的大小、位置、排列、样式。

④ 插入艺术字，修改艺术字的填充颜色，设置艺术字的文本效果。

**任务小结：**

通过两个实例能够熟练掌握在Word 2013中插入图片、设置图片、插入艺术字，并对对象进行详细设置。

# 考 核 任 务

## 任务三　设计年终总结封面

(1) 打开空白文档。

(2) 设置图片“笔”为水印效果，去掉冲蚀，缩放100%。

(3) 插入图片“年终总结”，设置图片的位置为：底端居中、四周型环绕。设置图片的艺术效果：第4行第3列中的“十字图案蚀刻”。

(4) 插入艺术字“工作总结”，选择艺术字样式：第1行第1列中的样式。设置字体：楷体；字号72；文字居中。设置艺术字高度为6厘米，并锁定纵横比。设置艺术字效果：【影响变体：第2行第3列，全映像，4pt偏移量】和【发光变体：第3行第3列】。封面最终效果如图3-3-1所示。

图3-3-1　封面最终效果图

**知识拓展**

当用户选择文字时，在所选文字旁边会显示一个浮动工具栏。如果用户不喜欢，可以禁用它，具体操作为：单击【文件】菜单，执行【选项】命令，打开【Word选项】对话框，取消选中【选择时显示浮动工具栏】复选框。

## 任务四　制作个人简历

**任务分析：**

个人简历是对求职者生活、学习、工作、经历、成绩的概括。在制作简历时，必须重点突出、简洁明了，这样才会使聘用单位对你产生好感，脱颖而出，从而获得聘用单位面试的机会。

### 1. 新建空白文档，输入个人简历，并设置字体为楷体、四号字、加双下画线

### 2. 将光标定位到文档中要插入表格的位置，插入一个16行3列的表格

创建表格的方法：

(1) 单击【插入】菜单/【表格】菜单项，在“表格”分组中单击“表格”按钮，在其下拉菜单中用鼠标在出现的表格上拖动，确定所需的行列数后，释放鼠标左键，相应行列的表格即被插入到文档中。

(2) 在【表格】下拉菜单中执行【插入表格】命令，打开【插入表格】对话框。在【表格尺寸】区域中可以设置表格的【列数】和【行数】，如图3-4-1所示，单击【确定】按钮。

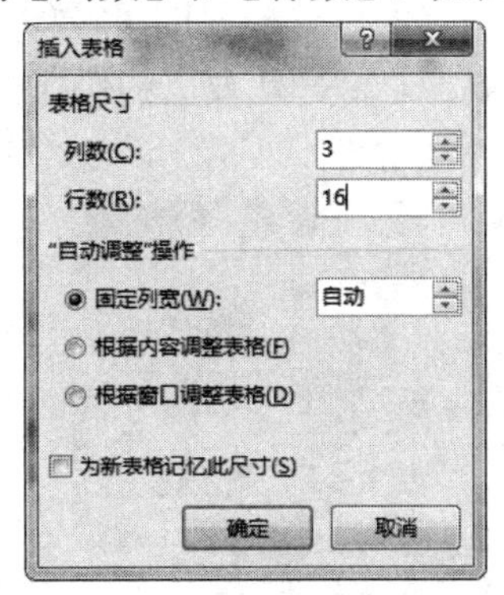


图3-4-1　【插入表格】对话框

(3) 在【表格】下拉菜单中执行【绘制表格】命令，光标将变成一支笔，拖动鼠标可以绘出所需的表格(如同真实的笔在纸张上绘图一样)。表格绘制完成后，按Esc键可以退出绘图模式。

### 3. 设置固定行高为0.8厘米，选中第3列的前6行，合并单元格。把第7～第16行的各列合并。选中第15行的单元格，将它拆分为两列

修改表格布局的方法

**1) 选取行、列、单元格及表格**

- 选定整个表格：在表格任意位置单击，此时表格左上角出现全选标识□，单击全选标识可选中整个表格。
- 选定单元格：将光标移到一个单元格的左下角，鼠标变成指向实心右上指向的黑色箭头时，单击鼠标左键。

- 选定行：将光标移到一行的最左侧，鼠标变成空心右上指向的箭头时，单击鼠标左键。
- 选定列：将光标移到一列的顶部，鼠标变成实心向下的黑色箭头时，单击鼠标左键。

2) 插入行、列、单元格和表格

- 插入行/列：将插入点移到表格中需要插入行的位置，单击【表格工具】下的【布局】选项卡，在【行和列】分组中选择【在下方插入】、【在上方插入】、【在左侧插入】或【在右侧插入】选项，如图3-4-2所示

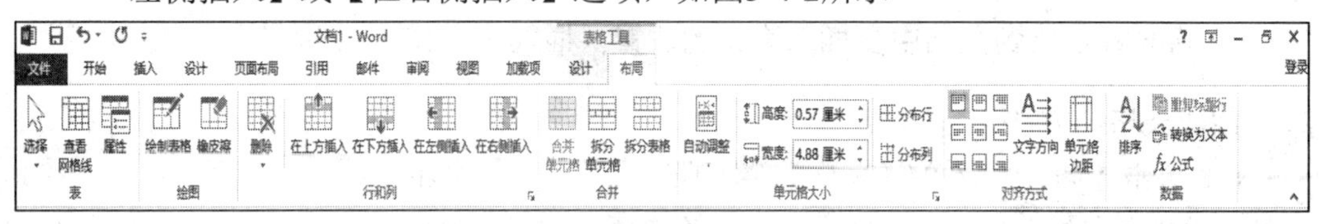


图3-4-2　【布局】选项卡

- 插入单元格：插入单元格的方法和插入行/列的方法相似，单击【表格工具】下的【布局】选项卡，在【行和列】分组中单击右侧的对话框启动按钮，打开【插入单元格】对话框，选择适合的方式插入即可，如图3-4-3所示。同样也可以在需要插入单元格的位置单击鼠标右键，从弹出的快捷菜单中执行【插入单元格】命令，也会弹出【插入单元格】对话框。

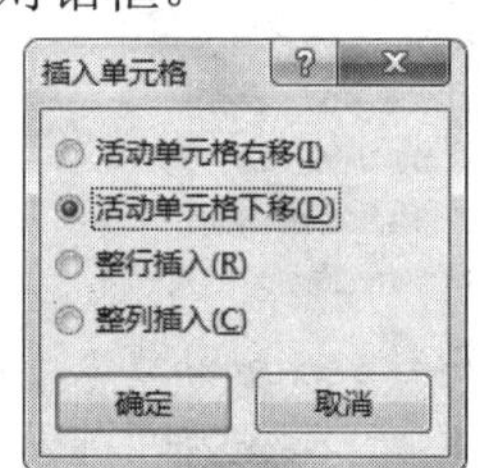


图3-4-3　【插入单元格】对话框

**提示：**

*要在表格末尾快速添加一行，可直接单击最后一行的最后一个单元格，然后按【Tab】键；也可将光标移到最后一个单元格的外面，按【Enter】键。*

- 插入表格：将光标定位至要插入表格的单元格位置，按常规插入表格的方法插入表格即可。

3) 删除行、列、单元格

- 将插入点移动到需要删除的行、列或单元格内。
- 单击【表格工具】下的【布局】选项卡，在【行和列】分组中单击【删除】按钮，在其下拉菜单中选择具体的删除方式即可。

4) 合并单元格

- 选定两个或多个水平方向或垂直方向上要合并的单元格。

- 单击【表格工具】下的【布局】选项卡，在【合并】分组中单击【合并单元格】按钮。

5) 拆分单元格

- 将插入点移至要拆分的单元格内。
- 单击【表格工具】下的【布局】选项卡，在【合并】分组中单击【拆分单元格】按钮。
- 在【拆分单元格】对话框的【列数】和【行数】文本框中，输入要拆分的行数和列数，然后单击【确定】按钮，如图3-4-4所示。

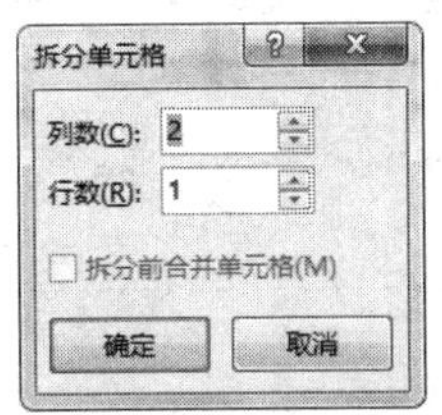


图3-4-4 【拆分单元格】对话框

6) 调整行高和列宽

- 选择要设置的表格区域。
- 单击【表格工具】下的【布局】选项卡。
- 在【单元格大小】分组中分别输入列宽和行高的数值(默认单位为厘米)。

4. 设置第7单元格的边框线为双线，填充10%样式

选定第7单元格：单击【表格工具】下的【设计】选项卡，单击【边框】分组右侧的对话框启动按钮，设置边框的样式，如图3-4-5所示。或者选择【边框】下拉菜单中的【边框和底纹】按钮，进行双线设置。

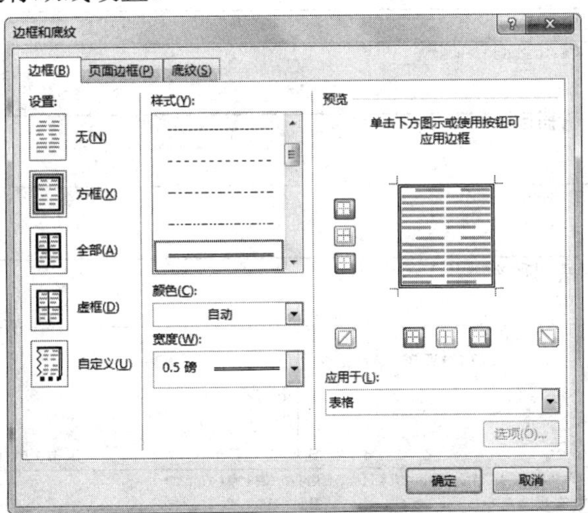


图3-4-5 设置【边框】选项卡

选择【底纹】选项卡，进行10%样式的设置，如图3-4-6所示。

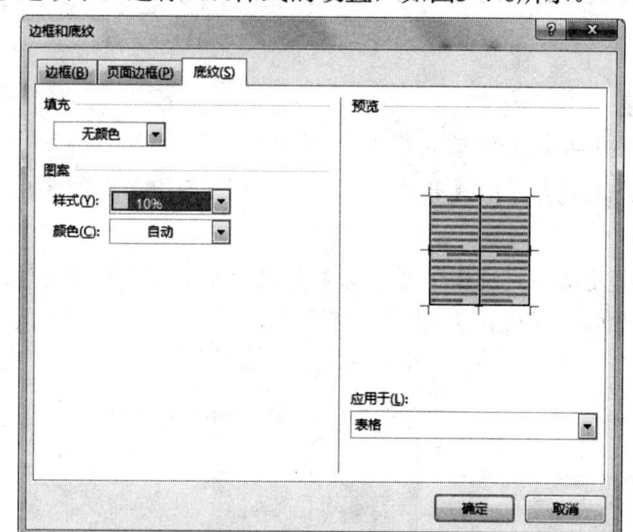


图3-4-6　设置【底纹】选项卡

5. 请按照最终效果图输入相应文字，如图3-4-7所示

**个 人 简 历**

| 姓　　名： | 学　　校： | 照<br>片 |
|---|---|---|
| 性　　别： | 专　　业： | |
| 出生年月： | 学　　历： | |
| 政治面貌： | 培养方式： | |
| 民　　族： | 外语水平： | |
| 健康状况： | 计算机水平： | |
| 求职意向： | | |
| 联系电话： | | |
| E—Mail： | | |
| 通讯地址： | | |
| 掌握的专业技能、特长或爱好： | | |
| 所修主干课程： | | |
| 在校任职及获奖情况： | | |
| 专业实习和社会实践情况： | | |
| 系（部）评 语<br>年 月 日 | 学 院 意 见<br>年 月 日 | |
| 学院联系地址：辽宁省沈阳市沈北新区虎石台建设南一路七号（110122） | | |
| 学 院 网 址：http://www.lnfvc.cn　就业处电话：024-62299955 | | |

图3-4-7　个人简历最终效果图

**任务实施：**

① 打开一空白Word 2013文档，输入标题。

② 选择【插入】菜单，创建表格。

③ 修改表格布局。

④ 美化表格。

**任务小结：**

本次任务只需要掌握表格的创建方法、如何修改表格的布局以及美化表格。

## 任务五　制作活动经费预算表

**任务分析：**

表格是一种简洁而有效地将一组相关数据组织在一起的文档信息组织方式，具有清晰、直观、信息量大的特点，在许多领域的文档和报表中有着广泛应用。

### 1. 输入标题：五月活动经费预算表；字体：楷体；字号：二号字；居中。举办日期：2017年5月，宋体，五号字，右对齐

### 2. 插入7行5列表格，第一行指定高度为1.5厘米，在第一个单元格内制作斜线表头，输入相应的表头标题

制作斜线表头的方法：

(1) 将光标定位至需要插入斜线表头的单元格。

(2) 单击【插入】菜单，在【插图】分组中单击【形状】按钮，在其下拉菜单的【线条】分组中单击按钮。

(3) 鼠标变成十字形状，在单元格内绘制斜线。

(4) 绘制斜线完毕之后，在【绘图工具】下的“格式”选项卡的【形状样式】分组中选择线条的颜色，如图3-5-1所示。

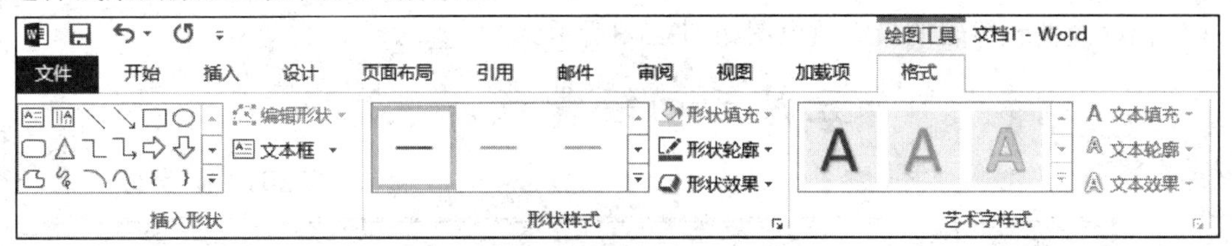


图3-5-1　【形状样式】分组

### 3. 设置最后一行2到4列合并单元格，输入相应文字和数字后，利用公式计算相应支出金额

Word 2013表格计算：对于表格中的数据，如果是简单求和、求平均值等，可以直接用Word 2013提供的公式来完成。如想计算车费的金额，先选取放置金额的位置，之后选择【表格工具】下的【布局】选项卡，选择右侧的公式，在弹出的【公式】对话框中选择

相应的函数即可，如图3-5-2所示。

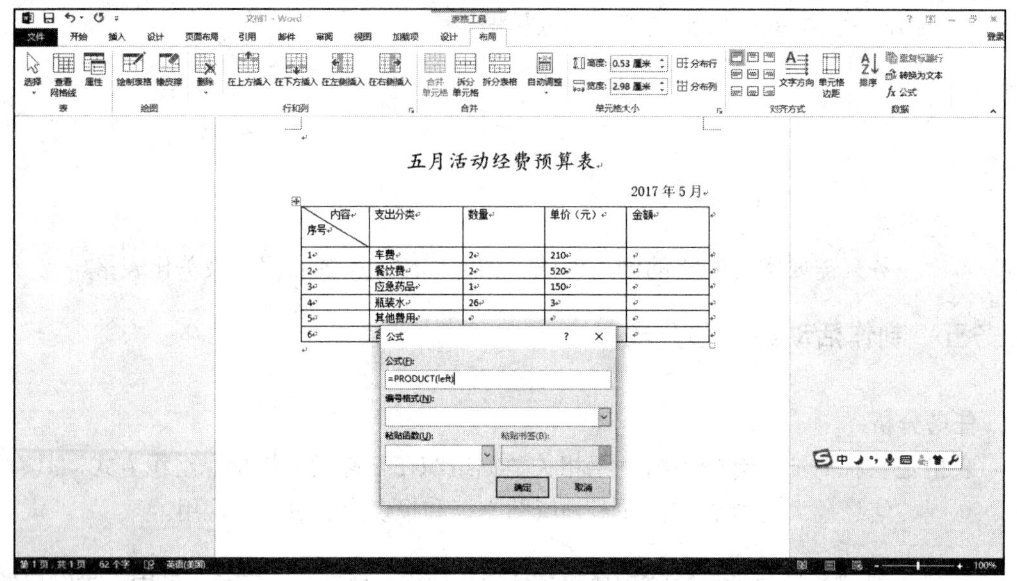


图3-5-2　【公式】对话框

**4. 美化表格：表格外边框采用红色双线，内部框线采用绿色单线，首行下框线采用红色双线，并加-12.5%的灰色底纹，文中文字水平和垂直方向都居中**

**1) 表格内容对齐**

Word 2013提供了9种表格对齐方式，它们分别是靠上居中、水平居中、靠下居中、靠右上对齐、中部右对齐、靠下右对齐、靠上右对齐、靠上两端对齐、中部两端对齐、靠下两端对齐。

**2) 设置方法为**

(1) 选择要对齐的表格内容。

(2) 单击【表格工具】下的【布局】选项卡，单击【对齐方式】分组中的相应按钮即可。活动经费预算表的最终效果图如图3-5-3所示。

五月活动经费预算表

2017 年 5 月

| 内容/序号 | 支出分类 | 数量 | 单价（元） | 金额 |
|---|---|---|---|---|
| 1 | 车费 | 2 | 210 | 420 |
| 2 | 餐饮费 | 2 | 520 | 1040 |
| 3 | 应急药品 | 1 | 150 | 150 |
| 4 | 瓶装水 | 26 | 3 | 78 |
| 5 | 其他费用 | | | 0 |
| 6 | 合计 | | | 1688 |

图3-5-3　五月活动经费预算表

**任务实施：**

① 打开Word 2013空白文档，输入标题。

② 创建表格，输入相应内容。

③ 绘制斜线表头。

④ 修改表格布局。

⑤ 进行公式运算。

⑥ 美化表格。

**任务小结：**

本次任务除了加强训练表格的创建外，还练习斜线表头的绘制、公式的计算和表格内容的对齐方式。

## 任务六　制作差旅费报销单

(1) 打开一空白Word 2013文档，纸张方向为横向。

(2) 输入标题：出差费报销单。字体：黑体；字号：小二。加双下画线。输入填报日期：年　月　日；附单据　张；给文字加宽间距15磅。

(3) 创建一个12行14列的表格，按照最终效果图合并单元格。

(4) 美化表格：外边框单线1.5磅，内边框为细线。

(5) 输入文字之后，设置文字为居中对齐。

差旅费报销单的最终效果图如图3-6-1所示。

出差费报销单

填报日期：　年　　月　　日　　　　　　　　附单据　　　张

| 工作部门 | | | | | | | | 出差事由 | | | | | |
|---|---|---|---|---|---|---|---|---|---|---|---|---|---|
| 出差人 | | | | 职务 | | | | | | | | | |
| 出发 | | | | 到达 | | | | 交通工具 | 车船机费 | 目的地发生费用 | | | |
| 月 | 日 | 时 | 地点 | 月 | 日 | 时 | 地点 | | | 天数 | 住宿费 | 室内交通费 | 伙食补助 |
| | | | | | | | | | | | | | |
| | | | | | | | | | | | | | |
| | | | | | | | | | | | | | |
| | | | | | | | | | | | | | |
| | | | | | | | | | | | | | |
| | | | | | | | | | | | | | |
| 小计 | | | | | | | | | | | | | |
| 报销金额（大写）：　万　仟　佰　拾　元　角 | | | | | | | | | | 小写： | ¥： | | |

背面附原始凭证，且粘贴整齐

图3-6-1　差旅费报销单的最终效果图

**知识拓展**

在Word 2013中兼容模式如何转换？

不知道大家发现没有，我们打开一份文档，最上方显示的是兼容模式。使用这种兼容模式，会自动禁用一些功能，以防止出现问题。但是，工作时需要用到这些功能，该怎么办呢？

(1) 打开文档，我们看到文档处于兼容模式。

(2) 现在我们要进行转换，单击【文件】/【信息】/【转换】/【兼容模式】。

(3) 出现一个Microsoft Word提示框，单击【确定】按钮。

(4) 转换完成后，文档就不再处于兼容模式。

## 任务七　制作毕业论文目录

**任务分析：**

编写论文时，为了使文档的结构层次清晰，通常要设置多级标题。每级标题和正文均采用特定的文档格式，从而为今后的目录编排带来便利。相同排版的内容使用统一的样式，这样做能减少工作量和出错机会。如果要对排版格式做调整，只需一次性修改相关样式即可。

### 1. 打开“毕业论文”素材，设置标题和正文样式

#### 1) 定义文档中将要使用的样式

样式的使用分以下两步：首先为各级标题和正文定制样式；然后使用样式对相关内容进行格式设置。

(1) 选中论文内容中的文字“第一章　绪论”，设置为“一级标题”。格式设置为黑体、三号、加粗、居中、段前段后间距各10磅。

(2) 选中论文内容中的文字“2.1　任务概述”，设置为“二级标题”。格式设置为黑体、四号、左对齐、段前间距13磅、段后间距5磅。

(3) 选中论文内容中的文字“2.1.1　图书管理系统完成的主要目标”，设置为“三级标题”。格式设置为宋体、四号、段前间距10磅、段后间距6磅。

(4) 选中论文内容中的第四段文字“进入系统前……”，设置格式为宋体、小四、两端对齐、1.5倍行距、段前段后间距各0.5行、首行缩进两个字符。

#### 2) 格式刷的使用

选中“第一章　绪论”，在【开始】菜单的【剪贴板】中找到【格式刷】工具，并单击鼠标左键，在文档中选中需要更改格式的文字，此时选中后的文字将会变成开始定为基准的文字格式。此时，“第二章　需求分析”已经利用格式刷“刷”成上面字体的格式了。

#### 3) 使用上述方法，可以为全文设置全文样式

#### 4) 制作毕业论文的目录

当全文的各级标题和正文样式已经设置完，格式已经编排完之后，开始进行的最重要的工作，就是制作毕业论文的目录，具体操作步骤如下：

(1) 将光标定位到需要插入目录的页面中，通常是在正文之前(“摘要”和“关键字”内容之后)，输入“目录”字符，将格式设置为宋体、三号、字体间距加宽20磅、居中。

(2) 利用定义好的多级标题生成目录，单击【引用】/【目录】/【自定义目录】，打开【目录】对话框，如图2-7-1所示。

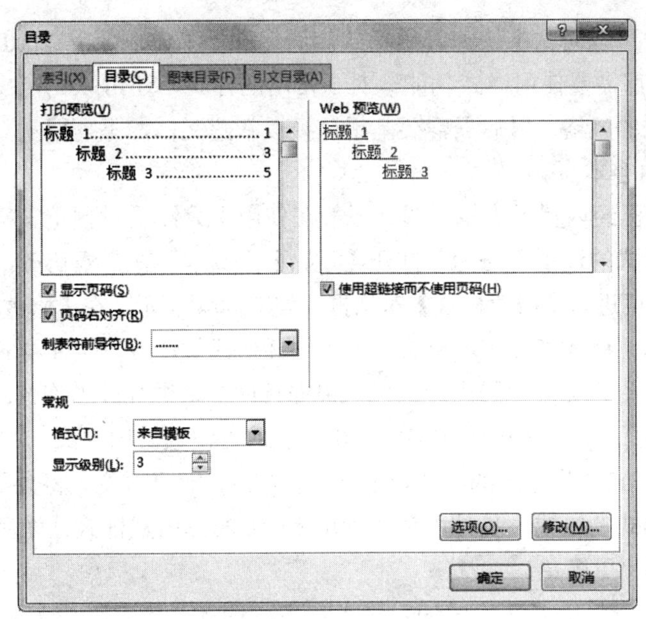


图3-7-1　【目录】对话框

(3) 单击【确定】按钮，自动生成目录，如图3-7-2所示。

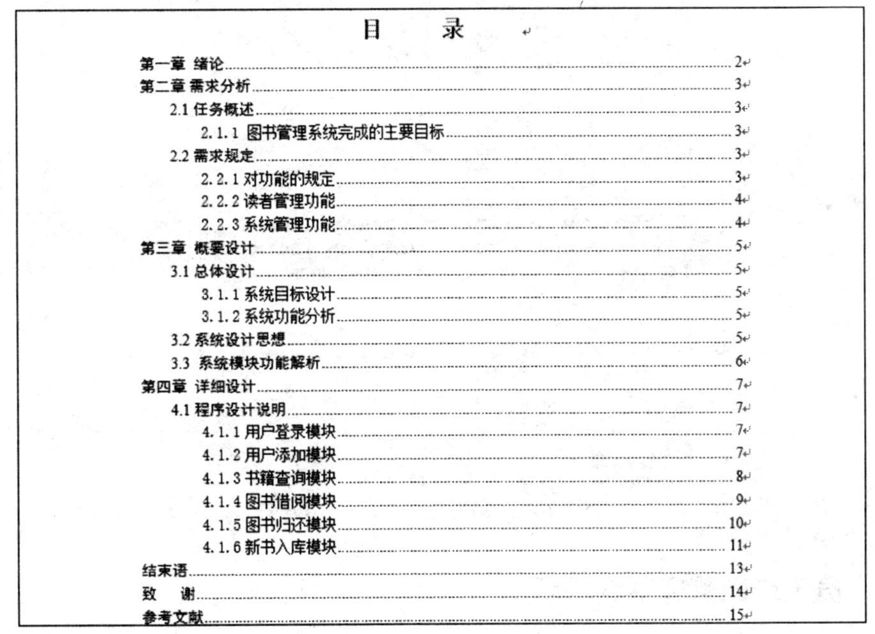

目　　录



图3-7-2　插入的目录

**任务实施：**

(1) 选中文字，设置标题样式和正文样式。

(2) 选中文字，利用“格式刷”，对全文进行样式设置。

(3) 插入目录。

**任务小结：**

样式是文档中文字的呈现风格，通过定义常用样式，可以使相同类型的文字呈现的风格高度统一，同时可以对文字快速套用样式，简化排版工作，而且Word 2013中的许多自动化功能(如目录)都需要使用样式功能。对于常用的样式，还可以先定义到一个模板文件中，创建属于自己的风格，以后只需要基于该模板新建文档，不需要重新定义样式，让写作者更关注文档内容本身。

Word 2013中已经内置了大量样式，一般在使用中只需要对预定义样式进行适当修改即可满足需求。样式的设置方法为，打开【开始】选项卡，在需要修改的样式名上右击，选择【修改】，即可进入【修改样式】对话框，如图3-7-3所示。在【修改样式】对话框中，可以修改样式名称、样式基准等。单击左下角的【格式】，可以定义样式的字体、段落等格式，常用设置如图3-7-3中序号所示，可以根据具体要求进行适当修改。其中，可以为某样式设置快捷键，以后只需要选中文字并按快捷键即可快速套用样式。需要指出的是，“正文”样式是Word 2013中最基础的样式，不要轻易修改，一旦改变，将会影响所有基于“正文”样式的其他样式的格式。另外，尽量利用Word 2013内置样式，尤其是标题样式，可使相关功能(如目录)更简单。

标题有变化时，只需要在生成的目录上右击，选择【更新目录】即可。

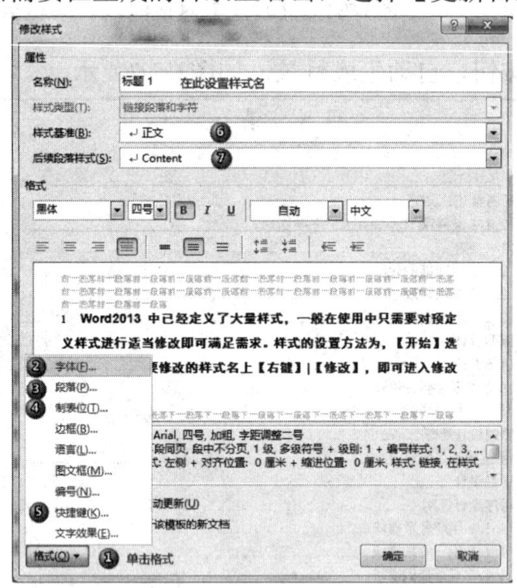


图3-7-3　【修改样式】对话框

## 任务八　员工培训管理系统排版

### 任务分析：

在编排论文、报告等特别长的文档时，需要将正文划分成几个不同的章节、段落或项目，可以插入页眉、页脚、页码。借助于项目符号和编号，可使文档自动排序系统化、条理化，使读者更容易抓住要点。

### 1. 选择素材“员工培训管理系统”第一页倒数5行，设置一种项目符号

(1) 选择要设置的多个段落，单击【开始】菜单，单击【段落】分组中的【项目符号】

按钮，然后在其子菜单中选择一种符号即可。

(2) 自定义项目符号。如果对Word 2013提供的这些项目符号类型不满意，那么可以在【项目符号】的子菜单中选择【定义新项目符号】选项，然后在打开的对话框中自定义其他符号，如图3-8-1所示。

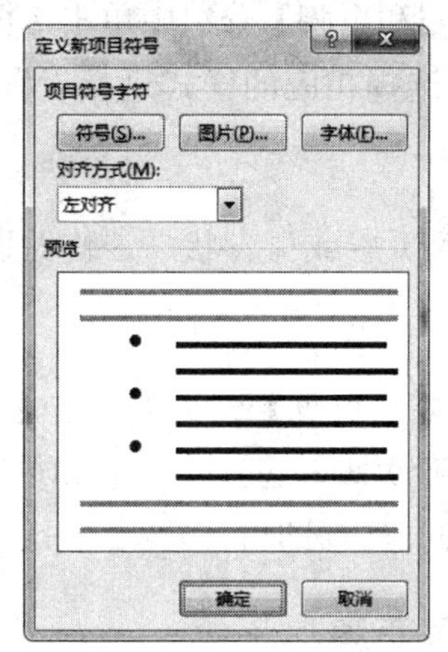


图3-8-1　【定义新项目符号】对话框

在【定义新项目符号】对话框中，单击【符号】按钮，可在打开的对话框中选择其他符号类型；单击【图片】按钮，可以在打开的对话框中导入磁盘中的图片作为符号。

**2. 为素材“员工培训管理系统”中4.2和4.3节下面的内容设置编号1、2、3……**

编辑文档时，对于具有一定条理关系的内容，通常都会加上编号，例如1、2、3…从而让文档看起来更加清晰、明朗。

(1) 选择要进行编号的段落，单击【段落】分组中的【编号】按钮，然后在其子菜单中选择编号格式。

(2) 如果想让新设置的编号从某个值开始，那么可以在新列出的编号上单击鼠标右键，在弹出的快捷菜单中执行【设置编号值】命令，打开【起始编号】对话框后，选中【开始新列表】单选按钮，然后在【值设置为】文本框中输入当前列表中想要显示的第一编号的值，单击【确定】按钮，如图3-8-2所示。

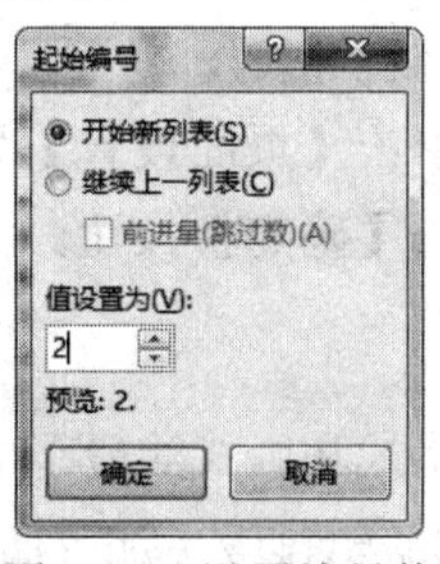


图3-8-2　设置编号值

**3. 为素材“员工培训管理系统”插入空白页眉，输入“员工培训管理系统”，插入边线型页脚，设置页码居中**

在编辑文档时，经常需要在页面上方和下方添加页眉和页脚，用于说明文档的版权归属、作者、图书名称等内容。

#### 1) 插入页眉/页脚

页眉位于页面顶端，而页脚位于页面底端。

单击【插入】菜单，在【页眉和页脚】分组中单击【页眉】按钮(要插入页脚，可单击【页脚】按钮)，在其下拉菜单中选择相应的样式进行设置。

#### 2) 修改页眉/页脚

在页眉/页脚处双击即可进入页眉或页脚状态，修改即可。

#### 3) 删除页眉/页脚

单击【插入】菜单，在【页眉和页脚】分组中单击【页眉】按钮，在其下拉菜单中选择【删除页眉】选项即可。要删除页脚，可在【页眉和页脚】分组中单击【页脚】按钮，在其下拉菜单中选择【删除页脚】选项即可。

#### 4) 为奇偶页应用不同的页眉/页脚

有的书在设计的时候，喜欢奇数页与偶数页的页眉/页脚内容不同。要想实现这种设计，可按下列步骤完成：

(1) 单击【插入】菜单，在【页眉和页脚】分组中单击【页眉】按钮，在其下拉选项中选择一种页眉样式。

(2) Word 2013将自动切换到【页眉和页脚工具】下的【设计】选项卡，在【选项】分组中选中【奇偶页不同】复选框，然后分别在奇数页和偶数页输入页眉文字即可。在【导航】分组，可以转至页脚，进行奇数页和偶数页的页脚设置。

### 4. 在“第三章 系统功能需求分析”前插入分页符

#### 1) 分页符

使用分页符可以将文档分成多页，以便于在不同的页中设置不同的格式。

当文字或图形填满一页时，Word 2013会自动插入一个分页符，并开始新的一页。也可以通过插入分页符的方法，强制插入分页符，开始新的一页。操作方法如下所示：

(1) 先将插入点移到要分页的位置。

(2) 单击【页面布局】菜单，单击【页面设置】分组中的【分隔符】按钮。

(3) 选择【分页符】选项，单击【确定】按钮。

#### 2) 分节符

节是文档中可以单独设置不同格式和版式的最小单位。例如，可以单独设置某一节的页眉、页脚、页边距，从而使文档的编辑排版更加灵活。使用分节符可以将文档分为多节，然后根据需要设置每节的格式，在文档中插入分节符。

插入分节符的步骤与插入分页符的方法相同。

5. 设置“第一章 前言”为“一级标题”、黑体、初号、居中

6. 设置“1.1　本课题的意义”为“二级标题”、黑体、二号、左对齐

7. 设置“2.3.1　Visual Basic 6.0简介”为“三级标题”、三号字、左对齐

8. 其他相似段落请按以上标题设置，并且生成目录

任务实施：

① 打开素材，插入项目符号和编号。
② 插入页眉和页脚。
③ 插入分页符。
④ 设置标题。
⑤ 生成目录。

任务小结：

在文章中借助项目符号、页眉、页脚、分页符，会使排版更加清晰、明朗。目录的生成会使文章更直观。

## 任务九　完成毕业开题报告的设计和目录生成

### 1. 设计封面

首先做毕业开题报告的封皮。新建一个Word 2013文档，然后输入内容，具体操作步骤如下：

(1) 启动Word 2013应用程序，将默认的文档1保存为“会计专业毕业开题报告.doc”。
(2) 输入封面内容，如图3-9-1所示。

图3-9-1　论文封面

(3) 将标题“毕业论文开题报告”设置为黑体、一号、水平居中。将“论文题目”设置为黑体、小二、段前间距13磅、1.5倍行距、首行缩进5字符。将班级、学号、姓名、联系方式、指导教师、提交日期设置为黑体、三号字。

### 2. 输入页眉“关于会计诚信问题的思考”

### 3. 插入页码，插入到页面底端，“普通数字2”设置起始页码为“1”

(1) 单击【插入】菜单，在【页眉和页脚】分组中单击【页码】按钮，在其下拉菜单中选择页面底端，【普通数字2】。

(2) 单击“页码”按钮，在其下拉菜单中选择【设置页码格式】选项，打开【页码格式】对话框后，在【编号格式】下拉菜单中选择表示页码的编号格式，在【页码编号】区域将【起始页码】设置为“1”，如图3-9-2所示。

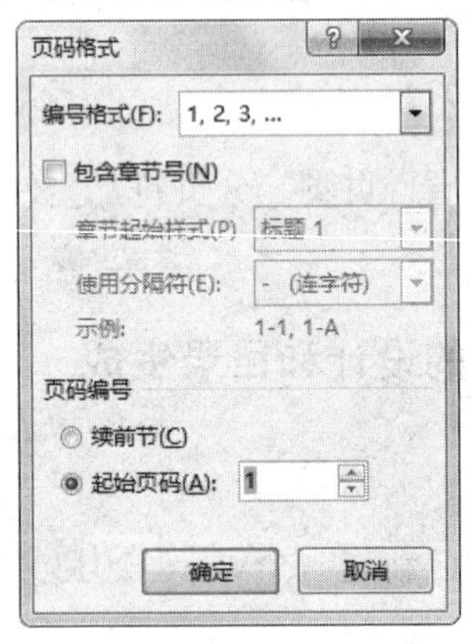


图3-9-2　设置页码格式

### 4. 设置“一、选题的理论意义与实际意义”为“一级标题”、宋体、二号字

### 5. 设置“1. 绪论”为“二级标题”、宋体、三号字

### 6. 设置“1.1 选题背景”为“三级标题”、宋体、小三号字

### 7. 其他相似段落请按照以上标题进行设置

### 8. 按照图3-9-3所示添加项目符号

2.2.2 会计诚信缺失的危害性

- ✓ 破坏市场经济秩序
- ✓ 危害投资者利益
- ✓ 危害企业自身利益
- ✓ 危害会计人员自身利益
- ✓ 导致税收和国有资产的大量流失

图3-9-3　添加项目符号

### 9. 按照图3-9-4所示添加编号

3.2.2 重视会计人员的诚信道德教育↵
1)→诚信为本，树立四种工作意识↵
2)→操守为重，强化四种工作理念↵
3)→坚持准则，把握四个工作方法↵
4)→不做假账，处理好四种工作关系↵
5)→提高素质，做好四个工作表率↵

图3-9-4　添加编号

### 10. 生成目录并打印

### 知识拓展

有的论文要求一级标题为“第一章……”、二级标题为“1.1……”，这可以在定义多级编号的时候，选择编号样式为“一，二，……”即可。但题注中出现“一.1”这样的显示，一般的做法是在定义多级编号的时候仍然选择“1，2……”样式，并在“标题1”样式中将前面的编号设置为隐藏文字，然后手动敲上“第一章”等字样，可解决此问题。

## 任务十　设计篮球比赛宣传海报

### 任务分析：

丰富的课外生活会使学生在大学校园过得精彩纷呈，利用所学知识，发挥自己的想象，设计一份宣传海报。

### 1. 新建文档键入如下文字

为迎接2011级新生入校，进一步活跃校园文化生活，增强大学生的团结意识，进一步推动我校篮球运动的普及与提高，根据我校2011年竞赛计划，决定于2017年10月17日开始举办xxxxx大学2017级新生篮球赛。

### 2. 将文件另存为“宣传海报.docx”

### 3. 设置文字为楷体、字号为小三

### 4. 段落设置。选择文字，设置为单倍行距、段前0行、段后0.5行

### 5. 分栏。选择首段文字，勾选【分隔线】，设置两栏

Word 2013的分栏技术可以实现报纸杂志的分栏排版效果，但必须在页面视图和打印预览窗口中才能看到实际的分栏效果。

选中要分栏的段落，单击【页面布局】菜单，在【页面设置】分组中，单击【分栏】下面的小三角形按钮，在其下拉菜单中选择分栏方式。

### 6. 设置首字下沉，下沉行数3行，距正文0.3厘米

(1) 选择要设置首字下沉的段落，单击【插入】菜单，在【文本】分组中单击【首字下沉】按钮。

(2) 在打开的【首字下沉】下拉菜单中选择下沉样式，或者单击【首字下沉】按钮，打开【首字下沉】对话框。在【首字下沉】对话框的【下沉行数】文本框中可以输入具体的下沉行数以及距正文的距离。

### 7. 插入“篮球1”和“篮球2”图片，放置到合适位置，可以参考最终效果图3-10-1

### 8. 插入艺术字

选择第2行第2列，键入文字：“一决胜负的青春”。设置字体：华文行楷，初号。文本填充颜色：红色。文本效果转换：右牛角形。通过控制点调整艺术字的大小，将艺术字移到效果中所示的位置。

### 9. 绘制文本框

在文本框中输入“主办单位：校团委、校学生处”，并将文本框移到如样文所示的位置，设置字体为“华文行楷”、字号为“小三号”，文本框中形状填充图片“篮球3”，设置文本框为无轮廓。设置文字文本转换效果：正V形。

最终效果图如图3-10-1所示。

**任务实施：**

① 打开空白文档，输入文字并进行保存。

② 设置分栏效果。

③ 设置首字下沉。

图3-10-1　宣传海报最终效果图

④ 插入艺术字并对艺术字进行设置。

⑤ 插入文本框并对文本框和文本框中的文字进行设置。

**任务小结：**

Word 2013提供了五种视图：页面视图、阅读视图、Web版式视图、大纲视图和草稿视图。不同版式的视图满足了不同编辑状态下的需要，改变视图不会对文档本身的内容做任何修改，只是改变了浏览方式。正确地使用视图可以提高工作效率，节省编写时间。

### 1. 页面视图

“页面视图”是Word 2013常用的视图模式，它可以显示Word 2013文档的打印结果外观，主要包括页眉、页脚、图形对象、分栏设置、页面边距等元素，在此模式下文档的总体效果一目了然。

单击【视图】菜单，在【视图】分组中单击【页面视图】按钮即可启动页面视图。

也可以单击Word窗口右下角的按钮来打开页面视图。

### 2. 阅读视图

“阅读视图”以图书的分栏样式显示Word 2013文档，它主要用来供用户阅读文档，所以【文件】按钮、功能区等窗口元素被隐藏起来。在该视图模式下，还可以通过单击【工具】按钮选择各种阅读工具。

### 3. Web版式视图

顾名思义，“Web版式视图”就是以网页的形式显示Word 2013文档，主要适用于发送电子邮件和创建网页。

### 4. 大纲视图

“大纲视图”主要用于Word 2013整体文档的设置和显示层级结构，并可以方便地折叠和展开各种层级的文档。大纲视图广泛应用于Word 2013长文档的快速浏览和设置。

### 5. 草稿视图

“草稿视图”隐藏了页面边距、分栏、页眉页脚和图片等因素，仅显示标题和正文，是最节省计算机系统硬件资源的视图方式。

## 任务十一　设计理财宣传单

**任务分析：**

图片不仅可以作为水印的效果，还可以作为背景出现在Word中，再配上文本框、艺术字，就可以完成一幅最美的理财宣传单。

### 1. 打开一空白Word 2013文档，命名为“理财宣传单”，把“理财”图片作为背景填充到Word 2013中

选择【设计】菜单，单击【页面背景】分组中的【页面颜色】下拉菜单，选择【填充效果】，在【图片】选项卡中，单击【选择图片】按钮，插入来自文件的图片，图片填充效果如图3-11-1所示。

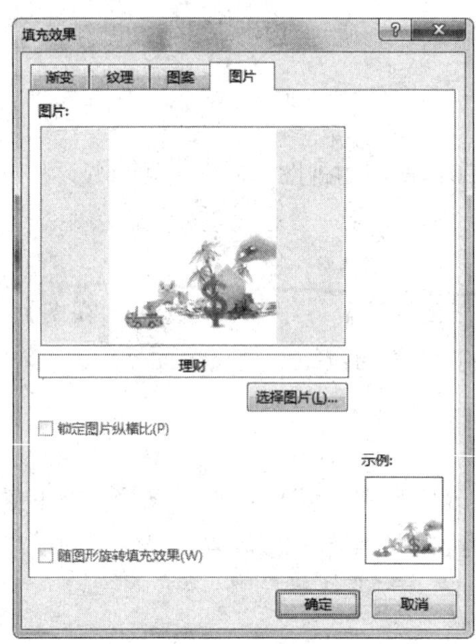


图3-11-1　【填充效果】对话框

### 2. 插入艺术字“富贵年华，理财规划”

插入艺术字样式表中第3行第3列的艺术字，设置艺术字文本填充为线性向左渐变，设置艺术字文本效果为 “转换”：“停止”弯曲。位置为：顶端居中，四周型环绕。艺术字设置效果如图3-11-2所示。

图3-11-2　艺术字设置效果

### 3. 插入横排文本框

(1) 设置文本框边线为虚线，虚线线型：长画线-点。文本框外边线颜色：绿色、着色6、淡色40%；更改文本框形状为圆角矩形。文本框形状填充：无填充颜色。文本框输入内

容：“交费期短，无顾之忧 定期返还，本利双收 70岁祝寿，尽显关爱 额外分红，身价递增”。设置字体：楷体、四号字、红色。

(2) 插入文本框的方法有：

将光标移文档中的合适位置后：

- 单击【插入】菜单下【文本】分组中的“文本框”按钮，在其下拉菜单中可以选择Word 2013内置的一些文本框样式。
- 也可以单击“绘制文本框”按钮，当鼠标指针变成“十”字形状后，拖动鼠标绘制成一个方形的文本框，输入文字即可。

### 4. 插入图片

设置图片“蝴蝶结”的高度大小为5厘米，图片颜色设置为透明色，改变图片位置，放置在文本框的左上角。

### 5. 插入艺术字“真诚欢迎您的垂询，愿民生祝您富贵年华”

设置艺术字文本转换效果：双波形1。文本填充为渐变：中心辐射。

理财宣传单的最终效果如图3-11-3所示。

图3-11-3　理财宣传单的最终效果

**任务实施：**

① 打开一空白文档，设置图片作为背景。

② 插入艺术字，对艺术字进行设置。

③ 插入一横排文本框，对文本框进行设置。

④ 插入图片，对图片进行设置。

任务小结：

图片、艺术字、文本框的使用会使平凡无奇的Word文档显得更加生活、活泼。

### 任务十二　设计社团纳新海报或迎新海报

任务实施：

① 从网上下载素材。

② 结合所学知识点。

③ 设计宣传海报。

## 项 目 小 结

本项目包括12个任务，生动介绍了Word 2013的各种基本功能，包括建立文档、输入文字、设置字体、设置段落、插入图片、插入表格、使用艺术字、套用样式、页面设置、版面编排等实用内容。

## 项 目 习 题

### 一、选择题

1. 在Word 2013编辑状态下，页眉和页脚的建立方法相似，都要使用【页眉】或【页脚】命令进行设置，但均应首先打开______菜单。

A. 插入　　B. 视图

C. 文件　　D. 开始

2. 在Word 2013的【页面设置】中，默认的纸张大小规格是______。

A. 16K　　B. A4

C. A3　　D. B5

3. 要在Word 2013文档中创建表格，应使用的菜单是______。

A. 开始　　B. 插入

C. 页面布局　　D. 视图

4. 在Word 2013的【字体】对话框中，不可设定文字的______。

A. 删除线　　B. 行距

C. 字号　　D. 字符间距

5. 在Word 2013中，【段落】格式设置中不包括设置______。

A. 首行缩进　　B. 对齐方式

C. 段间距　　D. 字符间距

## 二、操作题

**操作要求：**

打开文档“会计.docx”，按以下要求设置文档格式。

1. 页面设置

纸型：A4

页边距：上、下边距2.5厘米

装订线：左边1厘米

2. 设置艺术字

将标题“会计”设置为艺术字

艺术字样式：第2行第3列

字体：黑体

字号：36

艺术字转换：正V形

对齐方式：居中

3. 分栏

为正文最后一段设置分栏：

栏数：3栏

加分隔线

4. 首字下沉

为第三段设置首字下沉：宋体、下沉两行。

5. 边框和底纹

为正文第一段设置边框和底纹。

边框：宽度为3磅的边框线、阴影

底纹：填充颜色为灰色-5%

6. 项目符号和编号

为正文中4个阶段部分添加编号：1)、2)、3)、4)。

7. 图片

在正文中插入图片“算盘”，并设置图片格式：

环绕方式：四周型

缩放：70%

水平对齐方式：居中

8. 文本框

在正文中插入一个竖排文本框，输入文字“算盘”，设置为四号字、加粗。

调整文本框的位置：把文本框放在图片内的右下角。

无填充颜色、无线条颜色。

9. 页眉和页脚

页眉：“会计基本知识”，字体为楷体、四号、居中对齐。

页脚：“共x页”(x为插入的页数)，字体为楷体、四号、居中对齐。

10. 页码

在页面的右下角插入页码，楷体、四号字。

操作效果如下图所示。

会计基本知识

会计[accountant]是以货币为主要计量单位，以提高经济效益为主要目标，运用专门方法对企业，机关，事业单位和其他组织的经济活动进行全面、综合、连续、系统地核算和监督，提供会计信息，并随着社会经济的日益发展，逐步开展预测、决策、控制和分析的一种经济管理活动，是经济管理活动的重要组成部分。

一、作用

从正面看主要有四点：一是为国家宏观调控、制定经济政策提供信息；二是加强经济核算，为企业经营管理提供数据；三是保证企业投入资产的安全和完善；四是为投资者提供财务报告，以便于投资者进行正确的投资决策。

二、阶段

1）古代会计阶段
2）近代会计阶段
3）现代会计阶段
4）现代会计资产

三、认证

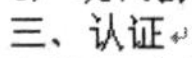

上岗证（会计证）——会计从业资格证书；　会计电算化证

职称证——助理会计师、会计师、高级会计师

执业资格证——注册会计师（CPA-PRC）。

特许公认注册会计师（英国、欧洲及许多主要国家法定会计师资格）(ACCA)

会计是一个非常讲究实际经验和专业技巧的职业，它的入职门槛相对比较低，难就难在以后的发展。想要得到好的发展，就要注意在工作中积累经验，不断提高专业素质和专业技巧，开拓自己的知识面。随着社会经济的高速发展，会计行业已经开始和其它的专业慢慢融合从而产生了很多新职业，这也为以后会计人员的发展提供了更多的选择机会。

共1页　　1

**操作要求：**

打开文档“金融.docx”，按以下要求设置文档格式。

1. 页面设置

纸型：B5(JIS)

页边距：上、下边距为1.5厘米；左、右边距为2厘米；装订线为上边1厘米；页眉和页脚距边界分别为1.5厘米。

2. 设置艺术字

将标题“金融”设置为艺术字。

字体：楷体

字号：32

艺术字转换：上弯弧

对齐方式：居中

3. 分栏

为正文第1段设置分栏。

栏数：偏左两栏

宽度：(第一栏)16个字符

间距：1个字符

加分隔线。

4. 首字下沉

为第2段设置首字下沉：黑体、下沉两行、距正文0.1厘米。

5. 边框和底纹

为正文第四段设置边框和底纹。

边框：宽度为1.5磅的蓝色双边框线、阴影。

底纹：填充颜色为淡蓝色；图案样式为5%；图案颜色为蓝色。

6. 项目符号和编号

为正文中“金融构成的5点要素”添加项目符号➔。

7. 图片

将插入点定位到最后一段中，插入图片为“素材”文件夹中的“钱币”，并设置图片格式：

缩放：60%

环绕方式：四周型

水平对齐方式：右对齐

8. 分节符

在第二段的后面插入连续的分节符，然后再删除。

9. 文本框

在正文中插入一个横排文本框，输入文字“金融知识”，五号字、倾斜、加粗。

填充颜色：浅橙色

线条颜色：深红色

调整文本框的位置：把文本框放在图片内的左下角

10. 页眉和页脚

页眉：“金融知识简介”，字体为隶书、四号、居中对齐。

页脚：“共x页”(x为插入页数)，字体为楷体、小四号、靠左。

11. 页码

在页脚中插入页码，居中，小四号字。

效果如下图所示。

金融知识简介

金融[banking, finance]指货币的发行、流通和回笼，贷款的发放和收回，存款的存入和提取，汇兑的往来等经济活动。金融的本质是价值交换，可以是不同时间点、不同地区的价值在同一个市场中的交换。金融产品的种类有银行、证券、保险。

传统金融的概念是研究货币资金的流通的学科。而现代的金融本质就是经营活动的资本化过程。

西方定义，《新帕尔·格雷夫经济学大字典》，指资本市场的运营，资产的供给与定价。其基本内容包括有效率的市场，风险与收益，替代与套利，期权定价和公司金融。

金融的构成要素有5点：

- 金融对象：货币（资金）。由货币制度所规范的货币流通具有垫支性、周转性和增值性。
- 金融方式：以借贷为主的信用方式为代表。金融市场上交易的对象，一般是信用关系的书面证明、债权债务的契约文书等。
- 包括直接融资，无中介机构介入；间接融资，通过中介结构的媒介作用来实现的金融。
- 金融机构，通常区分为银行和非银行金融机构。金融场所，即金融市场，包括资本市场、货币市场、外汇市场、保险市场、衍生性金融工具市场等等。
- 制度和调控机制，对金融活动进行监督和调控等。

各要素间关系是金融活动一般以信用工具为载体，并通过信用工具的交易，在金融市场中发挥作用来实现货币资金使用权的转移，金融制度和调控机制在其中发挥监督和调控作用。

共1页

# 项目四　Excel 2013应用

**【能力目标】**

1. 能够熟练进行Excel行列及单元格的增加、删除等操作
2. 能够熟练进行工作表和工作簿的基本操作
3. 能够运用表格拆分和冻结
4. 能够对表格数字、文本、日期等数据进行格式设置
5. 能够运用自动填充和自定义序列填充
6. 能够运用条件格式
7. 能够统计业绩的求和、平均值等
8. 能够举一反三正确运用最大值、最小值、计数等简单函数
9. 能够引用不同工作表中的数据进行计算
10. 能够运用if和countif函数
11. 能够为表格中的指定数据添加图表
12. 能够编辑图表
13. 掌握不同图表的应用背景
14. 能够对数据进行排序操作
15. 能够对数据进行筛选操作
16. 能够对数据进行分类汇总操作
17. 能够对数据进行合并计算操作

**【知识目标】**

1. 掌握Excel单元格数据存储类型
2. 掌握工作表和工作簿的基本概念
3. 掌握表格的拆分和冻结方法
4. 掌握单元格格式设置(包括文本、数字日期等)
5. 掌握条件格式的使用方法
6. 掌握表格制作常用方法
7. 掌握单元格的引用
8. 掌握公式和常用函数的使用方法
9. 能够运用不同工作表数据引用
10. 掌握countif函数的用法
11. 掌握常用图表的应用范围

12. 掌握图表的添加方法
13. 掌握图表的编辑方法
14. 掌握排序运用
15. 掌握筛选运用
16. 掌握分类汇总运用
17. 掌握数据合并计算的运用

**【素质目标】**

1. 具有条理地存储、管理电子文档的习惯
2. 保护个人信息安全和审美意识
3. 利用公式和函数进行计算
4. 对数据表进行图表制作
5. 数据管理与分析能力

**【项目情境】**

小王被分配到销售岗位，需要能够独自制作完成销售业绩表。已经熟练使用Word软件的小王感觉到，虽然Word可以制作表格，但对于表格的计算、数据管理等功能太有限，于是小王决定使用Excel软件制作销售业绩表，并对业绩表进行管理。

# 项 目 描 述

本项目旨在循序渐进地学习Excel 2013，分为如下25个任务：

任务一　表格欣赏
任务二　制作简单表格
任务三　数据录入
任务四　长表格数据查看
任务五　制作“饰品批发统计”表
任务六　排版业绩表数据格式
任务七　为表格设计边框和底纹
任务八　自动填充功能
任务九　按条件设置格式
任务十　美化“饰品批发统计”表
任务十一　使用公式对业绩表进行计算
任务十二　使用函数对业绩表进行计算
任务十三　“员工工资表”的简单计算
任务十四　按条件计算业绩表
任务十五　依据他表数据计算业绩表

任务十六　“员工工资表”的数据处理
任务十七　为业绩表添加图表
任务十八　编辑图表
任务十九　为“员工工资表”制作图表
任务二十　为“饰品批发统计”表制作图表
任务二十一　排序业绩表
任务二十二　按条件筛选业绩表
任务二十三　分类汇总业绩表
任务二十四　业绩表的合并计算
任务二十五　“员工工资表”的数据管理与分析

使用Excel不仅可以制作各种精美的电子表格，还可以用来组织、计算和分析各种类型的数据，能够制作各种复杂的图表和财务统计表，是目前软件市场上使用最方便、功能最强大的电子表格制作软件之一。Excel 2013 可简化数字处理。可使用 Excel的自动填充功能简化数据输入。然后，可基于数据获取图表建议，单击即可创建。还可通过数据栏、颜色编码和图表轻松发现趋势和模式。

# 学 习 任 务

## 任务一　表格欣赏

打开“采购记录表”，浏览表格内容，样张如图4-1-1所示。

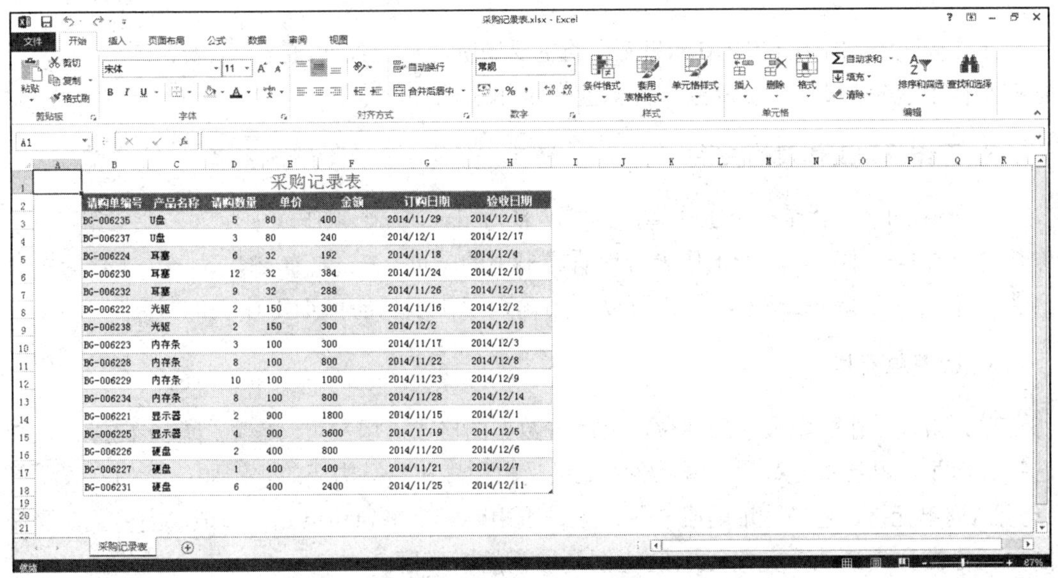

采购记录表

| 请购单编号 | 产品名称 | 请购数量 | 单价 | 金额 | 订购日期 | 验收日期 |
|---|---|---|---|---|---|---|
| BG-006235 | U盘 | 5 | 80 | 400 | 2014/11/29 | 2014/12/15 |
| BG-006237 | U盘 | 3 | 80 | 240 | 2014/12/1 | 2014/12/17 |
| BG-006224 | 耳塞 | 6 | 32 | 192 | 2014/11/18 | 2014/12/4 |
| BG-006230 | 耳塞 | 12 | 32 | 384 | 2014/11/24 | 2014/12/10 |
| BG-006232 | 耳塞 | 9 | 32 | 288 | 2014/11/26 | 2014/12/12 |
| BG-006222 | 光驱 | 2 | 150 | 300 | 2014/11/16 | 2014/12/2 |
| BG-006238 | 光驱 | 2 | 150 | 300 | 2014/12/2 | 2014/12/18 |
| BG-006223 | 内存条 | 3 | 100 | 300 | 2014/11/17 | 2014/12/3 |
| BG-006228 | 内存条 | 8 | 100 | 800 | 2014/11/22 | 2014/12/8 |
| BG-006229 | 内存条 | 10 | 100 | 1000 | 2014/11/23 | 2014/12/9 |
| BG-006234 | 内存条 | 8 | 100 | 800 | 2014/11/28 | 2014/12/14 |
| BG-006221 | 显示器 | 2 | 900 | 1800 | 2014/11/15 | 2014/12/1 |
| BG-006225 | 显示器 | 4 | 900 | 3600 | 2014/11/19 | 2014/12/5 |
| BG-006226 | 硬盘 | 2 | 400 | 800 | 2014/11/20 | 2014/12/6 |
| BG-006227 | 硬盘 | 1 | 400 | 400 | 2014/11/21 | 2014/12/7 |
| BG-006231 | 硬盘 | 6 | 400 | 2400 | 2014/11/25 | 2014/12/11 |

图4-1-1　任务一样张

**任务分析：**

认识Excel。

### 1. Excel 2013的工作界面

我们常常说的Excel文件，其实就是一个工作簿，用来放置工作表和数据。工作簿由【快速访问工具栏】、【菜单栏】、【功能区】、【工作表编辑区】、【视图栏】五部分组成，如图4-1-2所示。

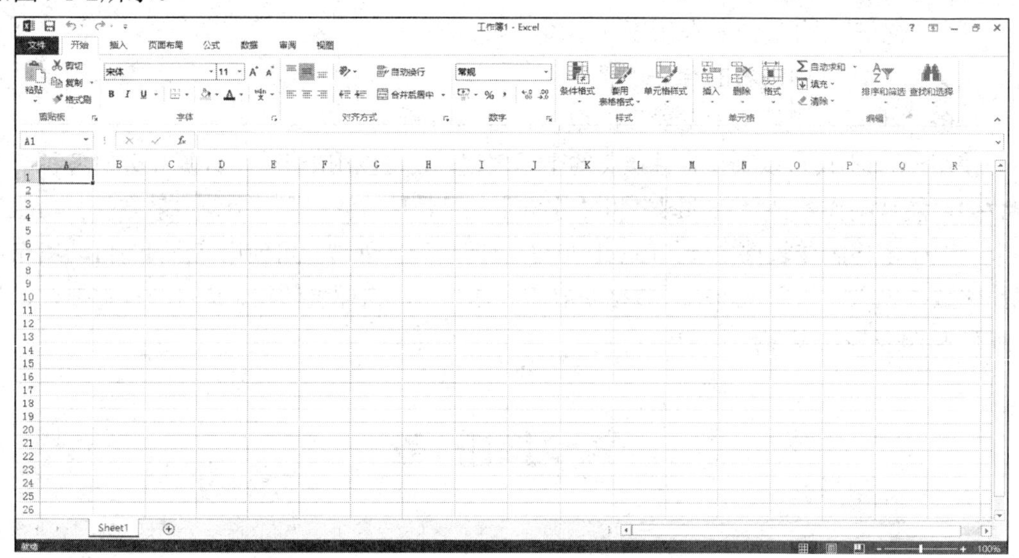


图4-1-2　Excel 2013的工作界面

### 2. 认识工作表

工作表是我们制作和编辑Excel文件的主要场所，它能容纳数据、图表、图形对象等。它在结构上包括3部分：编辑栏、编辑区和工作表标签。

### 3. 工作簿和工作表的关系

一个Excel文件就是一个工作簿，其扩展名为.xlsx。一个工作簿中包含多个工作表。工作簿可以看成一本书，一个工作表可以看成书中的一页。Excel 2013默认一个工作簿中有一张工作表，用Sheet1表示，用户可以利用插入工作表功能增加工作表的数量。

### 4. 认识单元格

单元格是工作簿中最小的单位，是放置数据的格子。用户可对它进行较多的操作，如选择、合并、删除和插入等。单元格的地址是由行号和列标构成的。例如：“A1”表示第1行第A列单元格，它的地址是唯一的。工作表由若干个单独的单元格组成。当前正在操作的单元格被称为活动单元格，它的边框是加粗的矩形框。

**任务实施：**

① 单击【文件】选项卡，进入Excel的BackStage界面。

② 单击【打开】选项卡。

③ 双击【计算机】图标按钮，打开【打开】对话框，如图4-1-3所示。

④ 选择工作簿保存路径。

⑤ 选择相应的工作簿选项。

⑥ 单击【打开】按钮，完成本任务。

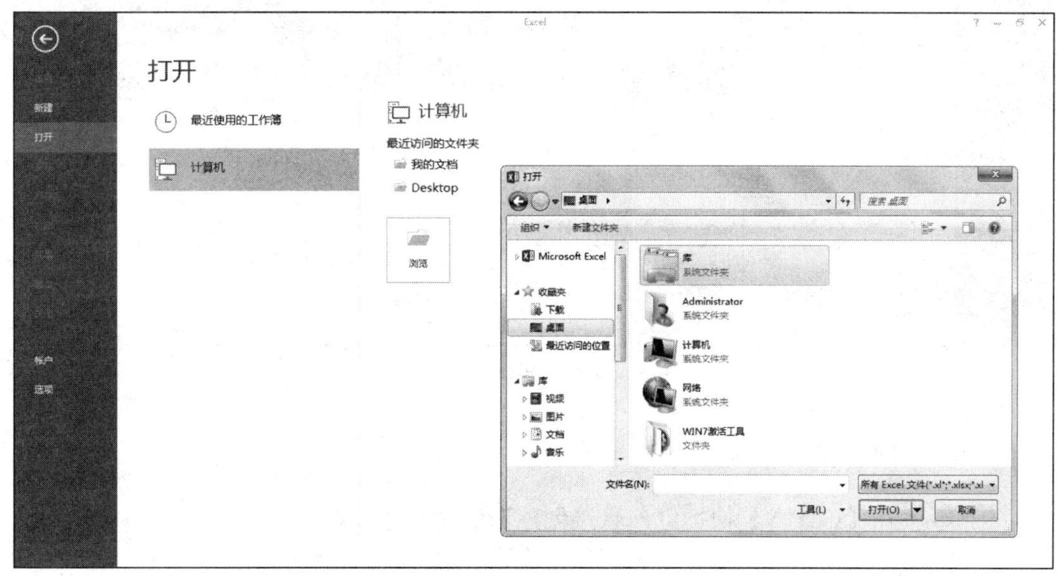


图4-1-3　【文件】/【打开】对话框

任务小结：

对于已经创建并得以保存的工作簿，用户可以通过常规方法来打开它，对其进行查看、修改等操作。在Excel中，系统会自动将用户使用过的工作簿“记住”，用户要再次打开这些使用过的工作簿，单击“最近使用的工作簿”图标选项即可。用户也可以使用【Ctrl+O】快捷键打开工作簿。

## 任务二　制作简单表格

新建“销售业绩表”。

任务分析：

### 1. 创建空白工作簿

在制作表格前，需要创建一个工作簿来“放置”数据，然后才能对这些数据继续进行编辑。

#### 1) 新建工作簿

步骤：

(1) 单击【文件】选项卡，进入Excel的BackStage界面，如图4-2-1所示。

(2) 单击【新建】选项卡，单击【空白工作簿】图标按钮，新建空白工作簿。

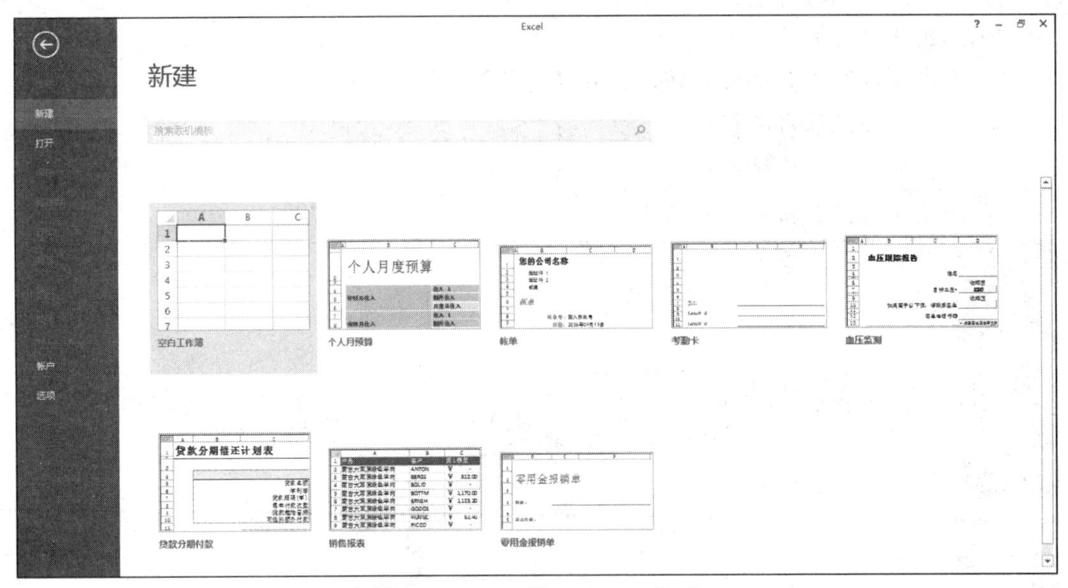


图4-2-1　Excel的BackStage界面

2) 用快捷键新建工作簿

也可以使用【Ctrl+N】快捷键，直接创建新的空白工作簿。

2. 保存工作簿

1) 保存当前工作簿

进入BackStage界面，单击【保存】命令，双击【计算机】图标，打开【另存为】对话框，如图4-2-2所示。选择文件的保存位置，在【文件名】文本框中输入工作簿名称，最后单击【保存】按钮。

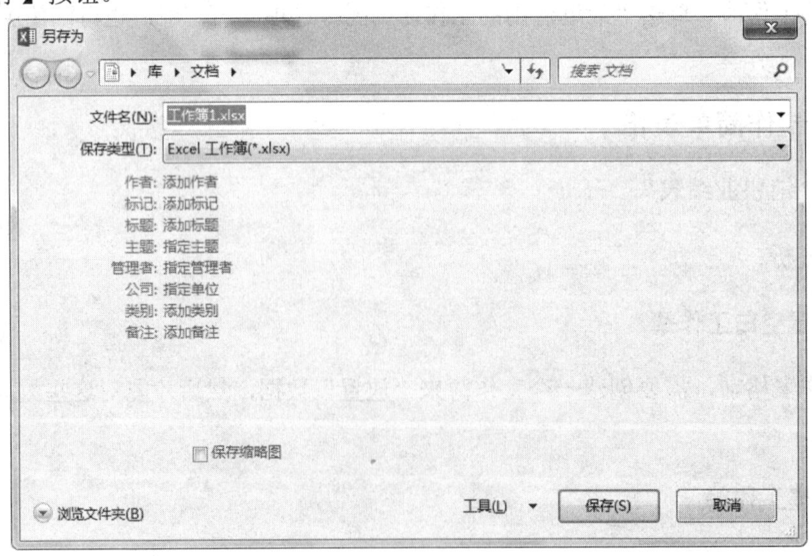


图4-2-2　【另存为】对话框

### 2）快捷键保存

用户可以使用【Ctrl+S】快捷键对工作簿进行保存。

**任务实施：**

① 新建一个空白工作簿。

② 将工作簿保存到D盘，命名为“销售业绩表”。

**任务小结：**

新建工作簿后通常会将其保存，然后再进行数据的输入，这样可以保证创建的工作簿始终存在，不会因为断电或死机而造成工作簿的丢失。

## 任务三　数据录入

录入“销售业绩表”中的数据，样张如图4-3-1所示。

| | A | B | C | D | E | F | G | H | I |
|---|---|---|---|---|---|---|---|---|---|
| 1 | 【员工销售业绩表】 | | | | | | | | |
| 2 | 员工号 | 销售员姓名 | 入职时间 | 销售等级 | 销售产品 | 规格 | 单价（元） | 销售数量（瓶） | 销售总额（元） |
| 3 | 1 | 肖建波 | 2014/9/1 | 一般 | 眼部修护素 | 48瓶/件 | 125 | 25 | 3125 |
| 4 | 2 | 赵丽 | 2010/8/15 | 良 | 修护晚霜 | 48瓶/件 | 105 | 87 | 9135 |
| 5 | 3 | 张无晋 | 2011/2/3 | 良 | 角质调理露 | 48瓶/件 | 105 | 73 | 7665 |
| 6 | 4 | 孙茜 | 2006/12/1 | 优 | 活性滋润霜 | 48瓶/箱 | 105 | 97 | 10185 |
| 7 | 5 | 李圣波 | 2009/10/23 | 良 | 保湿精华露 | 48瓶/箱 | 115 | 85 | 9775 |
| 8 | 6 | 孔波 | 2016/9/1 | 一般 | 柔肤水 | 48瓶/件 | 85 | 53 | 4505 |
| 9 | 7 | 王佳佳 | 2011/7/9 | 良 | 保湿乳液 | 48瓶/件 | 98 | 64 | 6272 |
| 10 | 8 | 龚平 | 2010/11/18 | 良 | 保湿日霜 | 48瓶/件 | 95 | 85 | 8075 |
| 11 | | | | | | | | | |

销售业绩表　就绪　100%

图4-3-1　任务三样张

**任务分析：**

### 1. Excel 2013工作表的操作

工作表的基本操作包括对工作表进行选定、重命名、移动和复制、插入、删除、拆分、冻结、行列调整等。对Excel的操作要遵循“先选定，后操作”的原则。

### 1）插入工作表

单击工作表标签上的【新建工作表】按钮 ⊕，如图4-3-2所示。

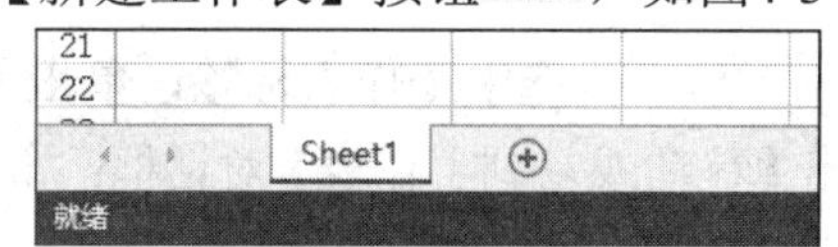


图4-3-2　插入工作表

### 2）删除工作表

选中要删除工作表的标签，单击鼠标右键，在快捷菜单中单击【删除】选项，即可完成操作，如图4-3-3所示。

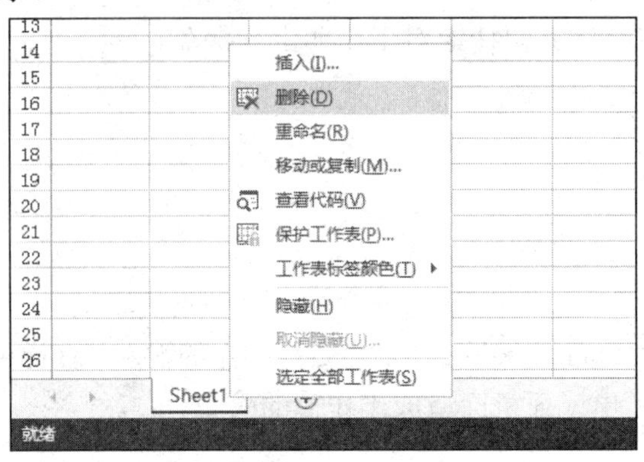


图4-3-3　删除工作表

**提示：**

Excel不允许将一个工作簿中的所有工作表都删除，至少要保留一个工作表。

### 3) 重命名工作表

方法有如下两种：

(1) 选中工作表标签，单击鼠标右键，在快捷菜单中单击【重命名】选项，这时工作表标签以反色显示，在其中输入新的名称并按下【Enter】键即可，如图4-3-4所示。

(2) 双击选中的工作表标签，这时工作表标签以反色显示，在其中输入新的名称并按下【Enter】键即可。

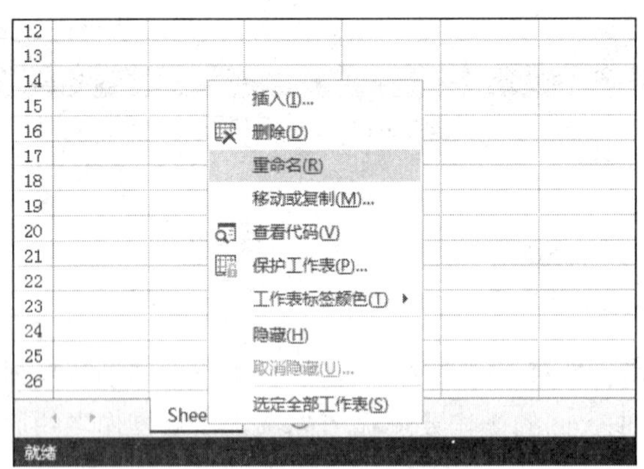


图4-3-4　重命名工作表

### 4) 移动或复制工作表

(1) 使用命令移动或复制工作表。选中工作表标签，单击鼠标右键，在快捷菜单中单击【移动或复制】选项，弹出【移动或复制工作表】对话框；如果是复制工作表，选中【建立副本】复选框即可，如图4-3-5所示。

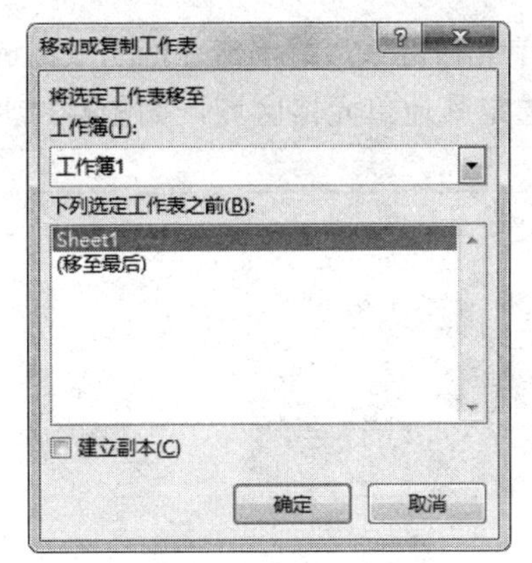


图4-3-5 【移动或复制工作表】对话框

(2) 使用鼠标移动或复制工作表。选中要移动工作表的标签，按住鼠标左键拖动工作表标签到指定的位置，松开鼠标左键即可完成操作；如果要复制工作表，需要按住【Ctrl】键的同时拖动工作表，在目的地释放鼠标，然后松开【Ctrl】键即可。

#### 5) 选定整张表

在工作表的左上角，没有行号和列标的空白按钮是【全选】按钮，单击【全选】按钮，可选定整个工作表。

#### 6) 选定、取消单元格

用鼠标单击某个单元格即可选定该单元格。如果要用鼠标选定一个单元格区域，可先用鼠标单击区域左上角的单元格，按住鼠标左键并拖动鼠标到区域右下角，然后放开鼠标左键即可，如图4-3-6所示。若想取消选择，只需用鼠标在工作表中单击任一单元格即可。

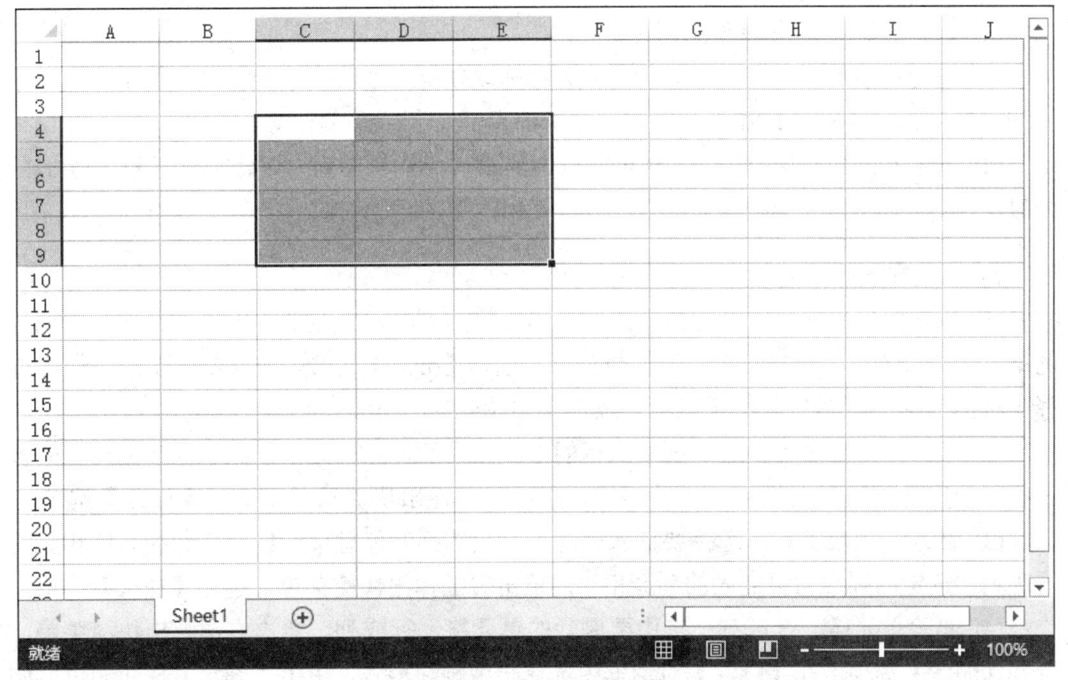


图4-3-6 选定多个单元格

要选定多个且不相邻的单元格区域，可单击并拖动鼠标选定第一个单元格区域，然后按住【Ctrl】键，使用鼠标选定其他单元格区域，如图4-3-7所示。

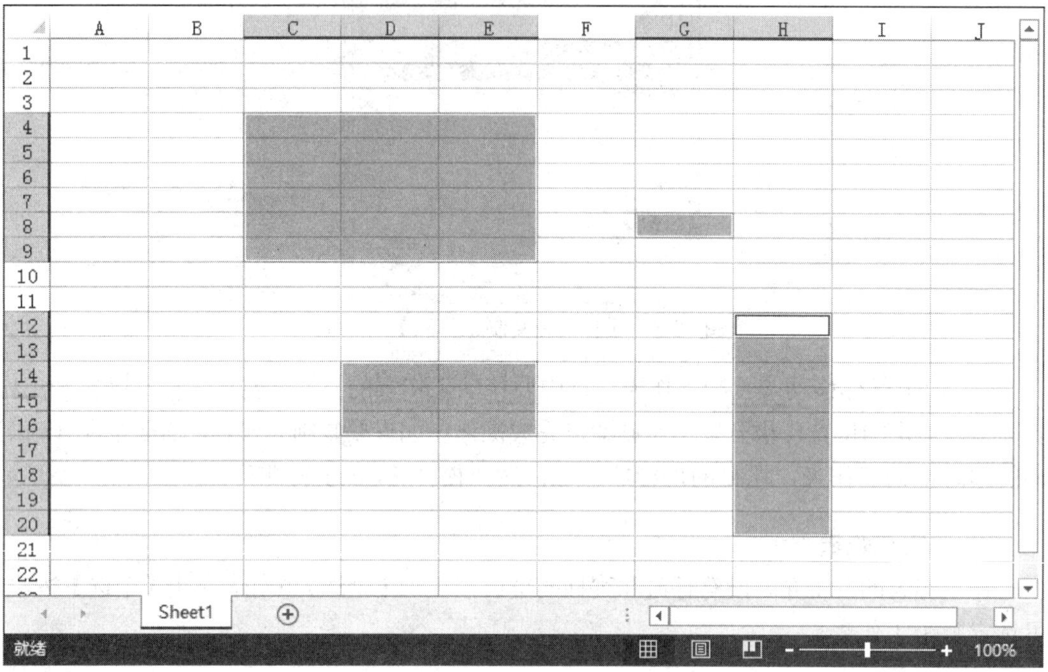

图4-3-7　选定不相邻的单元格区域

此外，工作表中经常需要选定一些特殊的单元格区域，例如整行、整列等，具体操作方法如下：

(1) 选定整行：单击该行的行号。

(2) 选定整列：单击该列的列标。

(3) 选定连续的行或列：沿着行号或列标拖动鼠标，或者先选定区域中的第一行或第一列，然后按住【Shift】键，再选定区域中的最后一行或最后一列。

(4) 选定不连续的行或列：先选定区域中的第一行或第一列，然后在按住【Ctrl】键的同时，再选定其他的行或列。

7) 插入和删除单元格

(1) 插入空白单元格：选定要插入空白单元格的区域，选定的单元格数目应与要插入的单元格数目相等，单击右键弹出快捷菜单，选择【插入】选项。在【插入】对话框中选择一种插入形式，然后单击【确定】按钮，如图4-3-8所示。

(2) 插入一行或多行：选择要插入行的下面行中的任意单元格，或选择下面相邻的若干行，选定的行数与要插入的行数相等，单击右键弹出快捷菜单，选择【插入】选项。

(3) 插入一列或多列：选择要插入列的右侧相邻列的任意单元格，或选择右侧相邻的若干列，选定的列数与要插入的列数相等，单击右键弹出快捷菜单，选择【插入】选项。

(4) 删除单元格、行或列：选中要删除的单元格、行或列，单击右键弹出快捷菜单，选择【删除】选项。在【删除】对话框中选择一种删除形式，单击【确定】按钮即可，如图4-3-9所示。

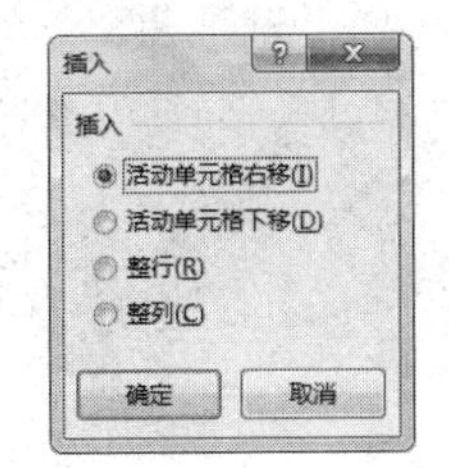


图4-3-8　【插入】对话框

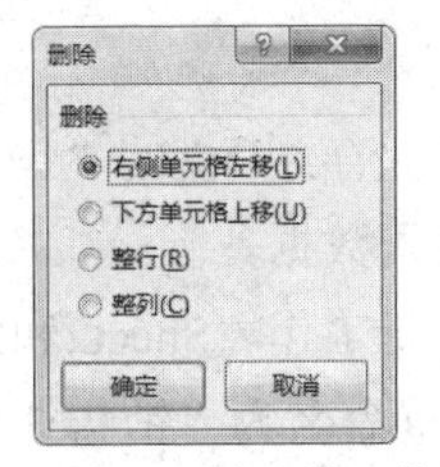


图4-3-9　删除单元格

8) 调整行高和列宽

在单元格中输入文字或数据时，有时单元格中文字只显示了一半；有的单元格中显示的是一串“#”符号，这时我们就需要对工作表中的单元格调整高度和宽度。

为了调整行高和列宽，可以使用鼠标拖曳和菜单调整两种方法，具体操作步骤如下：

(1) 将光标移到行号(列标)中间的分割线上，此时鼠标变成✢，单击鼠标左键向上或向下(向左或向右)拖动，即可调整单元格的行高(列宽)。

(2) 选中需要调整的行号或列标，单击右键弹出快捷菜单，选择【行高】或【列宽】选项，进入【行高】和【列宽】设置对话框，输入固定值即可，如图4-3-10所示。

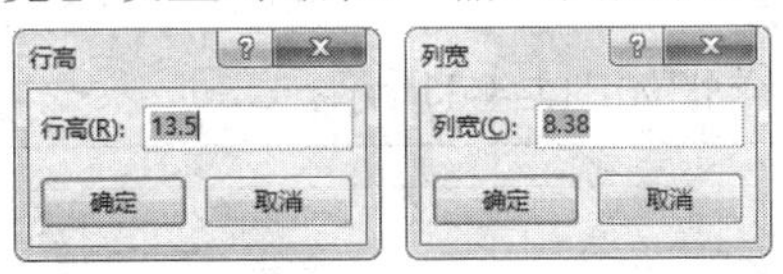


图4-3-10　【行高】和【列宽】对话框

数据是表格必不可少的元素，简单来说，设有任何数据的表格，也就没有多少实际意义，所有表格都需要输入数据。

2. 特殊符号的输入

在表格中输入特殊符号来充实和标记数据是非常常见的，能让表格传达的信息更加直观和形象。单击【插入】选项卡，在【符号】分组中单击【符号】按钮，如图4-3-11所示。打开【符号】对话框，在对话框中进行选择，如图4-3-12所示。

图4-3-11　【插入】/【符号】按钮

图4-3-12　【符号】对话框

**任务实施：**

① 打开已经保存到D盘的“销售业绩表”。

② 按样张录入数据。

③ 插入两张新工作表Sheet2和Sheet3。

④ 将Sheet1重命名为“销售业绩表”。

⑤ 删除工作表Sheet3。

⑥ 在第5行和第6行之间插入3个空行。

⑦ 将第F列删除。

⑧ 保存，另存为“任务3”。

**任务小结：**

数据有多种类型，如文本、数值、日期、时间等。用户应根据数据类型的不同，使用相应的方法录入。

## 任务四　长表格数据查看

查看“员工档案表”，样张如图4-4-1所示。

员工档案表

| 员工编号 | 员工姓名 | 性别 | 籍贯 | 政治面貌 | 身份证号码 | 现居地 | 部门 | 职务 | 入 |
|---|---|---|---|---|---|---|---|---|---|
| 001 | 汪治兰 | 女 | 绵阳 | 群众 | 5103021980020***22 | 成都市北岛街123号 | 人事部 | 经理 | 2001年 |
| 002 | 肖鹏 | 男 | 上海 | 党员 | 1543021979050***33 | 成都市东城根街皇城公寓 | 财务处 | 经理 | 2007年 |
| 003 | 肖建勋 | 男 | 长沙 | 群众 | 1863021980072***34 | 成都市东门街北辰花园 | 财务处 | 科员 | 2000年 |
| 004 | 龙梅 | 女 | 北京 | 党员 | 7893021979100***25 | 成都市冰河路12号 | 人事部 | 科员 | 2001年 |
| 005 | 汪何畏 | 男 | 成都 | 党员 | 5123021978091***36 | 成都市茶店子街天辰家园 | 销售部 | 经理 | 2001年 |
| 006 | 张建明 | 男 | 成都 | 党员 | 5123021981092***57 | 成都市东大街紫荆北苑公寓 | 销售部 | 科员 | 2003年 |
| 007 | 邓李丽 | 女 | 都江堰 | 党员 | 5133021976060***28 | 成都市天星街198号 | 财务处 | 科员 | 2004年 |
| 008 | 余婷 | 女 | 德阳 | 群众 | 5143021982122***29 | 成都市五里村风华街145号 | 销售部 | 科长 | 2000年 |
| 009 | 郑荣玮 | 女 | 绵阳 | 群众 | 5153021983011***24 | 成都市天赋大道111号 | 销售部 | 科员 | 2000年 |
| 010 | 白罗 | 女 | 上海 | 党员 | 1543021983022***27 | 成都市国华大道149号 | 办公室 | 科员 | 2000年 |
| 011 | 张玺 | 女 | 天津 | 党员 | 1583021981040***30 | 成都市高鹏大道3号 | 人事部 | 科员 | 2005年 |

Sheet1

图4-4-1　任务四样张

**任务分析：**

在数据较多的表格中，用户可将指定的数据部分固定住，以方便用户翻阅查看。

### 1. 工作表的拆分和冻结

#### 1) 工作表的冻结

(1) 冻结工作表：选择一个单元格，其左上角将会作为冻结点。单击【视图】选项卡，单击【冻结窗口】下拉按钮，选择【冻结拆分窗格】选项，系统自动将表格选中行以上的表格部分冻结。

在工作表中滚动鼠标滑轮或拖动表格右侧的滚动条，即可看到表头和标题行的位置固定不变，数据主体部分依次滚动显示，如图4-4-2所示。

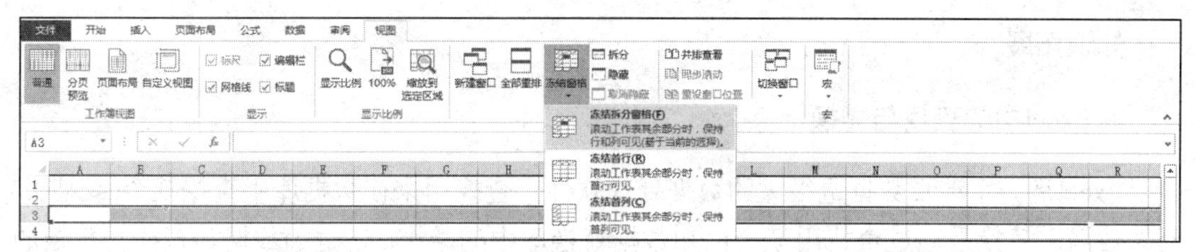


图4-4-2　【视图】/【冻结窗口】/【冻结拆分窗格】选项

(2) 取消表格冻结：当用户不再需要冻结显示固定数据时，可让表格恢复到最初没有冻结的状态。单击【视图】选项卡中的【冻结窗格】下拉按钮，选择【取消冻结窗格】选项即可，如图4-4-3所示。

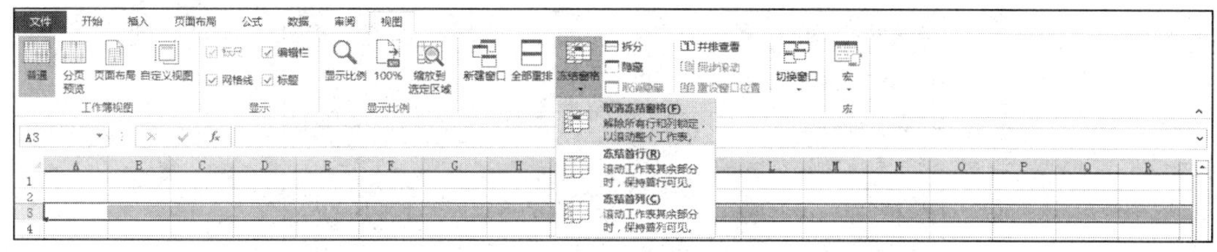


图4-4-3　【取消冻结窗格】选项

2) 工作表的拆分

除了将工作表的指定位置冻结外，用户还可以将工作表拆分为多个部分，而且每个部分都有完整的表格数据，以方便用户对表格中不同部分的数据进行查看和对比。

选择一个单元格作为拆分点，单击【视图】选项卡中的【拆分】按钮，即可实现表格的拆分，如图4-4-4所示。再次单击“拆分”按钮，即可取消拆分。

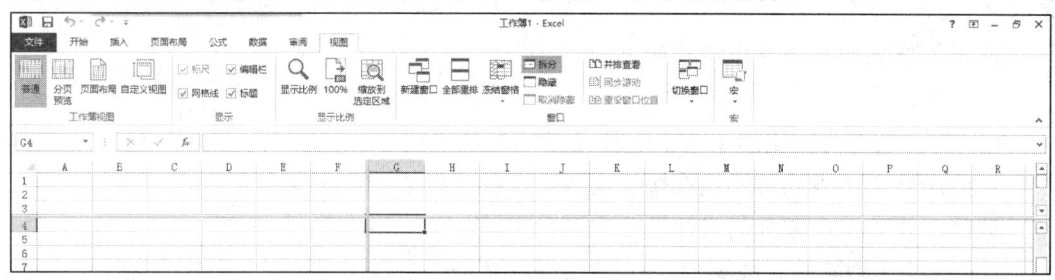


图4-4-4　【拆分】效果

任务实施：

① 打开 “员工档案表”。

② 对“员工档案表”进行“冻结窗格”操作，将表头始终显示。

③ 取消“冻结窗格”。

④ 对“员工档案表”进行“拆分”操作，以“H8”单元格为拆分点。

⑤ 取消“拆分”。

任务小结：

若用户要冻结表格中的首行或首列，可直接单击“视图”选项卡中的“冻结窗格”下拉按钮，选择“冻结首行”或“冻结首列”选项，而不需要事先选择首行或首列。

## 知识拓展

### 1. Excel中的查找与替换

Excel是一个涉及数据量很大的数据处理软件，查找用来在数据库中查找某个(或某类)已知数据，替换是通过查找用某个已知数据替换库中的某个(或某类)数据。查找与替换的具体操作步骤如下：

(1) 选择【开始】/【查找和选择】/【查找】命令，弹出【查找和替换】对话框。

(2) 在【查找】选项卡的【查找内容】文本框中输入要查找的内容(查找的内容可为字符或数字)，单击【选项】按钮，可打开更多设置选项，如图4-4-5所示。

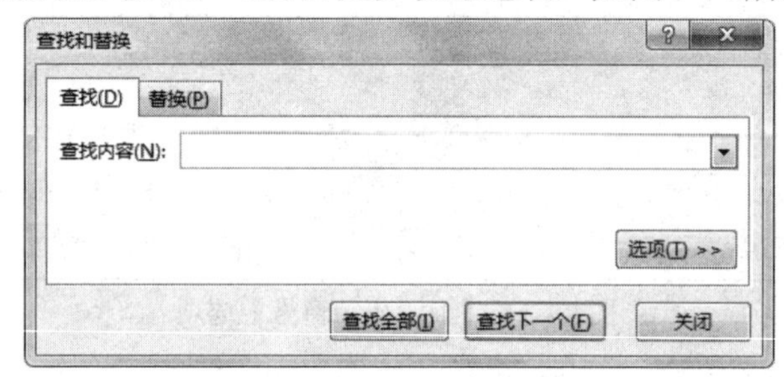


图 4-4-5　【查找和替换】/【查找】选项卡

### 2. 隐藏 / 显示工作表、行或列

不仅可以隐藏工作簿，也可以有选择地隐藏工作簿的一个或多个工作表，或隐藏工作表中的行或列。

隐藏工作表的具体操作步骤如下：

(1) 选定要隐藏的工作表。

(2) 单击右键，在快捷菜单中选择【隐藏】菜单项。

取消隐藏工作表的方法：在快捷菜单中选择【取消隐藏】菜单项。

隐藏工作表中行或列的具体操作步骤如下：

(1) 选择要隐藏的行或列。

(2) 单击右键，在快捷菜单中选择【隐藏】菜单项。

取消隐藏工作表中行或列的具体操作步骤如下：

(1) 选择一个含有隐藏的行或列的单元格区域。

(2) 单击右键，在快捷菜单中选择【取消隐藏】菜单项。

### 3. 保护工作表

保护工作表是通过对工作簿加密的方法来达到保护工作表中数据的目的的。在【另存为】对话框中单击【工具】下拉按钮，在下拉列表中选择【常规选项】选项。然后，在弹出的【常规选项】对话框的【打开权限密码】与【修改权限密码】文本框中输入密码。单击【确定】按钮，在弹出的【确认密码】对话框中重新输入密码，单击【确定】按钮，重新输入修改权限密码即可。

## 任务五　制作“饰品批发统计”表

(1) 新建一个Excel工作簿。

(2) 按样张录入数据，如图4-5-1所示。

| 饰品批发统计 | | | | | | |
|---|---|---|---|---|---|---|
| 品名 | 单价 | 提货数量 | 金额 | 提货时间 | 付款日期 | 最后付款日期 |
| 手镯 | 20.0 | 4053 | 17,022.6 | 2016/3/22 | 2016/4/30 | 2016/5/22 |
| 鼻环 | 7.5 | 5358 | 40,185.0 | 2016/3/28 | 2016/4/30 | 2016/5/28 |
| 耳钉 | 6.8 | 4053 | 27,560.4 | 2016/3/28 | 2016/4/30 | 2016/5/28 |
| 项链 | 5.0 | 3709 | 9,272.5 | 2016/3/28 | 2016/4/30 | 2016/5/28 |
| 发夹 | 5.3 | 3503 | 18,565.9 | 2016/3/28 | 2016/4/30 | 2016/5/28 |
| 戒指 | 15.0 | 5015 | 6,018.0 | 2016/4/5 | 2016/5/31 | 2016/6/5 |
| 眉毛夹 | 5.0 | 4809 | 6,251.7 | 2016/5/15 | 2016/6/30 | 2016/7/15 |
| 手提包 | 20.0 | 4946 | 2,473.0 | 2016/5/15 | 2016/6/30 | 2016/7/15 |
| 眼镜框 | 18.0 | 8548 | 8,566.0 | 2016/5/15 | 2016/6/30 | 2016/7/15 |

Sheet1

图 4-5-1　任务五样张

(3) 插入两张新工作表Sheet2和Sheet3。

(4) 将Sheet1重命名为“统计表”。

(5) 删除工作表Sheet2。

(6) 在第3行和第4行之间插入1个空行。

(7) 将第F列删除。

(8) 对“饰品批发统计”表进行“冻结窗格”操作，将表头始终显示(选中H3单元格)。

(9) 保存，名为“任务5”。

## 任务六　排版业绩表数据格式

对“销售业绩表”中的数据格式进行排版操作，样张如图4-6-1所示。

| 【员工销售业绩表】 | | | | | | | | | |
|---|---|---|---|---|---|---|---|---|---|
| 员工号 | 身份证号 | 销售员姓名 | 入职时间 | 销售等级 | 销售产品 | 规格 | 单价（元） | 销售数量（瓶） | 销售总额（元） |
| 1 | 210101199002160011 | 肖建波 | 2014年9月1日 | 一般 | 眼部修护素 | 48瓶/件 | ¥125.00 | 25 | ¥3,125.00 |
| 2 | 210222198812050033 | 赵丽 | 2010年8月15日 | 良 | 修护晚霜 | 48瓶/件 | ¥105.00 | 87 | ¥9,135.00 |
| 3 | 21010519890409002X | 张无晋 | 2011年2月3日 | 良 | 角质调理露 | 48瓶/件 | ¥105.00 | 73 | ¥7,665.00 |
| 4 | 210110198410291311 | 孙茜 | 2006年12月1日 | 优 | 活性滋润霜 | 48瓶/箱 | ¥105.00 | 97 | ¥10,185.00 |
| 5 | 210102198606060222 | 李圣波 | 2009年10月23日 | 良 | 保湿精华露 | 48瓶/箱 | ¥115.00 | 85 | ¥9,775.00 |
| 6 | 210102199208201233 | 孔波 | 2016年9月1日 | 一般 | 柔肤水 | 48瓶/件 | ¥85.00 | 53 | ¥4,505.00 |
| 7 | 210105198609190027 | 王佳佳 | 2011年7月9日 | 良 | 保湿乳液 | 48瓶/件 | ¥98.00 | 64 | ¥6,272.00 |
| 8 | 210102198812300034 | 龚平 | 2010年11月18日 | 良 | 保湿日霜 | 48瓶/件 | ¥95.00 | 85 | ¥8,075.00 |

销售业绩表

图 4-6-1　任务六样张

**任务分析：**

美化数据即设置数据的格式，又称为格式化数据。Excel 2013为用户提供了文本、数字、日期等多种数据显示格式，默认情况下的数据显示格式为常规格式。用户可以运用Excel

2013中自带的数据格式，根据不同的数据类型来美化数据。

### 1. 对表格中的“文本”数据进行格式设置

设置单元格中的文本格式，包括字体、字号、效果格式等内容。通过设置文本，不仅可以突出工作表中的特殊数据，而且还可以使工作表的版面更加美观。

#### 1) 选项组法

执行【开始】/【字体】选项组中的各种命令即可，如图4-6-2所示。

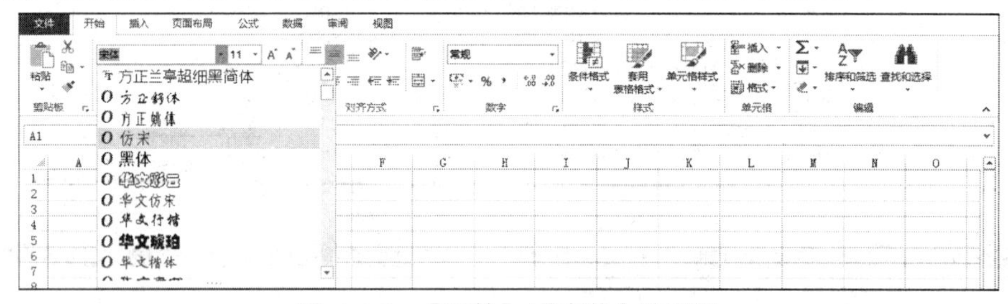


图 4-6-2　【开始】/【字体】选项组

#### 2) 对话框法

用户可以利用对话框来设置字体格式。单击【字体】/【对话框启动器】按钮，打开【设置单元格格式】对话框，此对话框包括【数字】、【对齐】、【字体】、【边框】、【填充】和【保护】六个选项卡，在不同的选项卡中可以设置相关的操作。要美化文本，在【字体】选项卡中设置各选项即可，如图4-6-3所示。

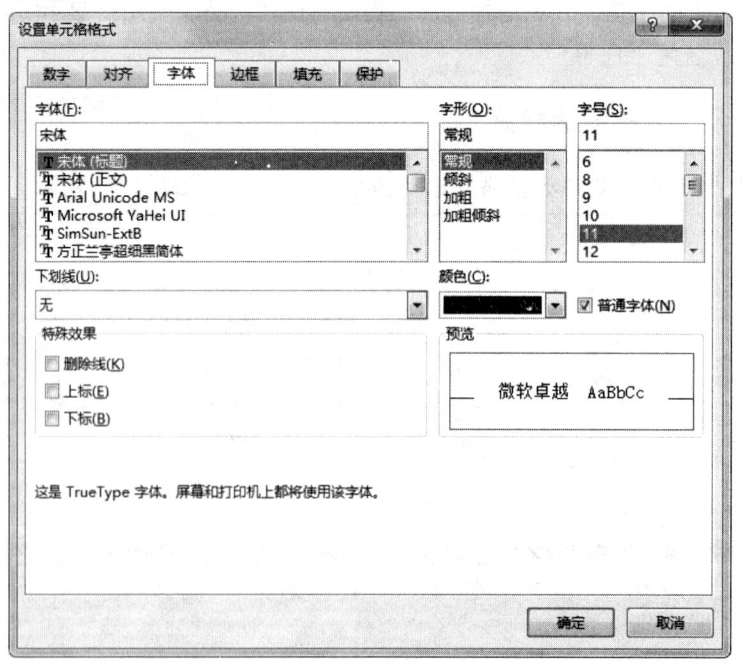


图 4-6-3　【设置单元格格式】对话框

该对话框主要包括下列各个选项：

- 【字体】：用来设置文本的字体格式。

- 【字形】：用来设置文本的字形格式，相对于【字体】选项组多了一种【加粗 倾斜】格式。
- 【字号】：用来设置字号格式。
- 【下画线】：用来设置字形的下画线格式，包括无、单下画线、双下画线、会计用单下画线、会计用双下画线5种类型。
- 【颜色】：用来设置文字颜色格式，包括主题颜色、标准色与其他颜色。
- 【特殊效果】：用来设置字体的删除线、上标与下标3种特殊效果。
- 【普通字体】：选中该复选框时，会将字体格式恢复到原始状态。

### 2. 对表格中的“数字”数据进行格式设置

在使用Excel 2013制作电子表格时，经常使用的数据便是日期、时间、百分比、分数等数字。

#### 1) 选项组法

选择单元格或单元格区域，执行【开始】/【数字】选项组中的各种命令即可。另外，用户可以执行【开始】/【数字】/【数字格式】命令，在下拉列表中选择相应的格式即可。

#### 2) 对话框法

选择单元格或单元格区域，单击【开始】/【数字】/【对话框启动器按钮】，在弹出的【设置单元格格式】对话框的【分类】列表框中选择相应的选项即可，如图4-6-4所示。

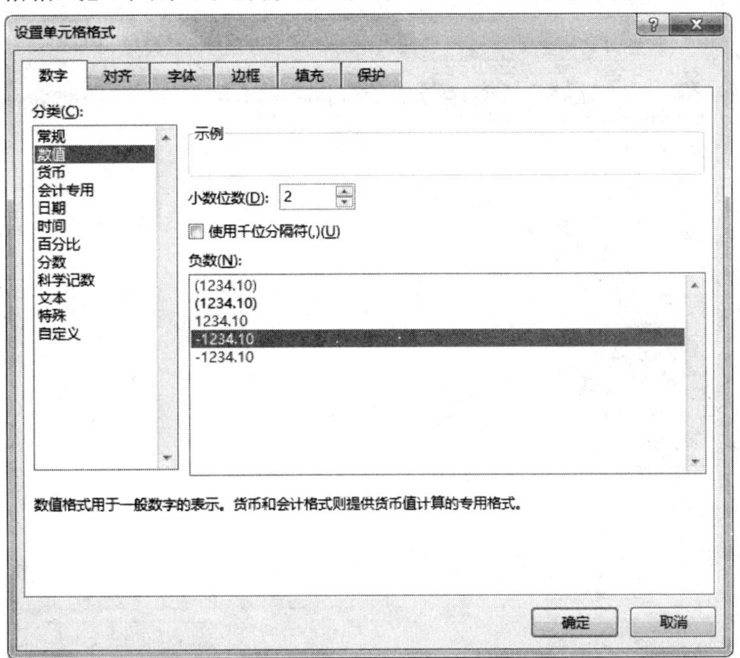


图 4-6-4　【设置单元格格式】/【数字】选项卡

#### 3) 输入身份证号

如果单元格中的数字超过11位，系统将会以科学记数法的形式将之显示出来。身份证号为18位数字，无法正常显示，用户可通过简单设置让其正常显示。输入数据前，在输入法设置成英文半角的状态下，先打一个单引号，然后再输入数据，这样显示出的数据是“文本”类型，即可显示正确的身份证号信息。用户也可以通过在【设置单元格格式】对话框中选择【文本】选项来实现。

### 3. 对齐方式的设置

系统默认情况下，输入单元格的数据是按照文字左对齐、数字右对齐、逻辑值居中对齐的方式进行的。可以通过有效地设置对齐方法来使版面更加美观。

#### 1) 用功能组中的按钮设置对齐方式

选定需要格式化的单元格后，单击【开始】/【对齐方式】选项组中的【顶端对齐】、【垂直对齐】、【底端对齐】、【文本左对齐】、【居中】、【文本右对齐】、【合并及居中】、【减少缩进量】、【增加缩进量】等按钮即可，如图4-6-5所示。

图 4-6-5　【开始】/【对齐方式】选项组

#### 2) 利用【设置单元格格式】对话框设置对齐方式

在【设置单元格格式】对话框的【对齐】选项卡中，可设定所需对齐方式，如图4-6-6所示。

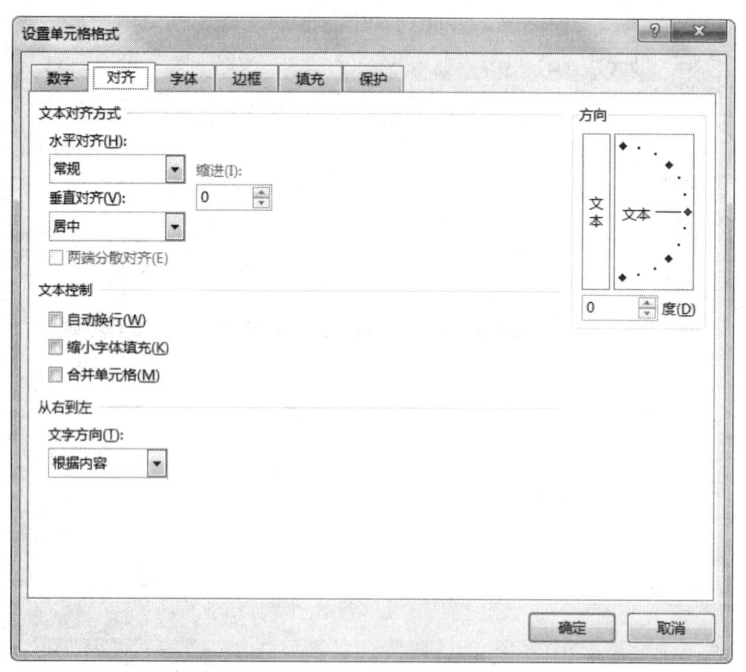


图4-6-6　【设置单元格格式】/【对齐】选项卡

- 水平对齐的格式有：常规(系统默认的对齐方式)、左(缩进)、居中、靠右、填充、两端对齐、跨列居中、分散对齐。

- 垂直对齐的格式有：靠上、居中、靠下、两端对齐、分散对齐。

#### 3)【方向】区域的设置

在【方向】区域，可以改变单元格内容的显示方向，也可调整文本的倾斜度。

### 4.【文本控制】区域的设置

区域中的设置包括自动换行、缩小字体填充、合并单元格。

(1) 选中【自动换行】复选框：当单元格中的内容宽度大于列宽时，会自动换行。若要在单元格内强行换行，可直接按【Alt+Enter】键。

(2) 选中【缩小字体填充】复选框：当单元格中的内容宽度大于列宽或字体多于单元格容纳的内容时，系统会将字体缩小到能在此单元格中显示的大小。

(3) 选中【合并单元格】复选框：实现单元格的合并。选中要合并的单元格区域，在文本控制区选中【合并单元格】复选框即可。

**任务实施：**

① 打开“销售业绩表”。

② 在第2列插入一个新列，输入身份证号相关数据。

③ 将“单价”和“销售总额”中的数据设置成货币格式，并保留两位小数。

④ 将“入职时间”中的数据设置成日期为X年X月X日的格式。

⑤ 将表中数据的对齐方式设置为垂直和水平都居中。

⑥ 将标题“员工销售业绩表”合并居中。

⑦ 保存：另存为“任务6”。

**任务小结：**

在Excel操作中，在工作表中需要输入各种类型的数据，如数字、文本、日期等，这些数据在表格制作中通常需要进行格式设置。

## 任务七　为表格设计边框和底纹

按要求为“销售业绩表”设置相应的边框和底纹，样张如图4-7-1所示。

【员工销售业绩表】

| 员工号 | 身份证号 | 销售员姓名 | 入职时间 | 销售等级 | 销售产品 | 规格 | 单价（元） | 销售数量（瓶） | 销售总额（元） |
|---|---|---|---|---|---|---|---|---|---|
| 1 | 210101199002160011 | 肖建波 | 2014年9月1日 | 一般 | 眼部修护素 | 48瓶/件 | ¥125.00 | 25 | ¥3,125.00 |
| 2 | 210222198812050033 | 赵丽 | 2010年8月15日 | 良 | 修护晚霜 | 48瓶/件 | ¥105.00 | 87 | ¥9,135.00 |
| 3 | 21010519890409002X | 张无晋 | 2011年2月3日 | 良 | 角质调理露 | 48瓶/件 | ¥105.00 | 73 | ¥7,665.00 |
| 4 | 210110198410291311 | 孙茜 | 2006年12月1日 | 优 | 活性滋润霜 | 48瓶/箱 | ¥105.00 | 97 | ¥10,185.00 |
| 5 | 210102198606060222 | 李圣波 | 2009年10月23日 | 良 | 保湿精华露 | 48瓶/箱 | ¥115.00 | 85 | ¥9,775.00 |
| 6 | 210102199208201233 | 孔波 | 2016年9月1日 | 一般 | 柔肤水 | 48瓶/件 | ¥85.00 | 53 | ¥4,505.00 |
| 7 | 210105198609190027 | 王佳佳 | 2011年7月9日 | 良 | 保湿乳液 | 48瓶/件 | ¥98.00 | 64 | ¥6,272.00 |
| 8 | 210102198812300034 | 龚平 | 2010年11月18日 | 良 | 保湿日霜 | 48瓶/件 | ¥95.00 | 85 | ¥8,075.00 |

销售业绩表　就绪　100%

图4-7-1　任务七样张

**任务分析：**

在工作表中看到的单元格都带有浅灰色的边框线，这是Excel默认的网格线，它是为输入、编辑方便而预设的(相当于Word表格中的虚框)，在打印时不显示。然而在日常工作中，需要强调工作表的一部分或某一特殊表格部分，使其层次分明，这时就需通过设置边框和底纹来实现。Excel 2013为用户提供了13种边框样式。

### 1. 用功能组中的按钮设置边框和底纹

(1) 选中要添加边框和底纹的单元格或单元格区域，单击【开始】/【字体】/【框线】按钮和【填充颜色】按钮，在下拉菜单中选定所需的边框线和背景填充色，如图4-7-2所示。

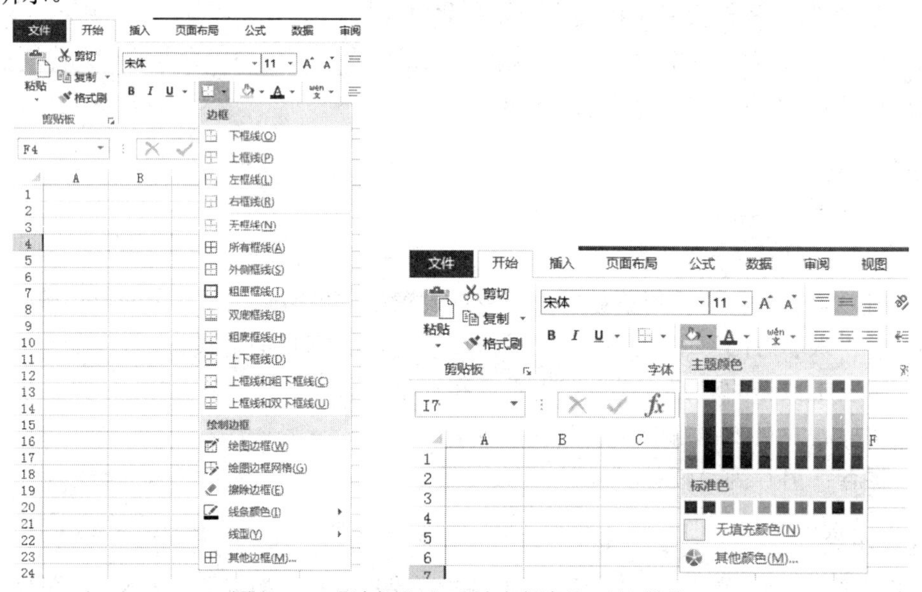


图4-7-2　【边框】和【填充颜色】下拉菜单

(2) 用户也可以执行【开始】/【字体】/【边框】/【绘制边框】命令，手动绘制边框以及设置边框的颜色与线条，如图4-7-3所示。

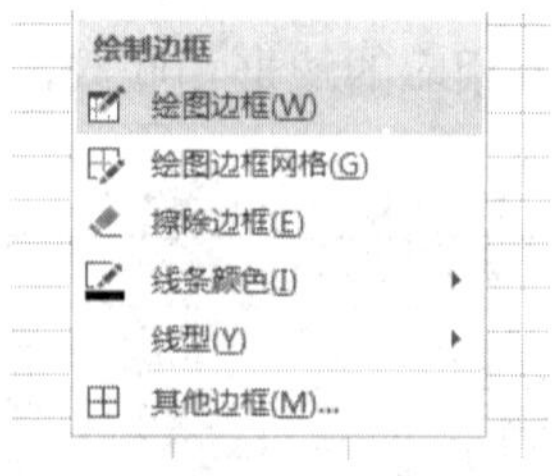


图4-7-3　【绘制边框】命令

### 2. 利用【设置单元格格式】对话框设置边框和底纹

(1) 在【设置单元格格式】对话框的【边框】选项卡中，可设定外边框、内部框线以及线条的样式、颜色等，如图4-7-4所示。

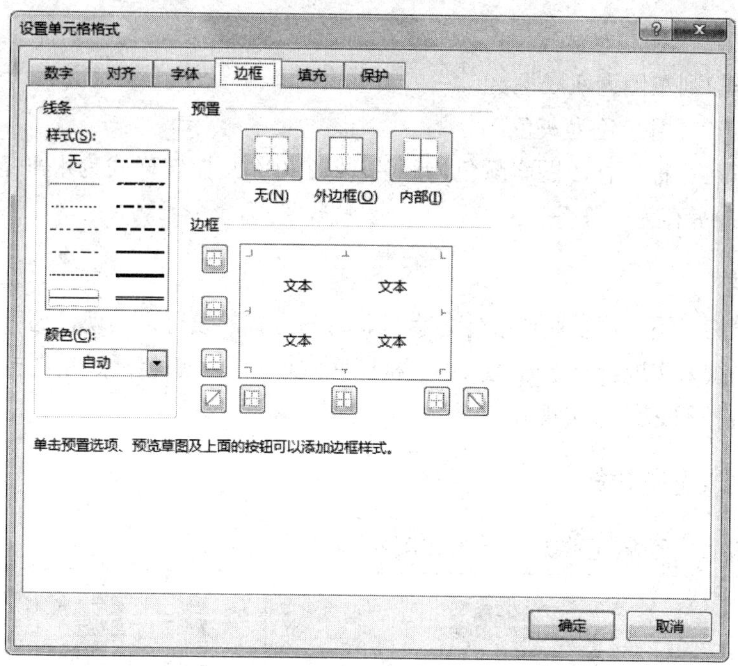


图4-7-4　【设置单元格格式】/【边框】选项卡

(2) 在【设置单元格格式】对话框的【填充】选项卡中，可以设置单元格的底纹颜色与图案，如图4-7-5所示。

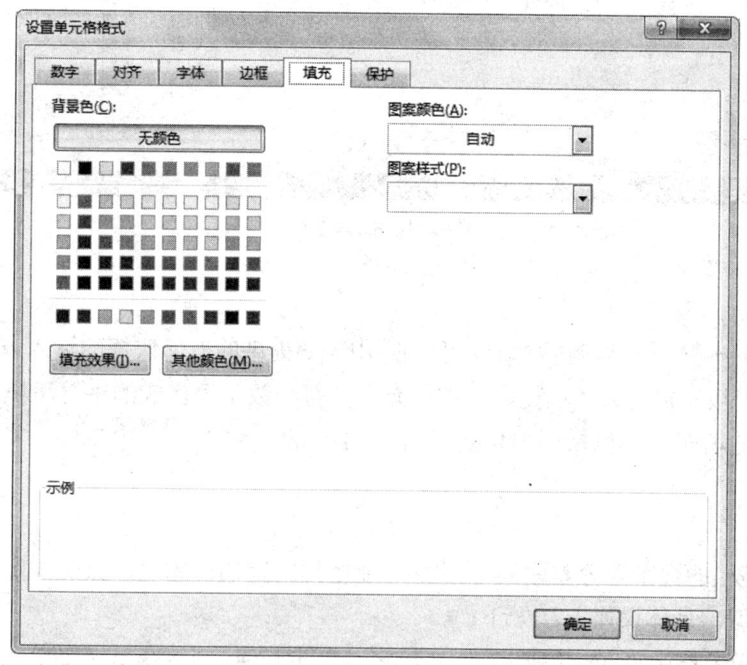


图4-7-5　【设置单元格格式】/【填充】选项卡

**任务实施：**

① 打开“销售业绩表”。

② 设置外框线为粗线、内框线为细线。

③ 设置第2行下方为粗线。

④ 设置第J列左侧为双线型。

⑤ 填充第2行背景色为灰色。

⑥ 填充第1行标题行，图案颜色为蓝色(淡色80%)，图案样式为水平条纹。

⑦ 保存：另存为“任务7”。

**任务小结：**

要美化表格，不仅可以通过字体、字号、对齐方式的设置来实现，还可以通过添加漂亮的边框和底纹来实现。对于一些简单边框或底纹样式，可直接通过功能按钮中的边框或填充颜色下拉按钮来快速实现。

## 任务八　自动填充功能

按要求设置自动填充数据，样张如图4-8-1所示。

| | A | B | C | D | E | F | G | H | I |
|---|---|---|---|---|---|---|---|---|---|
| 10 | 1 | 2 | 2017/1/1 | 001 | 001 | 金融 | 星期一 | 星期一 | 赵一 |
| 11 | 2 | 4 | 2017/1/2 | 002 | 001 | 金融 | 星期二 | 星期一 | 钱二 |
| 12 | 3 | 6 | 2017/1/3 | 003 | 001 | 金融 | 星期三 | 星期一 | 孙三 |
| 13 | 4 | 8 | 2017/1/4 | 004 | 001 | 金融 | 星期四 | 星期一 | 李四 |
| 14 | 5 | 10 | 2017/1/5 | 005 | 001 | 金融 | 星期五 | 星期一 | 周五 |
| 15 | 6 | 12 | 2017/1/6 | 006 | 001 | 金融 | 星期六 | 星期一 | 吴六 |
| 16 | 7 | 14 | 2017/1/7 | 007 | 001 | 金融 | 星期日 | 星期一 | 郑七 |
| 17 | 8 | 16 | 2017/1/8 | 008 | 001 | 金融 | 星期一 | 星期一 | 赵一 |
| 18 | 9 | 18 | 2017/1/9 | 009 | 001 | 金融 | 星期二 | 星期一 | 钱二 |
| 19 | 10 | 20 | 2017/1/10 | 010 | 001 | 金融 | 星期三 | 星期一 | 孙三 |
| 20 | | | | | | | 星期四 | 星期一 | 李四 |
| 21 | | | | | | | 星期五 | 星期一 | 周五 |
| 22 | | | | | | | 星期六 | 星期一 | 吴六 |
| 23 | | | | | | | 星期日 | 星期一 | 郑七 |
| 24 | | | | | | | | | |
| 25 | | | | | | | | | |

Sheet1

就绪

图4-8-1　任务八样张

**任务分析：**

当Excel中输入的内容有规律时，可以使用Excel提供的方便快捷的输入方法——自动填充功能。自动填充包括数字填充、文本填充、字符与数字串构成的字符串填充、日期填充等不同方式的填充，还包括用户自定义方式的填充。

### 1. 数字填充

当某行(列)的数字为等差序列时，Excel能根据给定的初始值，按照固定的规律增加或减少填充数据，具体操作方法如下：

在起始单元格中输入初始值(如果要给定一个步长值，则应在下一个单元格中输入第二个数字)并选定，将光标移至右下角，当光标变成小黑“十”字形后，按左键拖动填充柄至所需单元格的底部即可，如图4-8-2所示。

如果字符串全部都由数字组成而没有字符，那么当输入的数字的第一位是“0”时，Excel就会自动把“0”当成没有实际意义的占位符使用，自动把“0”省略，这个时候可以将单元格的类型设置为文本型，或者在单元格中的数字前加入半角英文状态下的单引号，这个时候单元格自动变成文本型，就不会省略“0”。输入完毕。

### 2. 日期序列的填充

在工作表中输入日期，输入内容如下：A1单元格为“2017-1-1”，A2单元格为“2017-1-2”，以此类推。按照序列填充，每次间隔一天，具体操作方法如下：

(1) 设置整个A列的数据格式为自定义，定义格式为“yyyy-m-d”。

(2) 在A1单元格中直接输入“2017/1/1”，选中A1单元格，通过下拉拖放就可以自动填充下方单元格中的内容，如图4-8-3所示。

**注意：**

当填充的日期为相同日期时，在拖动填充柄填充时同时按住【Ctrl】键。

### 3. 文本与数字搭配字符串的填充

当填充序列为文本或字符和数字串搭配时，直接拖动填充实现的是按照后面数字串的递增序列进行填充，当按住【Ctrl】键时，进行的是复制填充。

例如，在此工作表中输入第二列数据为学号数据列，其内容为“学号001”、“学号002”等10行内容，具体操作方法如下：在B1单元格中输入“学号001”，然后使用自动填充功能输入其他9名同学的学号，如图4-8-4所示。

**提示：**

当使用自动填充功能时，选择序列填充和复制填充未能达到需要的效果时，可以使用填充完毕后的按钮进行调整，包括【复制单元格】、【仅填充格式】、【不带格式填充】三种方式。

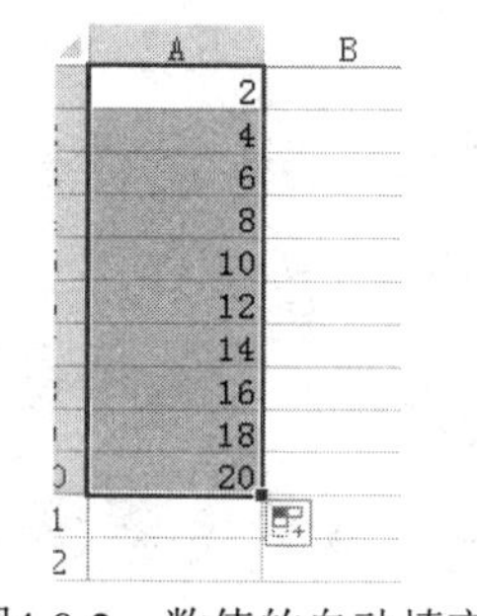


图4-8-2　数值的自动填充

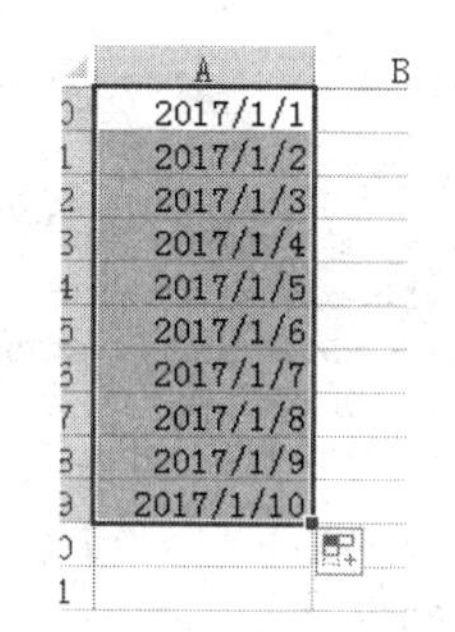


图4-8-3　日期填充序列

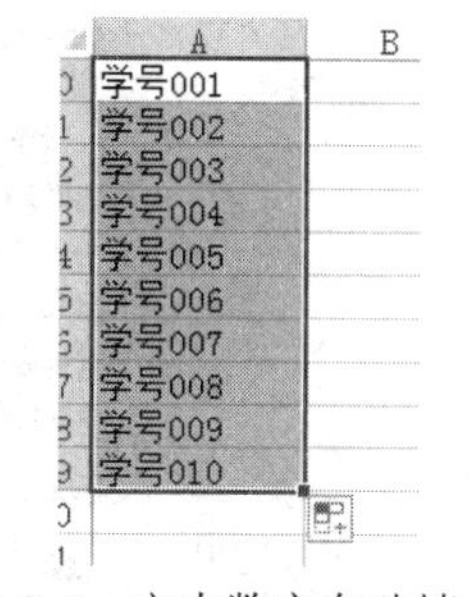


图4-8-4　文本数字自动填充

**注意：**

自动填充功能还可以通过填充命令进行设置，在列(行)首的单元格中输入初始值，选定需要填充的所有单元格，单击【开始】/【编辑】/【填充】/【序列】命令。在【序列】对话框中，设定相应的值(条件)，然后单击【确定】按钮即可，如图4-8-5所示。

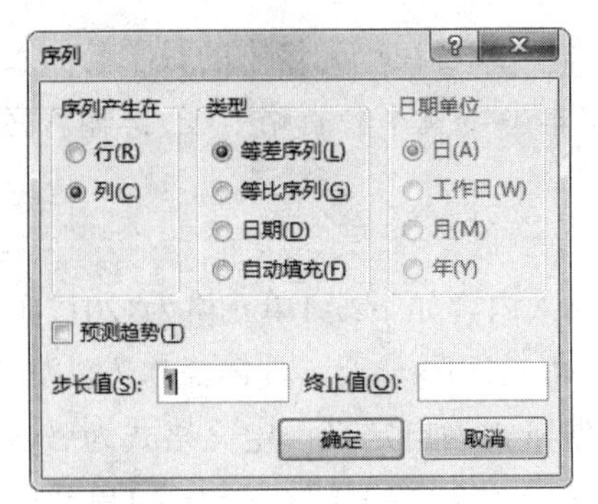


图4-8-5　【序列】选项卡

### 4. 自定义序列填充

自定义序列是将一组经常使用的数据事先定义为序列，以便于快速填充。只需要输入序列中的第一个词，再使用填充柄向下拖动，就会自动生成自定义序列。

例如：某表中总是使用“赵一”、“钱二”… “郑七”等固定几位学生的名字，这样就可以在自定义序列中定义这几位学生的名字为自定义序列，下次再输入学生姓名的时候就可以采用序列填充的方式来进行填充，具体操作步骤如下：

(1) 单击【文件】/【选项】/【高级】，单击【编辑自定义列表】按钮，如图4-8-6所示。在【输入序列】中输入学生姓名，每输入完一个值按回车键，如图4-8-7所示。

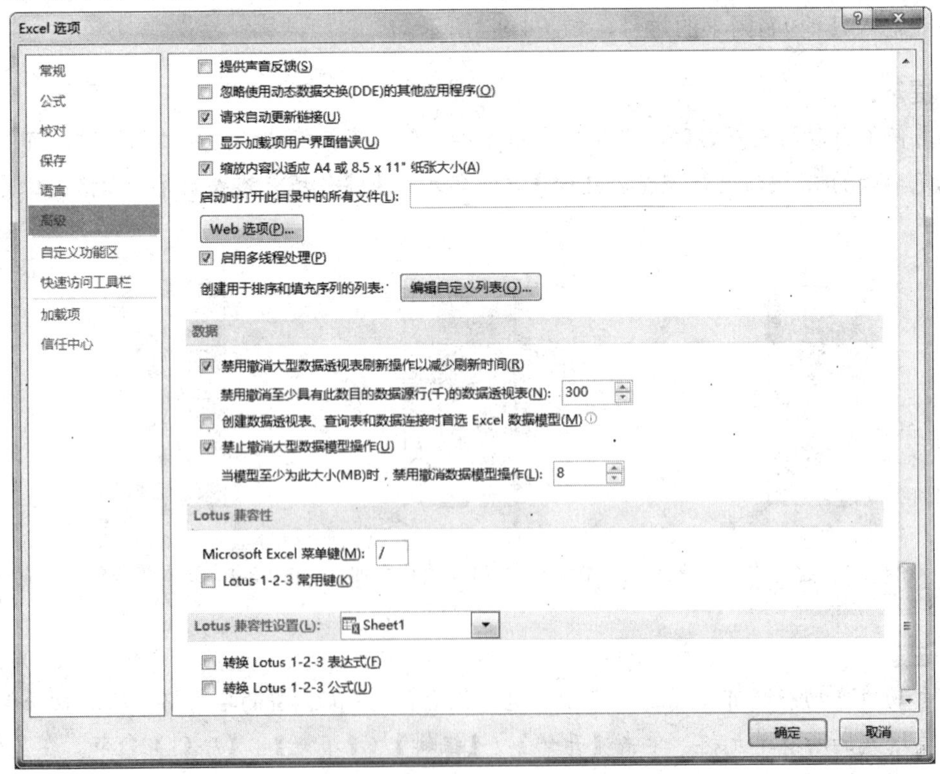


图4-8-6　【Excel选项】对话框

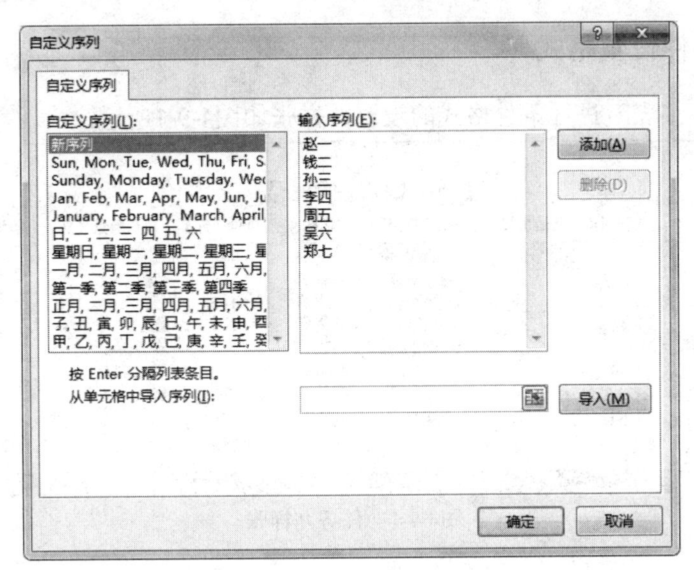


图4-8-7　自定义序列填充

(2) 输入完学生姓名后，单击【添加】按钮，在【自定义序列】栏中就会出现自己添加的自定义序列，如图4-8-8所示，然后单击【确定】按钮。此时，就可以通过自动填充功能完成学生姓名的填充。

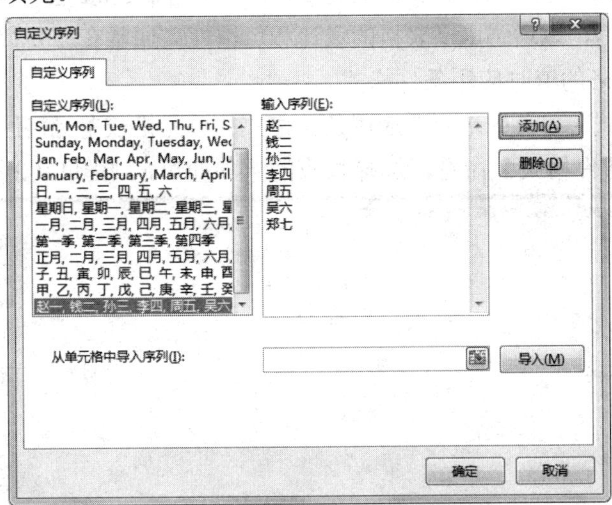


图4-8-8　自定义序列填充结果

**任务实施：**

① 新建一个空白工作簿。

② 按样张设置自动填充数据。

③ 保存工作簿，名为“任务8”。

**任务小结：**

为了提高录入数据的速度和准确性，用户可以利用Excel提供的自动填充功能实现数据的快速录入。

## 任务九　按条件设置格式

对“销售业绩表”进行条件格式的设置，样张如图4-9-1所示。

| 【员工销售业绩表】 | | | | | | | | |
|---|---|---|---|---|---|---|---|---|
| 员工号 | 销售员姓名 | 入职时间 | 销售等级 | 销售产品 | 规格 | 单价（元） | 销售数量（瓶） | 销售总额（元） |
| 1 | 肖建波 | 2014/9/1 | 一般 | 眼部修护素 | 48瓶/件 | 125 | 25 | 3125 |
| 2 | 赵丽 | 2010/8/15 | 良 | 修护晚霜 | 48瓶/件 | 105 | 87 | 9135 |
| 3 | 张无晋 | 2011/2/3 | 良 | 角质调理露 | 48瓶/件 | 105 | 73 | 7665 |
| 4 | 孙茜 | 2006/12/1 | 优 | 活性滋润霜 | 48瓶/箱 | 105 | 97 | 10185 |
| 5 | 李圣波 | 2009/10/23 | 良 | 保湿精华露 | 48瓶/箱 | 115 | 85 | 9775 |
| 6 | 孔波 | 2016/9/1 | 一般 | 柔肤水 | 48瓶/件 | 85 | 53 | 4505 |
| 7 | 王佳佳 | 2011/7/9 | 良 | 保湿乳液 | 48瓶/件 | 98 | 64 | 6272 |
| 8 | 龚平 | 2010/11/18 | 良 | 保湿日霜 | 48瓶/件 | 95 | 85 | 8075 |

图4-9-1　任务九样张

任务分析：

### 1. 使用条件格式

条件格式是指如果选定的单元格满足特定的条件，那么Excel会将底纹、字体、颜色等格式应用到该单元格，以增强电子表格的设计和可读性。通常在需要突出显示公式的计算结果或要监视单元格的值时应用条件格式。

在使用条件格式时，首先选择要应用条件格式的单元格或单元格区域，然后单击【开始】/【样式】/【条件格式】命令，选择相应的选项即可，如图4-9-2所示。

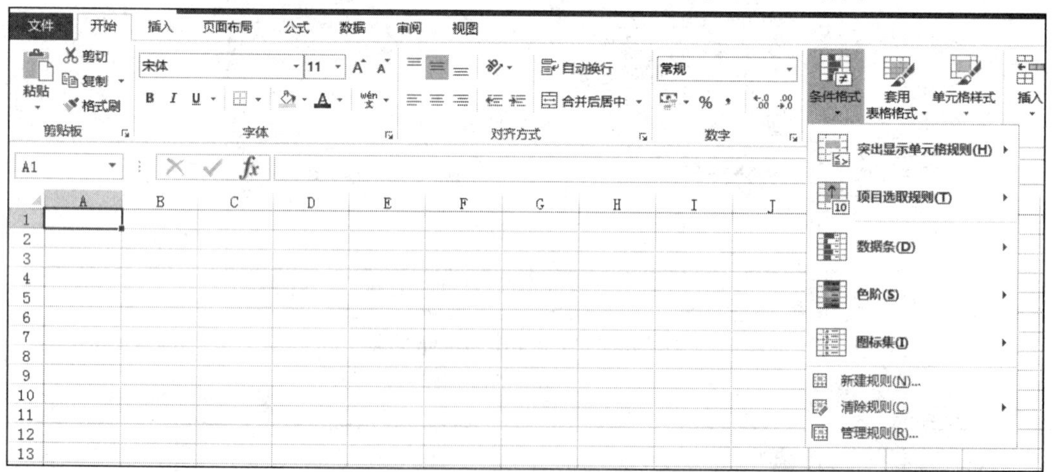


图4-9-2　使用条件格式

#### 1) 突出显示条件规则

主要适用于查找单元格区域中的特定单元格，是基于比较运算符来设置这些特定的单元格格式。该选项主要包括大于、小于、介于、等于、文本包含、发生日期与重复值7种规则。当用户选择某种规则时，系统会自动弹出相应的对话框，在该对话框中主要设置指定值的单元格背景。例如，选择“大于”选项，如图4-9-3所示。

图4-9-3　设置【大于】规则

### 2) 项目选取规则

项目选取规则是根据指定的截止值查找单元格区域中的最高值或最低值，或查找高于、低于平均值或标准偏差的值。该选项主要包括前10项、前10%项、最后10项、最后10%项、高于平均值与低于平均值6种规则。当用户选择某种规则时，系统会自动弹出相应的对话框，在该对话框中主要设置指定值的单元格背景。例如，选择“前10项”选项，如图4-9-4所示。

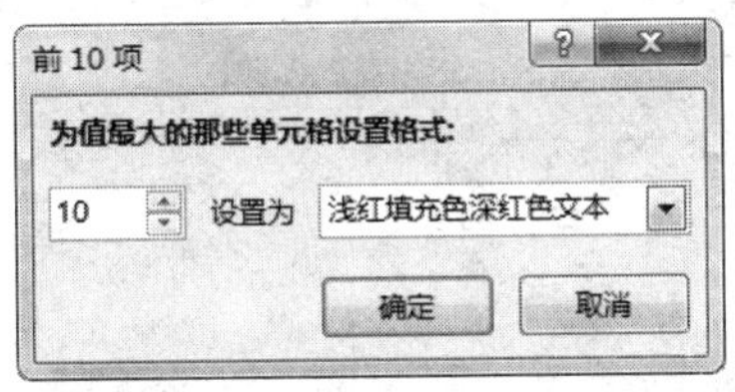

图4-9-4　设置【前10项】规则

### 3) 数据条

数据条可以帮助用户查看某个单元格相对于其他单元格中的值，数据条的长度代表单元格中值的大小，值越大数据条就越长。该选项主要包括渐变填充和实心填充中的蓝色数据条、绿色数据条、红色数据条、橙色数据条、浅蓝色数据条与紫色数据条6种样式。

### 4) 色阶

色阶作为一种直观的指示，可以帮助用户了解数据的分布与变化情况，可分为双色与三色刻度。其中双色刻度表示使用两种颜色的渐变帮助用户比较数据，颜色表示数值的高低；而三色刻度表示使用3种颜色的渐变帮助用户比较数据，颜色表示数值的高、中、低。

### 5) 图标集

图标集可以对数据进行注释，并可以按阈值将数据分为3到5个类别。每个类别代表一个值的范围。例如，在三向箭头图标中，绿色的上箭头代表较高值，黄色的横向箭头代表中间值，红色的下箭头代表较低值。

## 2. 套用表格格式

利用套用表格格式的功能，可以帮助用户达到快速设置表格格式的目的。套用表格格式时，用户不仅可以应用预定义的表格格式，而且还可以创建新的表格格式。

### 1) 应用表格格式

Excel 2013为用户提供了浅色、中等深浅与深色3种类型共60种表格格式。选择需要套用格式的单元格区域，执行【开始】/【样式】/【套用表格格式】命令，在下拉列表中选择相应的格式，在弹出的【套用表格式】对话框中选择数据来源即可，如图4-9-5所示。

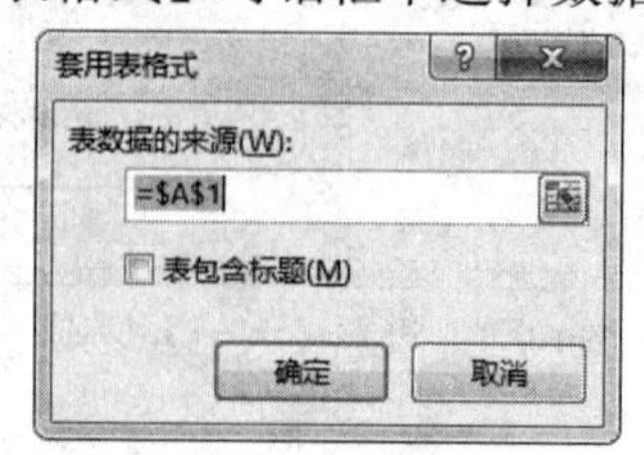


图4-9-5　【套用表格式】对话框

2) 新建表格格式

执行【开始】/【样式】/【套用表格式】/【新建表样式】命令，在弹出的【新建表样式】对话框中设置各选项即可，如图4-9-6所示。

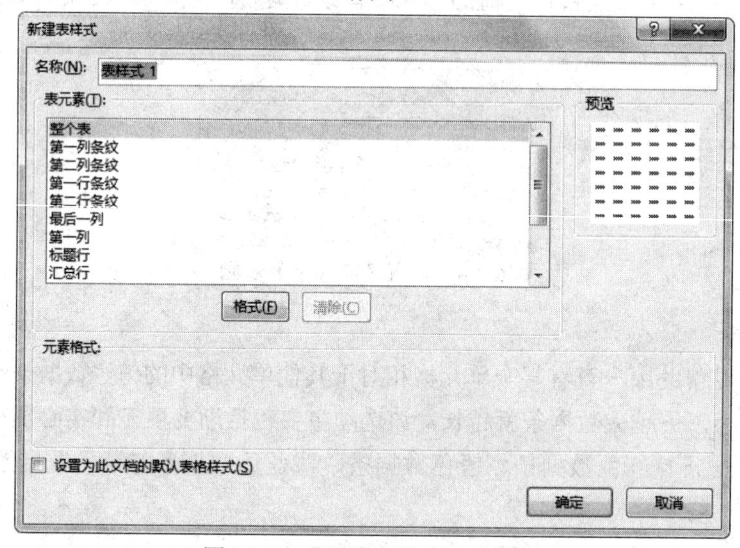


图4-9-6　【新建表样式】对话框

### 3. 应用单元格样式

样式是单元格格式选项的集合，可以一次应用多种格式，在应用时需要保证单元格格式的一致性。单元格样式与套用表格格式一样，既可以应用预定义的单元格样式，又可以创建新的单元格样式。

1) 应用样式

选择需要应用样式的单元格区域，执行【开始】/【样式】/【单元格样式】命令，在下拉列表中选择相应的样式即可。

2) 创建样式

选择设置好格式的单元格区域，执行【开始】/【样式】/【单元格样式】/【新建单元格样式】命令，在弹出的【样式】对话框中设置各选项即可，如图4-9-7所示。

3) 合并样式

合并样式是指将其他工作簿中的单元格样式复制到另一个工作簿中。首先同时打开两个工作簿，并在第1个工作簿中创建一个新样式。然后在第2个工作簿中执行【开始】/【样式】/【单元格样式】/【合并样式】命令，在弹出的【合并样式】对话框中选择合并样式来源即可，如图4-9-8所示。

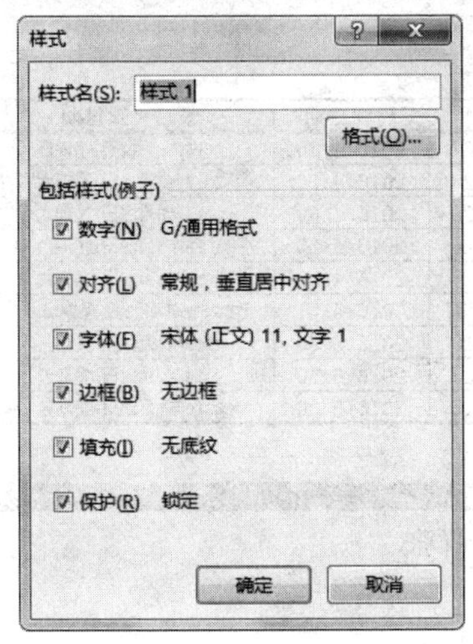


图4-9-7　【样式】对话框

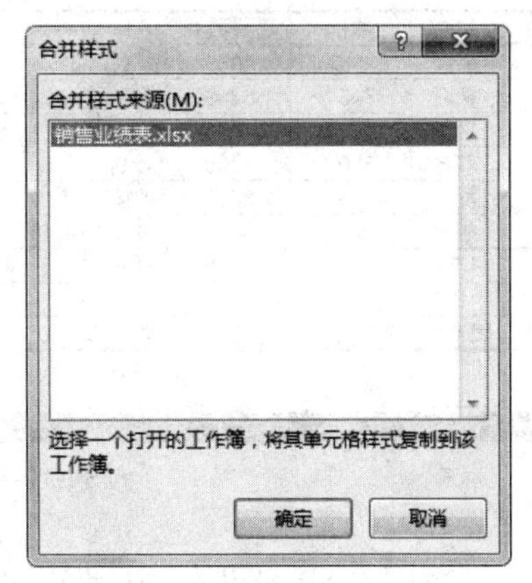


图4-9-8　【合并样式】对话框

**任务实施：**

① 打开“销售业绩表”。

② 将“销售等级”一列中等于“一般”的数据设置为黄填充色、深黄色文本。

③ 将“销售总额”一列中最低的3个数据值设置为浅红色填充。

④ 将“销售数量”一列数据设置为渐变填充、浅蓝色数据条。

⑤ 将“单价”一列的数据设置为三向箭头(灰色)的图标集。

⑥ 将“销售业绩表”设置为表样式、浅色18。

⑦ 将“销售员姓名”一列数据的单元格样式设置为警告文本。

⑧ 保存：另存为“任务9”。

**任务小结：**

在编辑工作表时，用户可以运用Excel 2013提供的样式功能，快速设置工作表的数据格式、对齐方式、字体字号、颜色、边框、图案等格式，从而使表格具有美观与醒目的独特特征。

## 任务十　美化“饰品批发统计”表

(1) 打开“饰品批发统计”表。

(2) 在第1列前插入一列“序号”，并填充为01、02、……。

(3) 将“标题”设置为黑体、22号、加粗、深蓝色、合并居中。

(4) 将“最后付款日期”一列数据设置为X年X月X日 星期X。

(5) 按样张设置边框和底纹。

(6) 将“单价”一列介于10与20之间的数据设置为浅红色填充。

(7) 将“金额”一列数据的条件格式设置为紫色数据条。

(8) 将“最后付款日期”一列数据的单元格样式设置为20%着色2。

(9) 保存：另存为“任务10”。

结果如图4-10-1所示。

饰品批发统计

| 序号 | 品名 | 单价 | 提货数量 | 金额 | 提货时间 | 付款日期 | 最后付款日期 |
|---|---|---|---|---|---|---|---|
| 01 | 手镯 | 20.0 | 4053 | 17,022.6 | 2016/3/22 | 2016/4/30 | 2016年5月22日 星期日 |
| 02 | 鼻环 | 7.5 | 5358 | 40,185.0 | 2016/3/28 | 2016/4/30 | 2016年5月28日 星期六 |
| 03 | 耳钉 | 6.8 | 4053 | 27,560.4 | 2016/3/28 | 2016/4/30 | 2016年5月28日 星期六 |
| 04 | 项链 | 5.0 | 3709 | 9,272.5 | 2016/3/28 | 2016/4/30 | 2016年5月28日 星期六 |
| 05 | 发夹 | 5.3 | 3503 | 18,565.9 | 2016/3/28 | 2016/4/30 | 2016年5月28日 星期六 |
| 06 | 戒指 | 15.0 | 5015 | 6,018.0 | 2016/4/5 | 2016/5/31 | 2016年6月5日 星期日 |
| 07 | 眉毛夹 | 5.0 | 4809 | 6,251.7 | 2016/5/15 | 2016/6/30 | 2016年7月15日 星期五 |
| 08 | 手提包 | 20.0 | 4946 | 2,473.0 | 2016/5/15 | 2016/6/30 | 2016年7月15日 星期五 |
| 09 | 眼镜框 | 18.0 | 8548 | 8,566.0 | 2016/5/15 | 2016/6/30 | 2016年7月15日 星期五 |

图4-10-1　任务十样张

## 任务十一　使用公式对业绩表进行计算

使用公式对“销售业绩表”进行计算，样张如图4-11-1所示。

【员工销售业绩表】

| 员工号 | 销售员姓名 | 入职时间 | 销售等级 | 销售产品 | 规格 | 单价（元） | 上半年销售数量（瓶） | 下半年销售数量（瓶） | 全年销售数量（瓶） | 销售总额（元） | 销售员等级 |
|---|---|---|---|---|---|---|---|---|---|---|---|
| 1 | 肖建波 | 2014/9/1 | 一般 | 眼部修护素 | 48瓶/件 | 125 | 11 | 14 | 25 | 3125 | 肖建波一般 |
| 2 | 赵丽 | 2010/8/15 | 良 | 修护晚霜 | 48瓶/件 | 105 | 32 | 55 | 87 | 9135 | 赵丽良 |
| 3 | 张无晋 | 2011/2/3 | 良 | 角质调理露 | 48瓶/件 | 105 | 40 | 33 | 73 | 7665 | 张无晋良 |
| 4 | 孙茜 | 2006/12/1 | 优 | 活性滋润霜 | 48瓶/箱 | 105 | 54 | 43 | 97 | 10185 | 孙茜优 |
| 5 | 李圣波 | 2009/10/23 | 良 | 保湿精华露 | 48瓶/箱 | 115 | 39 | 46 | 85 | 9775 | 李圣波良 |
| 6 | 孔波 | 2016/9/1 | 一般 | 柔肤水 | 48瓶/件 | 85 | 21 | 32 | 53 | 4505 | 孔波一般 |
| 7 | 王佳佳 | 2011/7/9 | 良 | 保湿乳液 | 48瓶/件 | 98 | 30 | 34 | 64 | 6272 | 王佳佳良 |
| 8 | 龚平 | 2010/11/18 | 良 | 保湿日霜 | 48瓶/件 | 95 | 42 | 43 | 85 | 8075 | 龚平良 |

图4-11-1　任务十一样张

### 任务分析：

#### 1. 单元格引用

Excel中的每一个单元格都可以使用行号与列标进行唯一标识，即单元格引用。单元格引用格式为：[工作簿名.xls]工作表名!单元格地址。例如[销售业绩表.xlsx]Sheet1!A2，表示引用“销售业绩表”工作簿文件中Sheet1工作表中的A2单元格。

进行单元格引用时，在同一工作簿文件中的单元格引用可以省略工作簿名，在同一工作表中的单元格引用可以省略工作表名。例如：在Sheet1工作表的A1单元格中输入公式“=Sheet2!B1＋C1”，表示Sheet2 中B1单元格的值加上Sheet1中C1单元格的值，结果放到Sheet1的A1单元格中。

在复制和移动公式时，有时希望引用的单元格地址随之发生相应的变化，有时又不希望发生变化。这就要求引用的单元格地址具有不同的性质，因此单元格引用分为相对引用、绝对引用和混合引用三种类型。

### 1) 相对引用

在输入公式时，一般使用相对引用。相对引用Excel单元格中的数据，使用单元格名字就可以实现单元格内数据的引用。这时，把一个含有单元格地址的公式复制或移动到另一个位置时，公式中的单元格地址会随着位置的改变而改变。例如“销售业绩表”中，在J3单元格中输入公式“=H3+I3”，将该单元格的公式复制到J4单元格中时，J4单元格中的公式将自动变为“=H4+I4”，如图4-11-2所示。

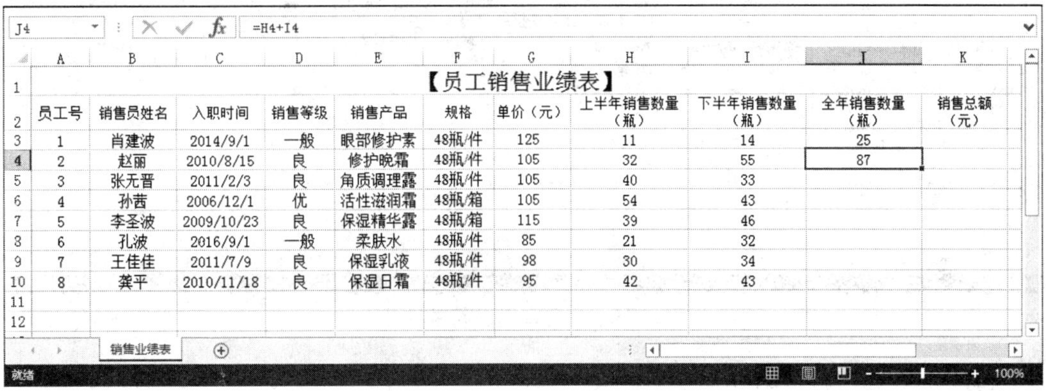

J4　=H4+I4

【员工销售业绩表】

| 员工号 | 销售员姓名 | 入职时间 | 销售等级 | 销售产品 | 规格 | 单价（元） | 上半年销售数量（瓶） | 下半年销售数量（瓶） | 全年销售数量（瓶） | 销售总额（元） |
|---|---|---|---|---|---|---|---|---|---|---|
| 1 | 肖建波 | 2014/9/1 | 一般 | 眼部修护素 | 48瓶/件 | 125 | 11 | 14 | 25 | |
| 2 | 赵丽 | 2010/8/15 | 良 | 修护晚霜 | 48瓶/件 | 105 | 32 | 55 | 87 | |
| 3 | 张无晋 | 2011/2/3 | 良 | 角质调理露 | 48瓶/件 | 105 | 40 | 33 | | |
| 4 | 孙茜 | 2006/12/1 | 优 | 活性滋润霜 | 48瓶/箱 | 105 | 54 | 43 | | |
| 5 | 李圣波 | 2009/10/23 | 良 | 保湿精华露 | 48瓶/箱 | 115 | 39 | 46 | | |
| 6 | 孔波 | 2016/9/1 | 一般 | 柔肤水 | 48瓶/件 | 85 | 21 | 32 | | |
| 7 | 王佳佳 | 2011/7/9 | 良 | 保湿乳液 | 48瓶/件 | 98 | 30 | 34 | | |
| 8 | 龚平 | 2010/11/18 | 良 | 保湿日霜 | 48瓶/件 | 95 | 42 | 43 | | |

销售业绩表　就绪　100%

图4-11-2　相对引用

### 2) 绝对引用

复制或移动含有绝对引用的单元格地址的公式时，单元格地址不会随着位置的改变而改变。在行号和列标前都加上“$”符号表示绝对引用，如$A$1。例如：在J3单元格中输入公式“=$H$3＋I3”，将该单元格的公式复制到J4单元格中，J4单元格中的公式变为“=$H$3＋I4”。

此处，对J3单元格就使用了绝对引用，无论被复制到哪个单元格，$H$3表示的都是“销售业绩表”中H3单元格中的数据。

### 3) 混合引用

混合引用只保持行或列的单元格地址不变，在行号或列标前加上“$”符号，如$H3或H$3。当复制或移动公式时，公式的相对地址随移动位置的改变而改变，而绝对地址，即加上“$”的行或列保持不变。例如在J3单元格中输入公式“=$H3＋I3”，将该单元格的公式复制到单元格J4中，J4单元格中的公式为“=$H4+I4”。

## 2. 输入公式

公式是在工作表中进行数据计算的等式，公式的输入以“=”开始，可以对工作表数值进行加、减、乘、除等运算。

在公式表达式中可以包含各种算术运算符、常量、变量、函数和单元格地址等元素。单元格中显示的是公式计算的结果，编辑栏的输入框中显示的是公式本身。

### 1) 运算符

在Excel中提供了四种运算符，即算术运算符、比较运算符、文本运算符和引用运算符。

(1) 算术运算符：算术运算符有+(加)、－(减)、*(乘)、/(除)、%(百分号)和＾(乘方)。例如：3^2+6表示3的平方加上6，值为15。

(2) 文本运算符：&(文字连接符)可以对文本或单元格内容进行连接。例如：B3单元格内容为“肖建波”，D3单元格内容为“一般”，在L3单元格内输入公式“=B3&D3”，值为“肖建波一般”，如图4-11-3所示。

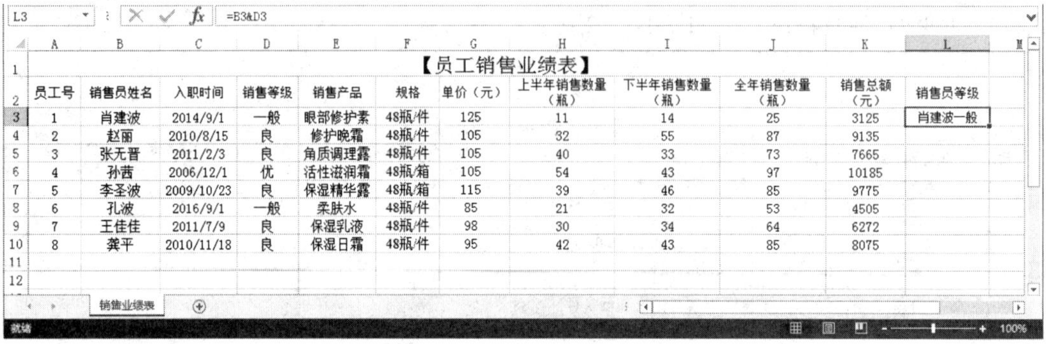

L3　=B3&D3

【员工销售业绩表】

| 员工号 | 销售员姓名 | 入职时间 | 销售等级 | 销售产品 | 规格 | 单价（元） | 上半年销售数量（瓶） | 下半年销售数量（瓶） | 全年销售数量（瓶） | 销售总额（元） | 销售员等级 |
|---|---|---|---|---|---|---|---|---|---|---|---|
| 1 | 肖建波 | 2014/9/1 | 一般 | 眼部修护素 | 48瓶/件 | 125 | 11 | 14 | 25 | 3125 | 肖建波一般 |
| 2 | 赵丽 | 2010/8/15 | 良 | 修护晚霜 | 48瓶/件 | 105 | 32 | 55 | 87 | 9135 | |
| 3 | 张无晋 | 2011/2/3 | 良 | 角质调理露 | 48瓶/件 | 105 | 40 | 33 | 73 | 7665 | |
| 4 | 孙茜 | 2006/12/1 | 优 | 活性滋润霜 | 48瓶/箱 | 105 | 54 | 43 | 97 | 10185 | |
| 5 | 李圣波 | 2009/10/23 | 良 | 保湿精华露 | 48瓶/箱 | 115 | 39 | 46 | 85 | 9775 | |
| 6 | 孔波 | 2016/9/1 | 一般 | 柔肤水 | 48瓶/件 | 85 | 21 | 32 | 53 | 4505 | |
| 7 | 王佳佳 | 2011/7/9 | 良 | 保湿乳液 | 48瓶/件 | 98 | 30 | 34 | 64 | 6272 | |
| 8 | 龚平 | 2010/11/18 | 良 | 保湿日霜 | 48瓶/件 | 95 | 42 | 43 | 85 | 8075 | |

销售业绩表

图4-11-3　文本运算符的使用

(3) 比较运算符：比较运算符包括：=(等于)、>(大于)、<(小于)、>=(大于等于)、<=(小于等于)、<>(不等于)。比较运算的返回值只有两种：TRUE(真)和FALSE(假)。

例如：表达式“3=10”，结果是FALSE。

(4) 引用运算符：引用运算符有冒号“：”(区域运算符)、逗号“，”(并集运算符)和空格“　”(交集运算符)三种。区域运算符用来定义一个区域，例如：C3到E10区域共包括24个单元格，可以表示为“C3:E10”。并集运算符用来定义两个或更多单元格区域的集合，例如：“A1：B5,C1,C5”表示A1～B5和C1、C5共12个单元格区域的集合。交集运算符用来定义同时隶属于两个区域的单元格引用，例如：“A1:B5　B4:B7”表示单元格B4、B5两个单元格的集合。

**2) 运算符的优先级**

Excel中不同的运算符具有不同的优先级，如表4-11-1所示，同级运算符遵从“由左到右”的运算原则，括号内的表达式优先计算。

**表4-11-1　运算符的优先级**

| 运算符的优先级(从高到低) | 说明 |
|---|---|
| 区域运算符 | 冒号 |
| 并集运算符 | 逗号 |
| 交集运算符 | 空格 |
| － | 负号 |
| % | 百分号 |
| ＾ | 指数 |
| * 和 / | 乘、除 |
| +、－ | 加、减 |
| & | 文本连接符 |
| =、<、>、<=、>=、<> | 比较运算符 |

**任务实施：**

① 打开“销售业绩表”。

② 使用公式计算“全年销售数量”和“销售总额”。

③ 使用公式计算“销售员等级”。

④ 保存：另存为“任务11”。

**任务小结：**

公式是一个等式，是一个包含了数据与运算符的数学方程式，主要包含了各种运算符、常量、函数以及单元格引用等元素。利用公式可以对工作表中的数值进行加、减、乘、除等各种运算，在输入公式时必须以“=”开始，否则Excel 2013会按照数据进行处理。

## 任务十二　使用函数对业绩表进行计算

使用函数对“销售业绩表”进行计算，样张如图4-12-1所示。

**任务分析：**

### 1. 函数

在使用Excel处理表格数据的时候，常常要用到它的函数功能来自动统计计算表格中的数据。Excel 2013提供了几百个预定义函数，包括常用函数、财务函数、日期与时间函数等，可以完成各种计算。

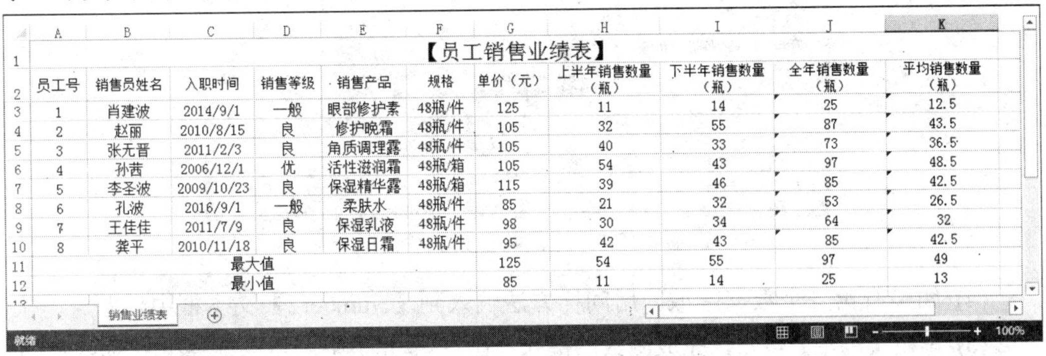

| | A | B | C | D | E | F | G | H | I | J | K |
|---|---|---|---|---|---|---|---|---|---|---|---|
| 1 | 【员工销售业绩表】 | | | | | | | | | | |
| 2 | 员工号 | 销售员姓名 | 入职时间 | 销售等级 | 销售产品 | 规格 | 单价（元） | 上半年销售数量（瓶） | 下半年销售数量（瓶） | 全年销售数量（瓶） | 平均销售数量（瓶） |
| 3 | 1 | 肖建波 | 2014/9/1 | 一般 | 眼部修护素 | 48瓶/件 | 125 | 11 | 14 | 25 | 12.5 |
| 4 | 2 | 赵丽 | 2010/8/15 | 良 | 修护晚霜 | 48瓶/件 | 105 | 32 | 55 | 87 | 43.5 |
| 5 | 3 | 张无晋 | 2011/2/3 | 良 | 角质调理露 | 48瓶/件 | 105 | 40 | 33 | 73 | 36.5 |
| 6 | 4 | 孙茜 | 2006/12/1 | 优 | 活性滋润霜 | 48瓶/箱 | 105 | 54 | 43 | 97 | 48.5 |
| 7 | 5 | 李圣波 | 2009/10/23 | 良 | 保湿精华露 | 48瓶/箱 | 115 | 39 | 46 | 85 | 42.5 |
| 8 | 6 | 孔波 | 2016/9/1 | 一般 | 柔肤水 | 48瓶/件 | 85 | 21 | 32 | 53 | 26.5 |
| 9 | 7 | 王佳佳 | 2011/7/9 | 良 | 保湿乳液 | 48瓶/件 | 98 | 30 | 34 | 64 | 32 |
| 10 | 8 | 龚平 | 2010/11/18 | 良 | 保湿日霜 | 48瓶/件 | 95 | 42 | 43 | 85 | 42.5 |
| 11 | 最大值 | | | | | | 125 | 54 | 55 | 97 | 49 |
| 12 | 最小值 | | | | | | 85 | 11 | 14 | 25 | 13 |

销售业绩表　就绪　100%

图4-12-1　文本运算符的使用

函数包含两部分：函数名和通常都有的参数表。参数表总是用括号括起来，它包括函数计算所需的数据。

#### 1) 使用函数向导来键入

对于初学者，通常使用函数向导键入函数，以“销售业绩表”为例，具体操作步骤如下：

(1) 选中要键入函数的单元格，如选择J3单元格。

(2) 执行【公式】/【函数库】/【插入函数】命令，或单击编辑栏的【函数】按钮 fx，弹出如图4-12-2所示的对话框。在【选择函数】列表框中选择所需的函数，例如选择求和函数SUM。

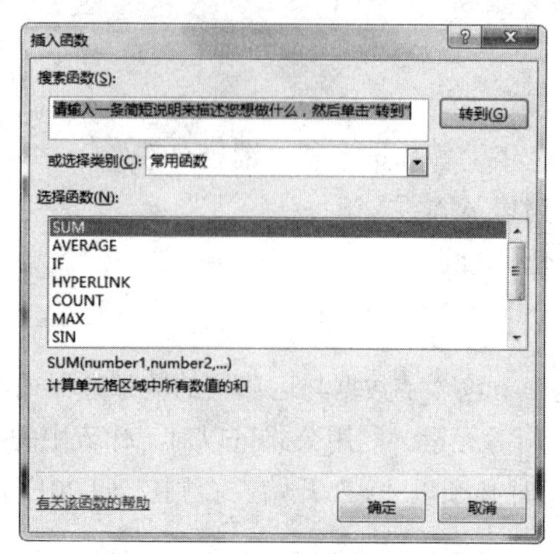


图4-12-2　【插入函数】对话框

(3) 单击【确定】按钮，弹出【函数参数】对话框，单击文本框右侧的【折叠】按钮，用鼠标选择所用的数据单元格或单元格区域，也可以在【Number1】文本框中输入数据，如图4-12-3所示。

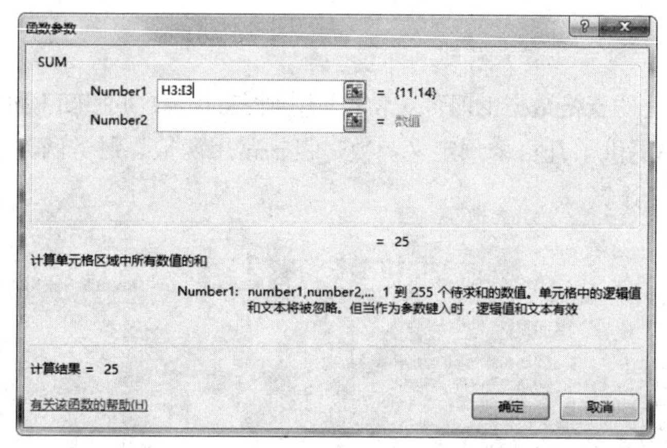


图4-12-3　【函数参数】对话框

(4) 如果有第二个数据区域，用同样方法输入到【Number2】文本框中。

(5) 单击【确定】按钮，完成函数的键入，在 J3单元格中会自动计算出SUM函数的结果值“25”，如图4-12-4所示。

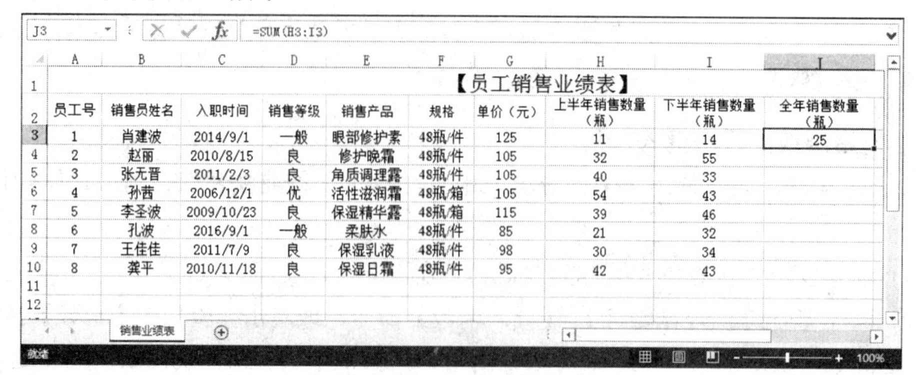


【员工销售业绩表】

| 员工号 | 销售员姓名 | 入职时间 | 销售等级 | 销售产品 | 规格 | 单价（元） | 上半年销售数量（瓶） | 下半年销售数量（瓶） | 全年销售数量（瓶） |
|---|---|---|---|---|---|---|---|---|---|
| 1 | 肖建波 | 2014/9/1 | 一般 | 眼部修护素 | 48瓶/件 | 125 | 11 | 14 | 25 |
| 2 | 赵丽 | 2010/8/15 | 良 | 修护晚霜 | 48瓶/件 | 105 | 32 | 55 | |
| 3 | 张无晋 | 2011/2/3 | 良 | 角质调理露 | 48瓶/件 | 105 | 40 | 33 | |
| 4 | 孙茜 | 2006/12/1 | 优 | 活性滋润霜 | 48瓶/箱 | 105 | 54 | 43 | |
| 5 | 李圣波 | 2009/10/23 | 良 | 保湿精华露 | 48瓶/箱 | 115 | 39 | 46 | |
| 6 | 孔波 | 2016/9/1 | 一般 | 柔肤水 | 48瓶/件 | 85 | 21 | 32 | |
| 7 | 王佳佳 | 2011/7/9 | 良 | 保湿乳液 | 48瓶/件 | 98 | 30 | 34 | |
| 8 | 龚平 | 2010/11/18 | 良 | 保湿日霜 | 48瓶/件 | 95 | 42 | 43 | |

图4-12-4　函数计算结果

下面几个常用函数的用法与SUM()函数相同，主要功能如下：

- AVERAGE( )：求出所有参数的算术平均值。
- MAX( )：求出所有参数的最大值。
- MIN( )：求出所有参数的最小值。
- COUNT( )：统计某个单元格区域内含有数字的单元格数目。

另外，在选中的单元格中输入等号“=”，单击函数列表框右边的下拉列表按钮，如图4-12-5所示，选择所需的函数，可以快速打开【函数参数】对话框，

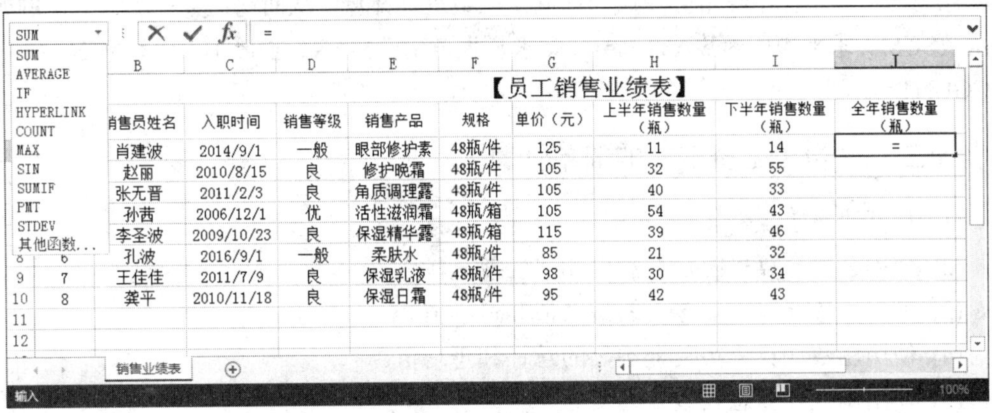

SUM　　=

SUM
AVERAGE
IF
HYPERLINK
COUNT
MAX
SIN
SUMIF
PMT
STDEV
其他函数...

【员工销售业绩表】

| 销售员姓名 | 入职时间 | 销售等级 | 销售产品 | 规格 | 单价（元） | 上半年销售数量（瓶） | 下半年销售数量（瓶） | 全年销售数量（瓶） |
|---|---|---|---|---|---|---|---|---|
| 肖建波 | 2014/9/1 | 一般 | 眼部修护素 | 48瓶/件 | 125 | 11 | 14 | = |
| 赵丽 | 2010/8/15 | 良 | 修护晚霜 | 48瓶/件 | 105 | 32 | 55 | |
| 张无晋 | 2011/2/3 | 良 | 角质调理露 | 48瓶/件 | 105 | 40 | 33 | |
| 孙茜 | 2006/12/1 | 优 | 活性滋润霜 | 48瓶/箱 | 105 | 54 | 43 | |
| 李圣波 | 2009/10/23 | 良 | 保湿精华露 | 48瓶/箱 | 115 | 39 | 46 | |
| 孔波 | 2016/9/1 | 一般 | 柔肤水 | 48瓶/件 | 85 | 21 | 32 | |
| 王佳佳 | 2011/7/9 | 良 | 保湿乳液 | 48瓶/件 | 98 | 30 | 34 | |
| 龚平 | 2010/11/18 | 良 | 保湿日霜 | 48瓶/件 | 95 | 42 | 43 | |

销售业绩表

图4-12-5　在函数列表框中选取函数

### 2) 自动求和

求和是Excel最常用的计算。单击常用工具栏上的【自动求和】按钮Σ ▾，可以快速自动求和。具体操作步骤如下：

(1) 选择需要求和的区域，包括下方的一个空行或右侧的一个空列。

(2) 单击【自动求和】按钮Σ ▾，就会在下方空行或右侧空列中计算出求和结果。

如果进行其他运算，如求平均值，单击该按钮后面的黑三角号，在列表中可以选择相应运算。

要对不相邻的区域进行求和，可以先选定存放结果的单元格，例如G10单元格，再单击【自动求和】按钮，然后按住Ctrl键选择不相邻的区域或单元格，这时选中的区域将会用流动的虚线标识出，最后按回车键确定，即可得到计算的结果。

在【自动求和】按钮Σ ▾右侧的下拉列表中还可以选择其他函数进行快速计算，例如选择平均值、计数、最大值和最小值函数等。

### 3) 自动计算

Excel还有自动计算功能，如果在数据处理时不需要将结果列在表格中，仅仅是求得结果数据就可以，那么这种方法可以方便地帮助用户自动计算出选定单元格数据的和、平均值、最大值、最小值等，具体操作步骤如下：

(1) 选定需要计算的区域，在状态栏会自动出现该区域数据的和。

(2) 用鼠标右键单击状态栏，可以在打开的快捷菜单中改变计算的类型，结果会在状态栏上显示。

**任务实施：**

① 打开“销售业绩表”。

② 使用函数计算“全年销售数量”和“平均销售数量”。

③ 使用函数计算各项的最大值和最小值。

④ 保存：另存为“任务12”。

**任务小结：**

用户在日常工作中经常会使用一些固定函数进行计算，从而简化数据的计算，例如求和函数SUM、求平均值函数AVERAGE、求最大值函数MAX、求最小值函数MIN、计数函数COUNT等。

## 任务十三　“员工工资表”的简单计算

(1) 打开“员工工资表”。

(2) 使用公式计算“应发金额”和“实发金额”。

(3) 使用函数计算“奖金”的最大值和最小值。

(4) 使用函数计算“实发金额”的总计和平均值。

(5) 使用函数计算总人数。

(6) 保存：另存为“任务13”。

结果如图4-13-1所示。

员工工资表

| 员工编号 | 员工姓名 | 部门 | 职务 | 基本工资 | 奖金 | 住房补助 | 车费补助 | 应发金额 | 五险一金 | 出勤扣款 | 实发金额 |
|---|---|---|---|---|---|---|---|---|---|---|---|
| 1001 | 李丹 | 人事部 | 部长 | 3500 | 500 | 300 | 200 | 4500 | 400 | 20 | 4080 |
| 1002 | 杨陶 | 财务部 | 部长 | 3500 | 500 | 300 | 200 | 4500 | 400 | 10 | 4090 |
| 1003 | 刘小明 | 人事部 | 部员 | 2500 | 360 | 300 | 100 | 3260 | 400 | 0 | 2860 |
| 1004 | 张嘉 | 人事部 | 部员 | 2000 | 360 | 300 | 100 | 2760 | 400 | 100 | 2260 |
| 1005 | 张炜 | 人事部 | 部员 | 3000 | 340 | 300 | 100 | 3740 | 400 | 60 | 3280 |
| 1006 | 李聃 | 采购部 | 部长 | 3500 | 550 | 300 | 200 | 4550 | 400 | 0 | 4150 |
| 1007 | 杨娟 | 采购部 | 部员 | 2000 | 300 | 300 | 100 | 2700 | 400 | 20 | 2280 |
| 1008 | 马英 | 财务部 | 部员 | 3000 | 340 | 300 | 100 | 3740 | 400 | 30 | 3310 |
| 1009 | 周晓红 | 财务部 | 部员 | 2500 | 250 | 300 | 100 | 3150 | 400 | 0 | 2750 |
| 1010 | 薛敏 | 财务部 | 部员 | 1500 | 450 | 300 | 100 | 2350 | 400 | 0 | 1950 |
| 1011 | 祝苗 | 财务部 | 部员 | 2000 | 360 | 300 | 100 | 2760 | 400 | 0 | 2360 |
| 1012 | 周纳 | 采购部 | 部员 | 3000 | 360 | 300 | 100 | 3760 | 400 | 0 | 3360 |
| 1013 | 李菊芳 | 财务部 | 部员 | 2500 | 120 | 300 | 100 | 3020 | 400 | 10 | 2610 |
| 1014 | 赵磊 | 人事部 | 部员 | 3000 | 450 | 300 | 100 | 3850 | 400 | 60 | 3390 |
| 1015 | 王涛 | 财务部 | 部员 | 2000 | 120 | 300 | 100 | 2520 | 400 | 0 | 2120 |
| 1016 | 刘仪伟 | 财务部 | 部员 | 3000 | 120 | 300 | 100 | 3520 | 400 | 15 | 3105 |
| 1017 | 杨柳 | 采购部 | 部员 | 2000 | 450 | 300 | 100 | 2850 | 400 | 0 | 2450 |
| 1018 | 张洁 | 采购部 | 部员 | 2500 | 450 | 300 | 100 | 3350 | 400 | 10 | 2940 |
| | | | | 最大值 | 550 | | | | | 总计 | 53345 |
| | | | | 最小值 | 120 | | | | | 平均值 | 2964 |
| | | | | | | | | | | 总人数 | 18 |

Sheet1　　就绪　　100%

图4-13-1　任务十三样张

## 任务十四　按条件计算业绩表

对“销售业绩表”进行条件计算，样张如图4-14-1所示。

| 【员工销售业绩表】 | | | | | | | | | |
|---|---|---|---|---|---|---|---|---|---|
| 员工号 | 销售员姓名 | 入职时间 | 销售等级 | 销售产品 | 规格 | 单价（元） | 销售数量（瓶） | 销售总额（元） | 绩效奖金（元） |
| 1 | 肖建波 | 2014/9/1 | 一般 | 眼部修护素 | 48瓶/件 | 125 | 25 | 3125 | 100 |
| 2 | 赵丽 | 2010/8/15 | 良 | 修护晚霜 | 48瓶/件 | 105 | 87 | 9135 | 500 |
| 3 | 张无晋 | 2011/2/3 | 良 | 角质调理露 | 48瓶/件 | 105 | 73 | 7665 | 100 |
| 4 | 孙茜 | 2006/12/1 | 优 | 活性滋润霜 | 48瓶/箱 | 105 | 97 | 10185 | 500 |
| 5 | 李圣波 | 2009/10/23 | 良 | 保湿精华露 | 48瓶/箱 | 115 | 85 | 9775 | 500 |
| 6 | 孔波 | 2016/9/1 | 一般 | 柔肤水 | 48瓶/件 | 85 | 53 | 4505 | 100 |
| 7 | 王佳佳 | 2011/7/9 | 良 | 保湿乳液 | 48瓶/件 | 98 | 64 | 6272 | 100 |
| 8 | 龚平 | 2010/11/18 | 良 | 保湿日霜 | 48瓶/件 | 95 | 85 | 8075 | 500 |
| 销售总额超过10000元的人数 | | | | | | | | 1 | |
| 销售总额在5000元至10000元之间的人数 | | | | | | | | 5 | |
| 销售总额在5000元以下的人数 | | | | | | | | 2 | |

销售业绩表

图4-14-1　任务十四样张

任务分析：

## 1. IF函数和COUNTIF函数

### 1) IF 函数

IF(条件,结果1,结果2)：对满足条件的数据进行处理，条件满足输出结果1，条件不满足则输出结果2。

“销售业绩表”中绩效奖金的计算就是使用IF函数实现的。绩效奖金是根据销售总额计算的，销售总额在8000元(含)以上的绩效奖金为500元，销售总额在8000元以下的绩效奖金为100元。例如：“肖建波”的绩效奖金使用IF函数可以表示为“=IF(I3>=8000,500,100)”，如图4-14-2所示。

J3　=IF(I3>=8000, 500, 100)

| 【员工销售业绩表】 | | | | | | | | | |
|---|---|---|---|---|---|---|---|---|---|
| 员工号 | 销售员姓名 | 入职时间 | 销售等级 | 销售产品 | 规格 | 单价（元） | 销售数量（瓶） | 销售总额（元） | 绩效奖金（元） |
| 1 | 肖建波 | 2014/9/1 | | 眼部修护素 | 48瓶/件 | 125 | 25 | 3125 | 100 |
| 2 | 赵丽 | 2010/8/15 | | 修护晚霜 | 48瓶/件 | 105 | 87 | 9135 | |
| 3 | 张无晋 | 2011/2/3 | | 角质调理露 | 48瓶/件 | 105 | 73 | 7665 | |
| 4 | 孙茜 | 2006/12/1 | | 活性滋润霜 | 48瓶/箱 | 105 | 97 | 10185 | |
| 5 | 李圣波 | 2009/10/23 | | 保湿精华露 | 48瓶/箱 | 115 | 85 | 9775 | |
| 6 | 孔波 | 2016/9/1 | | 柔肤水 | 48瓶/件 | 85 | 53 | 4505 | |
| 7 | 王佳佳 | 2011/7/9 | | 保湿乳液 | 48瓶/件 | 98 | 64 | 6272 | |
| 8 | 龚平 | 2010/11/18 | | 保湿日霜 | 48瓶/件 | 95 | 85 | 8075 | |

销售业绩表

图4-14-2　使用IF函数

在IF函数的结果值中还可以再使用IF函数，这称为IF函数的嵌套。“销售业绩表”中销售等级的计算使用了IF函数的嵌套。销售等级是根据销售总额计算的，销售总额在10000元(含)以上的销售等级为“优”，销售总额在5000元至10000元之间的为“良”，销售总额低于5000元的为“一般”。例如：“肖建波”的销售等级计算使用IF函数的嵌套可以表示为“= IF(I3>=10000，"优"，IF(I3>=5000, "良","一般"))”，如图4-14-3所示。

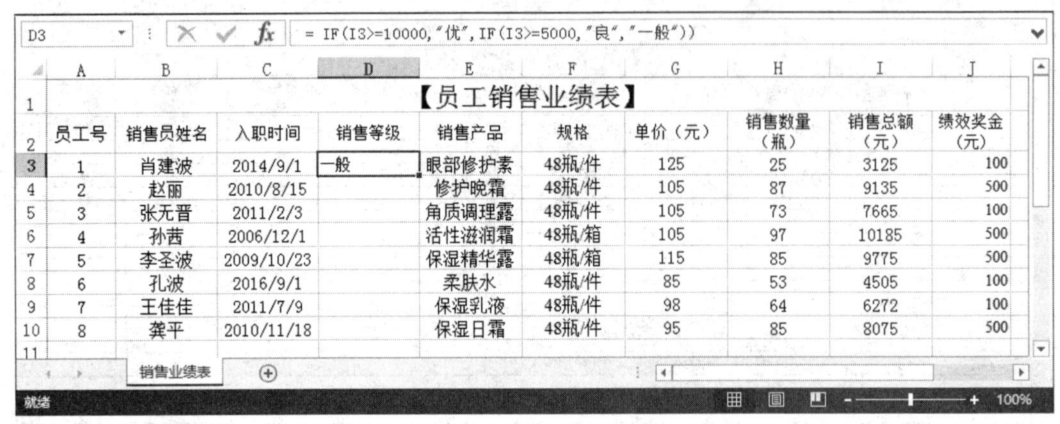

D3　= IF(I3>=10000,"优",IF(I3>=5000,"良","一般"))

| | A | B | C | D | E | F | G | H | I | J |
|---|---|---|---|---|---|---|---|---|---|---|
| 1 | 【员工销售业绩表】 | | | | | | | | | |
| 2 | 员工号 | 销售员姓名 | 入职时间 | 销售等级 | 销售产品 | 规格 | 单价（元） | 销售数量（瓶） | 销售总额（元） | 绩效奖金（元） |
| 3 | 1 | 肖建波 | 2014/9/1 | 一般 | 眼部修护素 | 48瓶/件 | 125 | 25 | 3125 | 100 |
| 4 | 2 | 赵丽 | 2010/8/15 | | 修护晚霜 | 48瓶/件 | 105 | 87 | 9135 | 500 |
| 5 | 3 | 张无晋 | 2011/2/3 | | 角质调理露 | 48瓶/件 | 105 | 73 | 7665 | 100 |
| 6 | 4 | 孙茜 | 2006/12/1 | | 活性滋润霜 | 48瓶/箱 | 105 | 97 | 10185 | 500 |
| 7 | 5 | 李圣波 | 2009/10/23 | | 保湿精华露 | 48瓶/箱 | 115 | 85 | 9775 | 500 |
| 8 | 6 | 孔波 | 2016/9/1 | | 柔肤水 | 48瓶/件 | 85 | 53 | 4505 | 100 |
| 9 | 7 | 王佳佳 | 2011/7/9 | | 保湿乳液 | 48瓶/件 | 98 | 64 | 6272 | 100 |
| 10 | 8 | 龚平 | 2010/11/18 | | 保湿日霜 | 48瓶/件 | 95 | 85 | 8075 | 500 |

销售业绩表

图4-14-3　IF函数的嵌套

### 2) COUNTIF 函数

COUNTIF(参数1,参数2)：统计单元格区域内满足某个条件的含有数字的单元格数目。其中，参数1表示要统计的区域，参数2表示统计的条件。

统计“销售业绩表”中销售总额超过10000元的人数，计算公式为=COUNTIF(I3：I10,">=10000")，如图4-14-4所示。

I11　=COUNTIF(I3:I10,">=10000")

| | A | B | C | D | E | F | G | H | I | J |
|---|---|---|---|---|---|---|---|---|---|---|
| 1 | 【员工销售业绩表】 | | | | | | | | | |
| 2 | 员工号 | 销售员姓名 | 入职时间 | 销售等级 | 销售产品 | 规格 | 单价（元） | 销售数量（瓶） | 销售总额（元） | 绩效奖金（元） |
| 3 | 1 | 肖建波 | 2014/9/1 | 一般 | 眼部修护素 | 48瓶/件 | 125 | 25 | 3125 | 100 |
| 4 | 2 | 赵丽 | 2010/8/15 | 良 | 修护晚霜 | 48瓶/件 | 105 | 87 | 9135 | 500 |
| 5 | 3 | 张无晋 | 2011/2/3 | 良 | 角质调理露 | 48瓶/件 | 105 | 73 | 7665 | 100 |
| 6 | 4 | 孙茜 | 2006/12/1 | 优 | 活性滋润霜 | 48瓶/箱 | 105 | 97 | 10185 | 500 |
| 7 | 5 | 李圣波 | 2009/10/23 | 良 | 保湿精华露 | 48瓶/箱 | 115 | 85 | 9775 | 500 |
| 8 | 6 | 孔波 | 2016/9/1 | 一般 | 柔肤水 | 48瓶/件 | 85 | 53 | 4505 | 100 |
| 9 | 7 | 王佳佳 | 2011/7/9 | 良 | 保湿乳液 | 48瓶/件 | 98 | 64 | 6272 | 100 |
| 10 | 8 | 龚平 | 2010/11/18 | 良 | 保湿日霜 | 48瓶/件 | 95 | 85 | 8075 | 500 |
| 11 | 销售总额超过10000元的人数 | | | | | | | | 1 | |

销售业绩表

图4-14-4　COUNTIF函数

统计“销售业绩表”中销售总额在5000元至10000元之间的人数，计算公式为=COUNTIF(I3：I10,">=5000")-COUNTIF(I3：I10, ">=10000")。

统计“销售业绩表”中销售总额在5000元以下的人数，计算公式为=COUNTIF(I3：I10,"<5000")。

**任务实施：**

① 打开“销售业绩表”。

② 用IF函数计算“绩效奖金”。

③ 用IF嵌套函数计算“销售等级”。

④ 用COUNTIF函数统计3类人数。

⑤ 保存：另存为“任务14”。

**任务小结：**

本次任务介绍了IF函数和COUNTIF函数的使用。

**知识拓展**

Excel中提供了丰富的函数，除了任务中介绍的IF函数和COUNTIF函数外，我们在这里再介绍几种常用函数。

### 1. ABS函数

ABS函数的功能是求给定数值的绝对值。使用格式为ABS(数值)，例如：“=ABS(−5.36)”是求数值“−5.36”的绝对值，计算结果为“5.36”。括号中的数值也可以是单元格引用。

### 2. INT函数

INT函数的功能是将数值向下取整为最接近的整数。使用格式为INT(数值)，例如“=INT(5.8)”是求数值“5.8”向下最接近的整数，计算结果为“5”；再如“=INT(−5.3)”，计算结果为“−6”。括号中的数值也可以是单元格引用。

### 3. ROUND函数

ROUND(参数1,参数2)返回参数1按照参数2指定位数取整后的数字。参数1是需要进行四舍五入的数字；参数2指定位数，按此位数进行四舍五入。例如：ROUND(5.343，2)的结果值是把“5.343”四舍五入，保留两位小数，即“5.34”。

## 任务十五　依据他表数据计算业绩表

对“销售业绩表”中的“请假扣款”进行计算，样张如图4-15-1所示。

【员工销售业绩表】

| | A | B | C | D | E | F | G | H | I | J | K |
|---|---|---|---|---|---|---|---|---|---|---|---|
| 2 | 员工号 | 销售员姓名 | 入职时间 | 销售等级 | 销售产品 | 规格 | 单价（元） | 销售数量（瓶） | 销售总额（元） | 基本工资 | 请假扣款 |
| 3 | 1 | 肖建波 | 2014/9/1 | 一般 | 眼部修护素 | 48瓶/件 | 125 | 25 | 3125 | 5000 | 455 |
| 4 | 2 | 赵丽 | 2010/8/15 | 良 | 修护晚霜 | 48瓶/件 | 105 | 87 | 9135 | 3000 | 136 |
| 5 | 3 | 张无晋 | 2011/2/3 | 良 | 角质调理露 | 48瓶/件 | 105 | 73 | 7665 | 4500 | 0 |
| 6 | 4 | 孙茜 | 2006/12/1 | 优 | 活性滋润霜 | 48瓶/箱 | 105 | 97 | 10185 | 4000 | 364 |
| 7 | 5 | 李圣波 | 2009/10/23 | 良 | 保湿精华露 | 48瓶/箱 | 115 | 85 | 9775 | 3000 | 68 |
| 8 | 6 | 孔波 | 2016/9/1 | 一般 | 柔肤水 | 48瓶/件 | 85 | 53 | 4505 | 4500 | 0 |
| 9 | 7 | 王佳佳 | 2011/7/9 | 良 | 保湿乳液 | 48瓶/件 | 98 | 64 | 6272 | 4000 | 182 |
| 10 | 8 | 龚平 | 2010/11/18 | 良 | 保湿日霜 | 48瓶/件 | 95 | 85 | 8075 | 4000 | 545 |

销售业绩表　考勤表

就绪　100%

图4-15-1　任务十五样张

**任务分析：**

### 1. 不同工作表间的数据引用

在“销售业绩表”中，请假扣款的计算是使用“考勤表”中“请假天数”的具体信息。

切换到“考勤表”，如图4-15-2所示。

| 【员工考勤表】 | | |
|---|---|---|
| 员工号 | 销售员姓名 | 请假天数 |
| 1 | 肖建波 | 2 |
| 2 | 赵丽 | 1 |
| 3 | 张无晋 | |
| 4 | 孙茜 | 2 |
| 5 | 李圣波 | 0.5 |
| 6 | 孔波 | |
| 7 | 王佳佳 | 1 |
| 8 | 龚平 | 3 |

图4-15-2　“考勤表”

例如：职工“肖建波”的请假天数数据位于“考勤表”的C3单元格中，在工资表中计算请假扣款时要引用“考勤表”中C3单元格中数据，因为不是在同一工作表中，所以引用时不能省略工作表名称，即表示为“考勤表!C3”。

请假扣款的计算标准为“基本工资/22*请假天数”，职工“肖建波”的请假扣款计算用公式可以表示为“= J3/22*考勤表!C3”。为避免计算出的数据小数位数过多，使用ROUND函数对求得的数据取整，舍去小数位，因此职工“肖建波”的请假扣款计算公式最终表示为“=ROUND(J3/22*考勤表!C3,0)”，如图4-15-3所示。

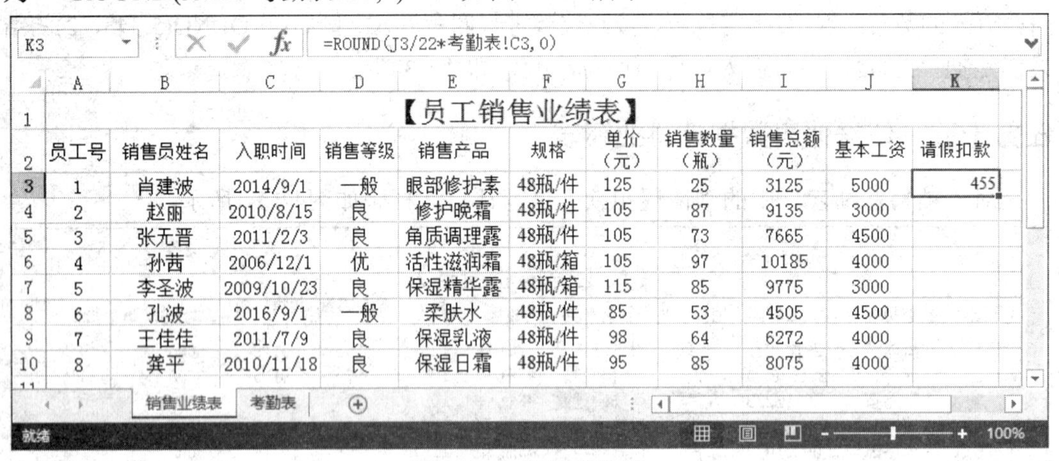

K3　=ROUND(J3/22*考勤表!C3,0)

| 【员工销售业绩表】 | | | | | | | | | | |
|---|---|---|---|---|---|---|---|---|---|---|
| 员工号 | 销售员姓名 | 入职时间 | 销售等级 | 销售产品 | 规格 | 单价（元） | 销售数量（瓶） | 销售总额（元） | 基本工资 | 请假扣款 |
| 1 | 肖建波 | 2014/9/1 | 一般 | 眼部修护素 | 48瓶/件 | 125 | 25 | 3125 | 5000 | 455 |
| 2 | 赵丽 | 2010/8/15 | 良 | 修护晚霜 | 48瓶/件 | 105 | 87 | 9135 | 3000 | |
| 3 | 张无晋 | 2011/2/3 | 良 | 角质调理露 | 48瓶/件 | 105 | 73 | 7665 | 4500 | |
| 4 | 孙茜 | 2006/12/1 | 优 | 活性滋润霜 | 48瓶/箱 | 105 | 97 | 10185 | 4000 | |
| 5 | 李圣波 | 2009/10/23 | 良 | 保湿精华露 | 48瓶/箱 | 115 | 85 | 9775 | 3000 | |
| 6 | 孔波 | 2016/9/1 | 一般 | 柔肤水 | 48瓶/件 | 85 | 53 | 4505 | 4500 | |
| 7 | 王佳佳 | 2011/7/9 | 良 | 保湿乳液 | 48瓶/件 | 98 | 64 | 6272 | 4000 | |
| 8 | 龚平 | 2010/11/18 | 良 | 保湿日霜 | 48瓶/件 | 95 | 85 | 8075 | 4000 | |

图4-15-3　计算表数据

**任务实施：**

① 打开“销售业绩表”。

② 计算“请假扣款”的结果。

③ 保存：另存为“任务15”。

**任务小结：**

本次任务介绍了不同工作表间的数据引用。

## 任务十六　“员工工资表”的数据处理

(1) 打开“员工工资表”。

(2) 计算“迟到扣款”(每迟到1次扣5元)。

(3) 计算“领导津贴”(职务为部长的发放600元领导津贴)。

(4) 计算“部门津贴”(人事部320元、财务部350元、其他部门300元)。

(5) 计算“应发金额”和“实发金额”。

(6) 计算“基本工资3000元(含)以上的人数”等5项。

(7) 保存：另存为“任务16”。

结果如图4-16-1所示。

员工工资表

| 员工编号 | 员工姓名 | 部门 | 职务 | 基本工资 | 奖金 | 住房补助 | 车费补助 | 领导津贴 | 部门津贴 | 应发金额 | 五险一金 | 出勤扣款 | 迟到扣款 | 实发金额 |
|---|---|---|---|---|---|---|---|---|---|---|---|---|---|---|
| 1001 | 李丹 | 人事部 | 部长 | 3500 | 500 | 300 | 200 | 600 | 320 | 5420 | 400 | 20 | 5 | 4995 |
| 1002 | 杨陶 | 财务部 | 部长 | 3500 | 500 | 300 | 200 | 600 | 350 | 5450 | 400 | 10 | 0 | 5040 |
| 1003 | 刘小明 | 人事部 | 部员 | 2500 | 360 | 300 | 100 | 0 | 320 | 3580 | 400 | 0 | 5 | 3175 |
| 1004 | 张嘉 | 人事部 | 部员 | 2000 | 360 | 300 | 100 | 0 | 320 | 3080 | 400 | 100 | 10 | 2570 |
| 1005 | 张炜 | 人事部 | 部员 | 3000 | 340 | 300 | 100 | 0 | 320 | 4060 | 400 | 60 | 0 | 3600 |
| 1006 | 李聃 | 采购部 | 部长 | 3500 | 550 | 300 | 200 | 600 | 300 | 5450 | 400 | 0 | 0 | 5050 |
| 1007 | 杨娟 | 采购部 | 部员 | 2000 | 300 | 300 | 100 | 0 | 300 | 3000 | 400 | 20 | 0 | 2580 |
| 1008 | 马英 | 财务部 | 部员 | 3000 | 340 | 300 | 100 | 0 | 350 | 4090 | 400 | 30 | 5 | 3655 |
| 1009 | 周晓红 | 财务部 | 部员 | 2500 | 250 | 300 | 100 | 0 | 350 | 3500 | 400 | 0 | 0 | 3100 |
| 1010 | 薛敏 | 财务部 | 部员 | 1500 | 450 | 300 | 100 | 0 | 350 | 2700 | 400 | 0 | 0 | 2300 |
| 1011 | 祝苗 | 财务部 | 部员 | 2000 | 360 | 300 | 100 | 0 | 350 | 3110 | 400 | 0 | 15 | 2695 |
| 1012 | 周纳 | 采购部 | 部员 | 3000 | 360 | 300 | 100 | 0 | 300 | 4060 | 400 | 0 | 5 | 3655 |
| 1013 | 李菊芳 | 财务部 | 部员 | 2500 | 120 | 300 | 100 | 0 | 350 | 3370 | 400 | 10 | 0 | 2960 |
| 1014 | 赵磊 | 人事部 | 部员 | 3000 | 450 | 300 | 100 | 0 | 320 | 4170 | 400 | 60 | 5 | 3705 |
| 1015 | 王涛 | 财务部 | 部员 | 2000 | 120 | 300 | 100 | 0 | 350 | 2870 | 400 | 0 | 5 | 2465 |
| 1016 | 刘仪伟 | 财务部 | 部员 | 3000 | 120 | 300 | 100 | 0 | 350 | 3870 | 400 | 15 | 10 | 3445 |
| 1017 | 杨柳 | 采购部 | 部员 | 2000 | 450 | 300 | 100 | 0 | 300 | 3150 | 400 | 0 | 0 | 2750 |
| 1018 | 张洁 | 采购部 | 部员 | 2500 | 450 | 300 | 100 | 0 | 300 | 3650 | 400 | 10 | 0 | 3240 |
| 基本工资3000元(含)以上的人数 | | | | 8 | | | | | | | | | | |
| 3000元(含)以上的百分比 | | | | 44% | | | | | | | | | | |
| 2000元以下的人数 | | | | 1 | | | | | | | | | | |
| 2000元以下的百分比 | | | | 6% | | | | | | | | | | |
| 2000元(含)--3000元的人数 | | | | 9 | | | | | | | | | | |

Sheet1　签到记录表

就绪　100%

图4-16-1　任务十六样张

## 任务十七　为业绩表添加图表

为“销售业绩表”制作图表，样张如图4-17-1所示。

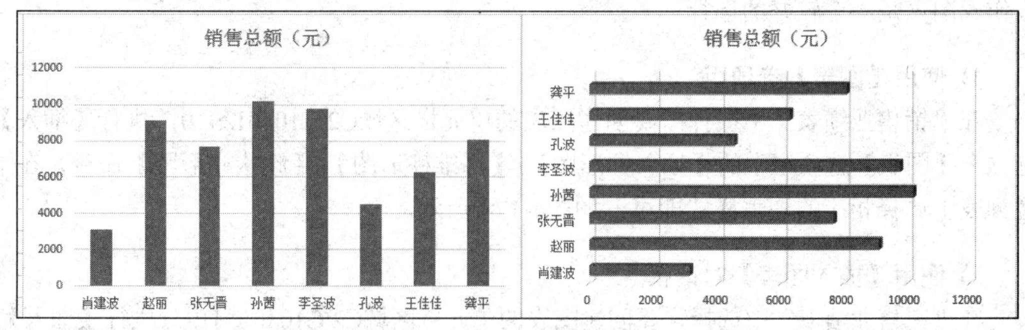


图4-17-1　任务十七样张

### 任务分析：

### 1. 认识图表

Excel提供了强大的图表功能，可以在工作表中插入各种类型的图表：柱形图、饼图、折线图等。Excel中每种图表类型的应用情况也不同，下面着重介绍一下几种图表的应用情况。

#### 1) 柱形图、条形图、圆柱图、圆锥图和棱锥图

柱形图是Excel中的默认图表类型，也是用户经常使用的一种图表类型。柱形图反映一段时间内数据的变化，或者不同项目之间的对比。条形图也是显示各个项目之间的对比，与柱形图不同的是：其分类轴设置在纵轴上，而柱形图则设置在横轴上。圆柱图、圆锥图和棱锥图的功能与柱形图十分相似。

#### 2) 折线图

折线图常用来分析数据随时间的变化趋势，也可用来分析比较多组数据随时间变化的趋势。

#### 3) 饼图

饼图常用来显示组成数据系列的项目在项目总和中所占的比例，通常只显示一个数据系列。

#### 4) 股价图

股价图主要用来判断股票或期货市场的行情，描述一段时间内股票或期货的价格变化情况。其中的开盘-盘高-盘低-收盘图也称K线图，是股市上判断股票行情最常用的技术分析工具之一。

### 2. 创建图表

根据创建图表的位置不同，可以分为嵌入式图表和工作表图表两种。

嵌入式图表浮在工作表的上面，在工作表的绘图层中。嵌入式图表像其他绘图对象一样，可以移动位置、改变大小和比例、调整边界等。

创建工作表图表时，图表会占据整张工作表。如果需要在一页中打印图表，那么使用工作表图表是一个较好的选择。

#### 1) 使用【图表】选项组

在“销售业绩表”中选择需要创建图表的单元格区域C2:C10和I2:I10，执行【插入】选项卡【图表】选项组中的【插入柱形图】/【二维柱形图】/【簇状柱形图】命令，在下拉列表中选择相应的图表样式即可，如图4-17-2所示。

#### 2) 使用【插入图表】对话框

在“销售业绩表”中选择需要创建图表的单元格区域C2:C10和I2:I10，执行【插入】/【图表】/【推荐的图表】命令，在弹出的【插入图表】对话框中选择【所有图表】/【条形图】/【三维簇状条形图】，如图4-17-3所示。

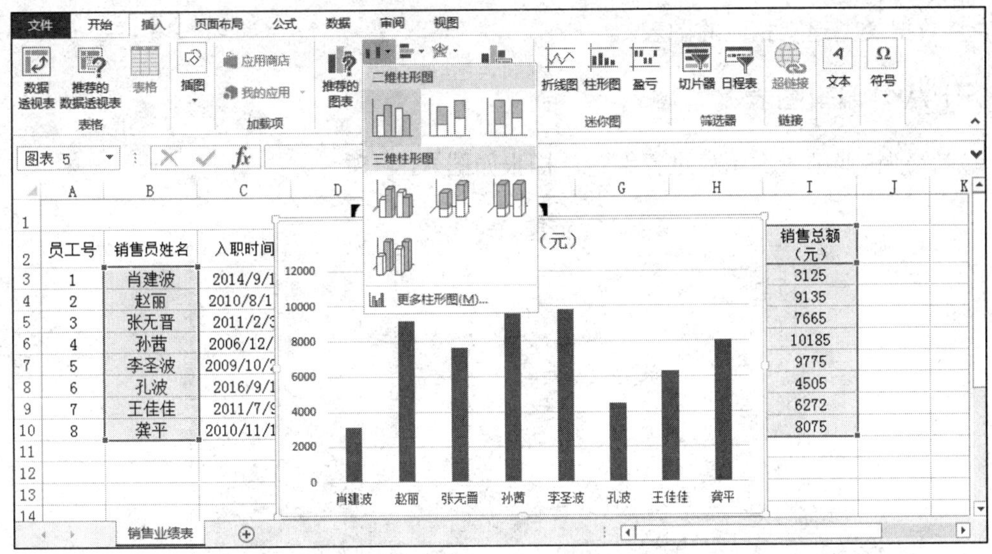

图4-17-2　插入图表

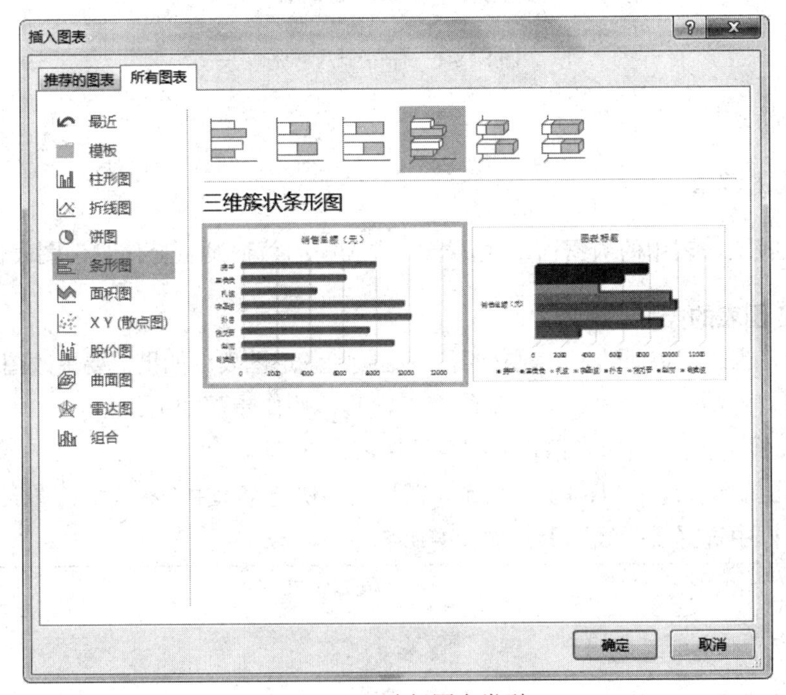

图4-17-3　选择图表类型

**任务实施：**

① 打开“销售业绩表”。

② 使用【图表】选项组制作簇状柱形图。

③ 使用【插入图表】对话框制作三维簇状条形图。

④ 保存：另存为“任务17”。

**任务小结：**

在Excel 2013中，用户可以通过【图表】选项组与【插入图表】对话框两种方法，根据表格数据类型建立相应的图表。

## 任务十八　编辑图表

对“销售业绩表”图表进行编辑，样张如图4-18-1所示。

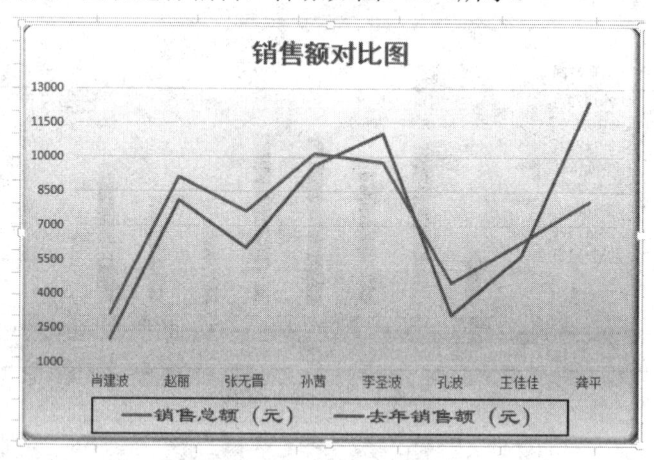


图4-18-1　任务十八样张

**任务分析：**

### 1. 图表的编辑

图表依赖工作表中的数据而形成，当工作表中的数据发生变化时，图表便会更新。

#### 1) 改变图表的类型

在前面，为“销售业绩表”建立的是三维簇状条形图表。如果需要更改图表的类型，例如将“销售业绩表”图表改为“折线图”，具体操作步骤如下：

(1) 选定要改变类型的“销售业绩表”图表。

(2) 单击鼠标右键，如图4-18-2所示，在弹出的快捷菜单中选择【更改图表类型】，在弹出的对话框中选择【折线图】，如图4-18-3所示。

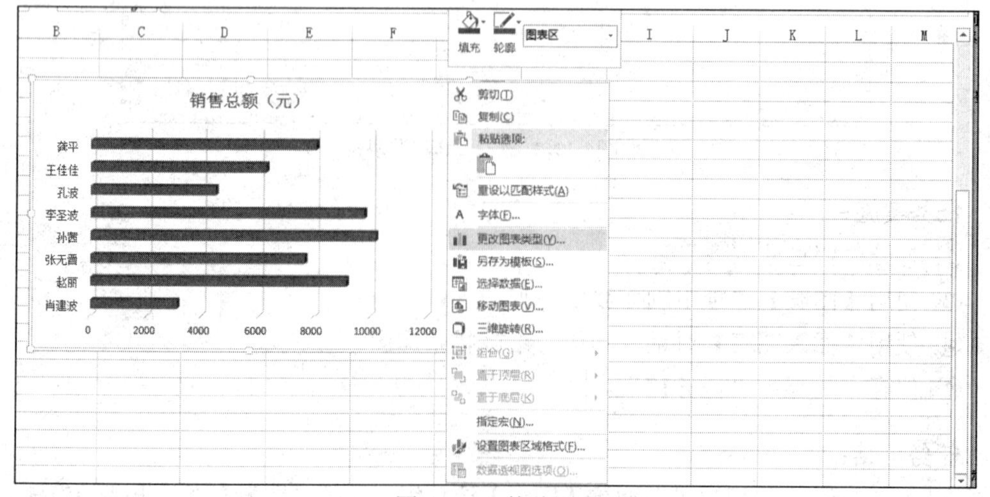


图4-18-2　修改图表类型

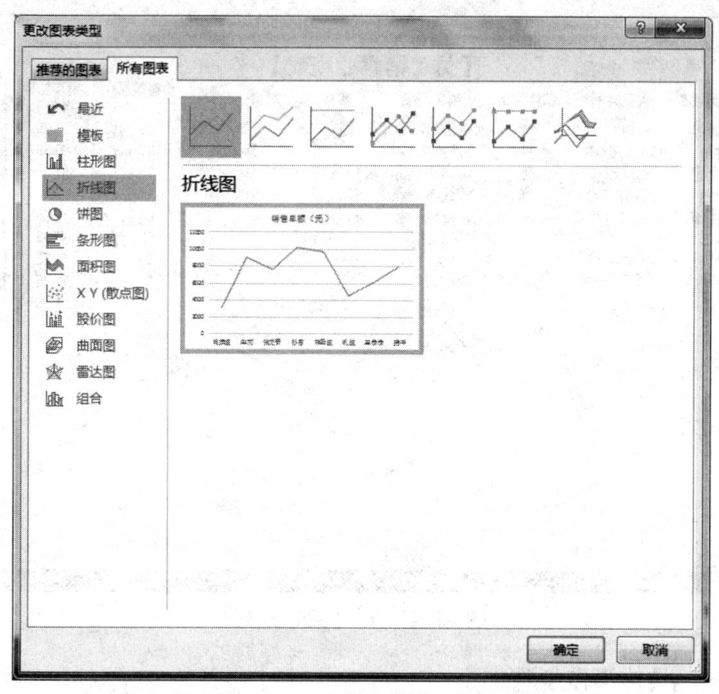


图4-18-3　【更改图表类型】对话框

(3) 单击【确定】按钮，完成修改，结果如图4-18-4所示。

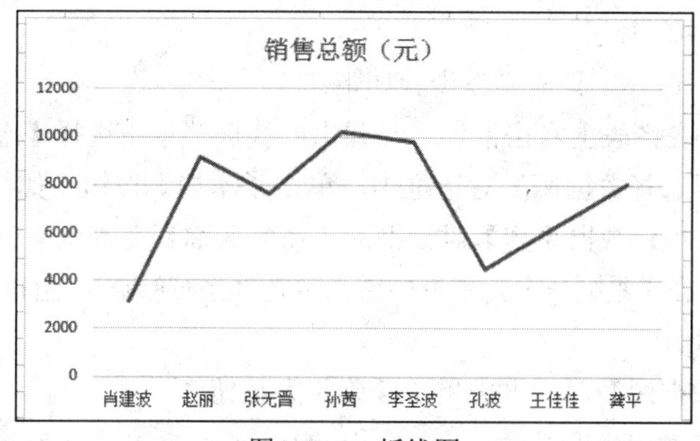


图4-18-4　折线图

**2) 添加数据系列**

对于一幅图表，在必要的时候需要增加数据系列。为了不浪费大量的时间，提高工作效率，可以使用拖动法、复制/粘贴法和源数据命令法，增加数据系列。

(1) 复制/粘贴法。具体操作步骤如下：

① 选中“销售业绩表”中待增加数据的单元格区域J2:J10(去年销售额)。

② 单击【复制】按钮。

③ 选定要增加数据的图表。

④ 单击【粘贴】按钮，效果如图4-18-5所示。

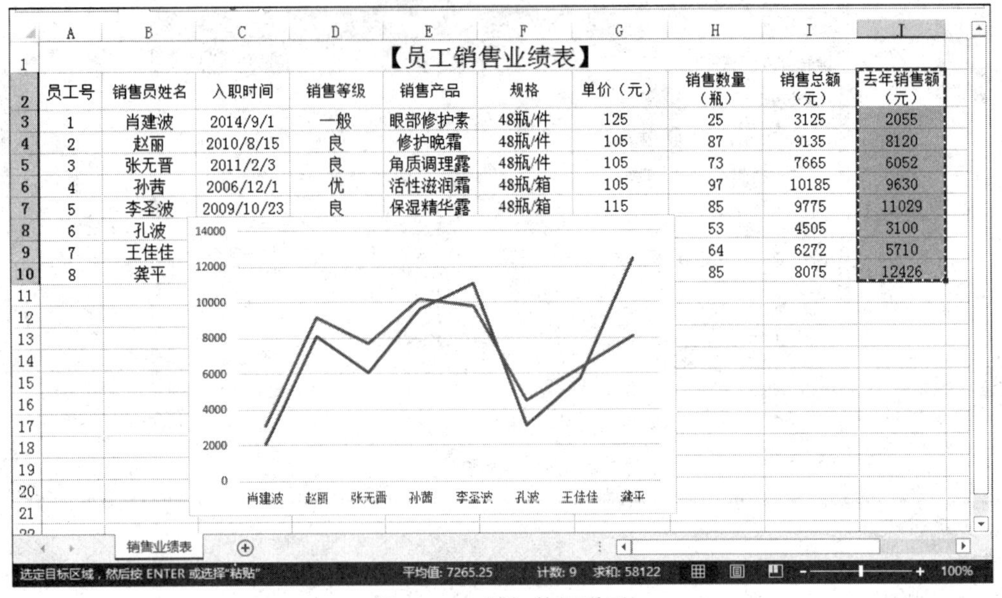


图4-18-5　添加数据系列

(2) 拖动法。具体操作步骤如下：

① 选定待增加数据的单元格区域(包括行号、列标，而且这些单元格必须相邻)。

② 把鼠标指向选定的区域边界，当光标变为箭头形状时，按下鼠标左键，将选定的单元格拖动到图表中就行了。

(3) 使用源数据命令。具体操作步骤如下：

① 选定图表，在图表上右击鼠标，在弹出的快捷菜单中选择【选择数据源】选项。

② 在弹出的【选择数据源】对话框中，单击【添加】按钮，如图4-18-6所示。

③ 在弹出的【编辑数据系列】对话框的【系列名称】文本框中键入或选择系列数据的名称(J2单元格)，在【系列值】文本框中键入或选择系列数据的值(J3:J10)，单击【确定】按钮，如图4-18-7所示。

④ 在【选择数据源】对话框中单击【确定】按钮。

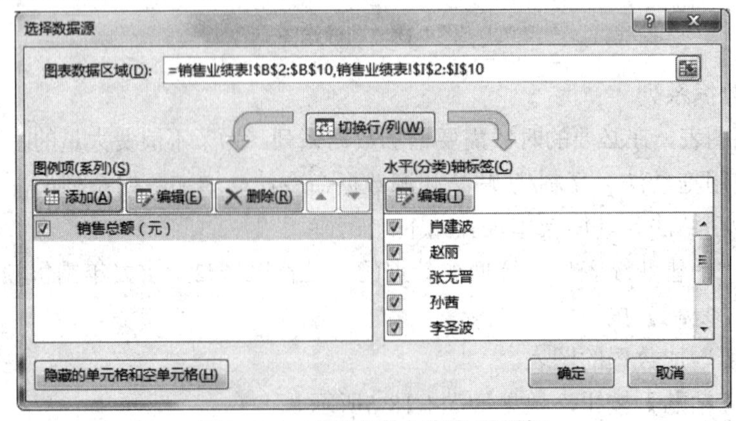


图4-18-6　【选择数据源】对话框

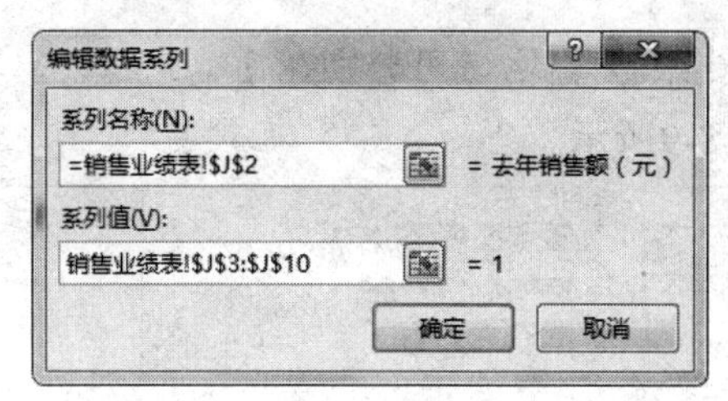


图4-18-7 【编辑数据系列】对话框

### 3) 删除数据系列

有以下两种方法：

(1) 删除工作表中的数据即删除了图表中的数据。

(2) 选中图表，单击要删除的数据系列，使选中的系列上有标记，然后按Delete键即可删除。

### 4) 增加或减少图表元素

图表虽是一个整体，但也是一个组合体，它由各个元素组成，其中包括坐标轴、图例、标题、数据标签、绘图区、数据系列等，而对于这些图表元素，用户可以根据需要进行增加或减少。

具体操作步骤如下：

① 选定图表，在图表右上角出现一个加号，即为【图表元素】按钮。

② 单击激活的【图表元素】按钮，在弹出的“图表元素库”中可根据需要选中或取消相应的复选框，如图4-18-8所示。

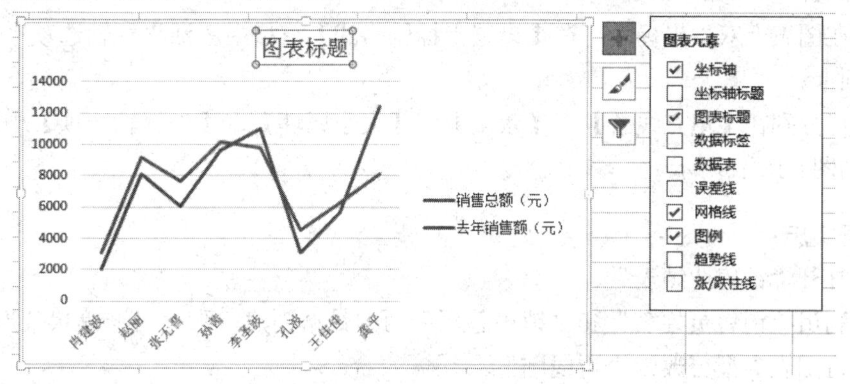


图4-18-8 图表元素

### 5) 图表区格式

要想使已经建好的基本Excel图表更加美观，就需要对图表重新进行设置。图表区和绘图区是本身就存在的背景，为了使其更加突出，可以设置图表区和绘图区的背景颜色，让图表更改美观、醒目。

通过设置图表区格式，可以设置图表区的填充颜色、边框样式、阴影、发光和三维格式等效果。

具体操作步骤如下：

① 在图表上右击鼠标，在弹出的快捷菜单中选择【设置图表区格式】选项。

② 弹出【设置图表区格式】窗格，可分别在【填充线条】、【效果】、【大小属性】中设置各个选项，如图4-18-9所示。

图4-18-9　【设置图表区格式】窗格

### 6) 设置坐标轴格式

坐标轴是标识图表数据类别的坐标线，用户可以在设置坐标轴格式时设置坐标轴的数字类别与对齐方式。

具体操作步骤如下：

① 在图表上双击坐标轴，在【设置坐标轴格式】窗格中激活坐标轴选项中的【坐标轴】选项卡。

② 可分别在【填充线条】、【效果】、【大小属性】、【坐标轴选项】中设置各个选项，如图4-18-10所示。

**任务实施：**

① 打开“销售业绩表”。

② 利用“销售员姓名”和“销售总额”两列数据创建一张“三维簇状条形图”。

③ 将图表类型更改为“折线图”。

④ 将“去年销售额”一列的数据添加到图表中。

⑤ 增加两个图表元素：“图表标题”和“图例”。

⑥ 将“图表标题”设置为：销售额对比图。设置字体格式为：黑体、加粗、18号字。

⑦ 设置图表区格式为：填充(渐变填充)；边框(实线、深蓝色、圆角)；三维格式(顶部棱台、圆)；大小(高度10cm、宽度15cm)。

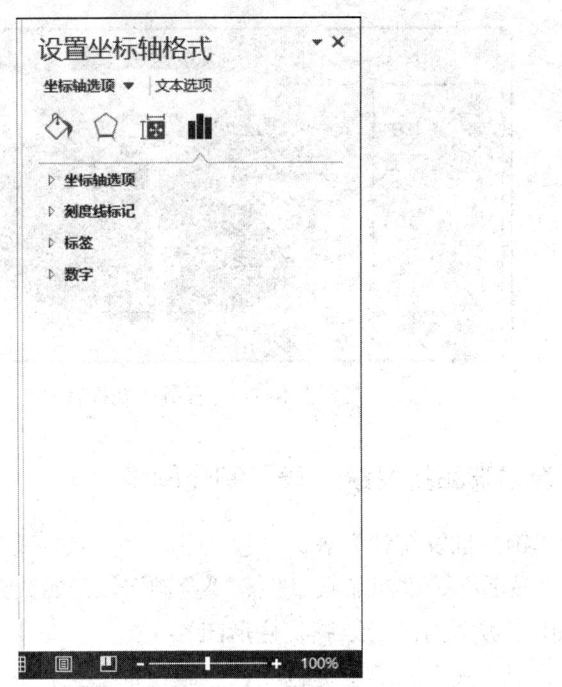


图4-18-10 【设置坐标轴格式】窗格的【坐标轴选项】

⑧ 设置图例格式为：图例位置(靠下)。字体格式为：隶书、16号字。边框(1.5磅实线)。

⑨ 设置垂直坐标轴格式为：边界(最小值1000，最大值13000)；单位(主要刻度单位1500)。

⑩ 保存：另存为“任务18”。

**任务小结：**

创建完图表之后，为了使图表具有美观的效果，需要对图表进行编辑操作，例如更改图表类型、设置图表区格式、设置坐标轴格式等操作。

## 任务十九 为“员工工资表”制作图表

(1) 打开“员工工资表”。

(2) 使用“员工姓名”、“实发金额”两列的数据创建一张“三维饼图”。

(3) 设置图表区格式：填充(纯色、灰色-25%)；边框(实线、蓝色、2磅、圆角)；阴影(预设、外部、右下斜偏移)；大小(高度8cm、宽度16cm)。

(4) 设置图例格式：图例位置(靠左)；边框(实线、黑色)；发光(预设、蓝色)。

(5) 将“图表标题”设置为：实发金额图表。字体格式为：华文琥珀、18号字、下画线。

(6) 增加图表元素：“数据标签外(百分比)”。

(7) 设置数据系列格式：系列选项(饼图分离程度20%)；三维格式(底部棱台、十字形)。

(8) 保存：另存为“任务19”。

结果如图4-19-1所示。

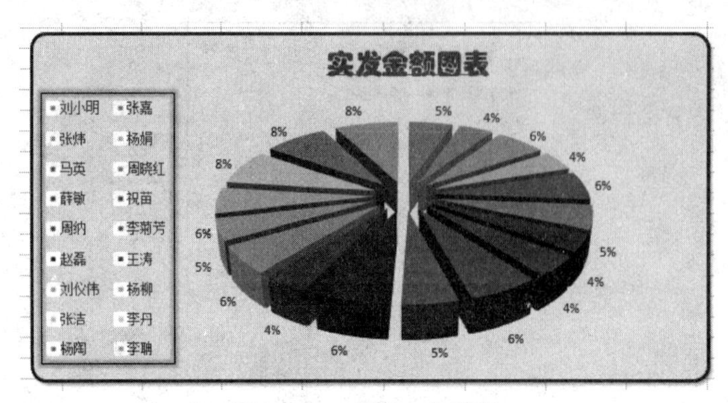


图4-19-1　任务十九样张

## 任务二十　为“饰品批发统计表”制作图表

(1) 打开“饰品批发统计”表。

(2) 使用“品名”、“商品数量”、“金额”三列的数据创建一张“簇状柱形图”。

(3) 更改图表类型为：三维簇状柱形图。

(4) 删除“眉毛夹”、“手提包”、“眼镜框”三种商品的数据。

(5) 在“选择数据源”中选择“切换行/列”。

(6) 增加图表元素：“数量标签”。

(7) 设置图表区格式：填充(图案、10%)；边框(实线、黑色、1.6磅、圆角)；三维旋转(X旋转50度、Y旋转20度)；大小(高度12cm、宽度15cm)。

(8) 设置图例格式：图例位置(靠下)；边框(实线、黑色、2磅)；阴影(预设、右下角偏移)。

(9) 将“图表标题”设置为：饰品批发图表。字体格式为：楷体、加粗、20号字。

(10) 设置垂直坐标轴格式为：边界(最小值0，最大值42000)；单位(主要刻度单位3000)。

(11) 保存：另存为“任务20”。

结果如图4-20-1所示。

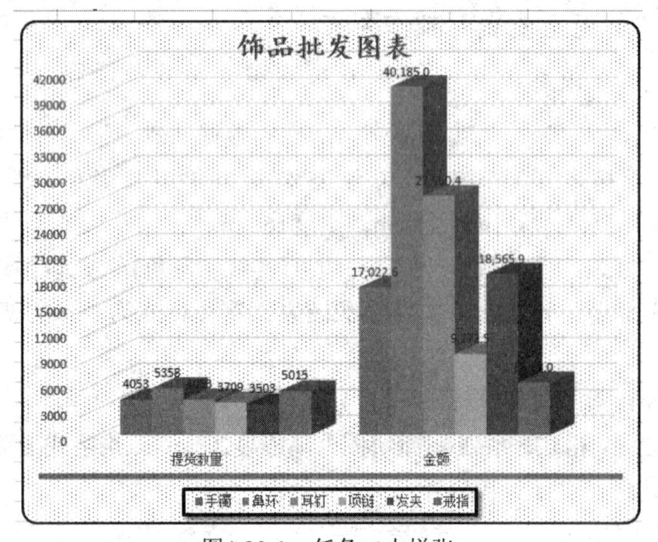


图4-20-1　任务二十样张

## 任务二十一 排序业绩表

对“销售业绩表”进行排序操作，样张如图4-21-1~图4-21-4所示。

【员工销售业绩表】

| 员工号 | 销售员姓名 | 入职时间 | 销售等级 | 销售产品 | 规格 | 单价 | 上半年销售数量 | 下半年销售数量 | 全年销售数量 | 平均销售数量 |
|---|---|---|---|---|---|---|---|---|---|---|
| 6 | 孔波 | 2016/9/1 | 一般 | 柔肤水 | 48瓶/件 | 85 | 21 | 32 | 53 | 26.5 |
| 8 | 龚平 | 2010/11/18 | 良 | 保湿日霜 | 48瓶/件 | 95 | 42 | 43 | 85 | 42.5 |
| 7 | 王佳佳 | 2011/7/9 | 良 | 保湿乳液 | 48瓶/件 | 98 | 30 | 34 | 64 | 32 |
| 2 | 赵丽 | 2010/8/15 | 良 | 修护晚霜 | 48瓶/件 | 105 | 32 | 55 | 87 | 43.5 |
| 3 | 张无晋 | 2011/2/3 | 良 | 角质调理露 | 48瓶/件 | 105 | 40 | 33 | 73 | 36.5 |
| 4 | 孙茜 | 2006/12/1 | 优 | 活性滋润霜 | 48瓶/箱 | 105 | 54 | 43 | 97 | 48.5 |
| 5 | 李圣波 | 2009/10/23 | 良 | 保湿精华露 | 48瓶/箱 | 115 | 39 | 46 | 85 | 42.5 |
| 1 | 肖建波 | 2014/9/1 | 一般 | 眼部修护素 | 48瓶/件 | 125 | 11 | 14 | 25 | 12.5 |

图4-21-1 任务二十一样张(1)

【员工销售业绩表】

| 员工号 | 销售员姓名 | 入职时间 | 销售等级 | 销售产品 | 规格 | 单价 | 上半年销售数量 | 下半年销售数量 | 全年销售数量 | 平均销售数量 |
|---|---|---|---|---|---|---|---|---|---|---|
| 6 | 孔波 | 2016/9/1 | 一般 | 柔肤水 | 48瓶/件 | 85 | 21 | 32 | 53 | 26.5 |
| 1 | 肖建波 | 2014/9/1 | 一般 | 眼部修护素 | 48瓶/件 | 125 | 11 | 14 | 25 | 12.5 |
| 7 | 王佳佳 | 2011/7/9 | 良 | 保湿乳液 | 48瓶/件 | 98 | 30 | 34 | 64 | 32 |
| 3 | 张无晋 | 2011/2/3 | 良 | 角质调理露 | 48瓶/件 | 105 | 40 | 33 | 73 | 36.5 |
| 8 | 龚平 | 2010/11/18 | 良 | 保湿日霜 | 48瓶/件 | 95 | 42 | 43 | 85 | 42.5 |
| 2 | 赵丽 | 2010/8/15 | 良 | 修护晚霜 | 48瓶/件 | 105 | 32 | 55 | 87 | 43.5 |
| 5 | 李圣波 | 2009/10/23 | 良 | 保湿精华露 | 48瓶/箱 | 115 | 39 | 46 | 85 | 42.5 |
| 4 | 孙茜 | 2006/12/1 | 优 | 活性滋润霜 | 48瓶/箱 | 105 | 54 | 43 | 97 | 48.5 |

图4-21-2 任务二十一样张(2)

【员工销售业绩表】

| 员工号 | 销售员姓名 | 入职时间 | 销售等级 | 销售产品 | 规格 | 单价 | 上半年销售数量 | 下半年销售数量 | 全年销售数量 | 平均销售数量 |
|---|---|---|---|---|---|---|---|---|---|---|
| 1 | 肖建波 | 2014/9/1 | 一般 | 眼部修护素 | 48瓶/件 | 125 | 11 | 14 | 25 | 12.5 |
| 5 | 李圣波 | 2009/10/23 | 良 | 保湿精华露 | 48瓶/箱 | 115 | 39 | 46 | 85 | 42.5 |
| 4 | 孙茜 | 2006/12/1 | 优 | 活性滋润霜 | 48瓶/箱 | 105 | 54 | 43 | 97 | 48.5 |
| 2 | 赵丽 | 2010/8/15 | 良 | 修护晚霜 | 48瓶/件 | 105 | 32 | 55 | 87 | 43.5 |
| 3 | 张无晋 | 2011/2/3 | 良 | 角质调理露 | 48瓶/件 | 105 | 40 | 33 | 73 | 36.5 |
| 7 | 王佳佳 | 2011/7/9 | 良 | 保湿乳液 | 48瓶/件 | 98 | 30 | 34 | 64 | 32 |
| 8 | 龚平 | 2010/11/18 | 良 | 保湿日霜 | 48瓶/件 | 95 | 42 | 43 | 85 | 42.5 |
| 6 | 孔波 | 2016/9/1 | 一般 | 柔肤水 | 48瓶/件 | 85 | 21 | 32 | 53 | 26.5 |

图4-21-3 任务二十一样张(3)

【员工销售业绩表】

| 员工号 | 销售员姓名 | 入职时间 | 销售等级 | 销售产品 | 规格 | 单价 | 上半年销售数量 | 下半年销售数量 | 全年销售数量 | 平均销售数量 |
|---|---|---|---|---|---|---|---|---|---|---|
| 7 | 王佳佳 | 2011/7/9 | 良 | 保湿乳液 | 48瓶/件 | 98 | 30 | 34 | 64 | 32 |
| 6 | 孔波 | 2016/9/1 | 一般 | 柔肤水 | 48瓶/件 | 85 | 21 | 32 | 53 | 26.5 |
| 4 | 孙茜 | 2006/12/1 | 优 | 活性滋润霜 | 48瓶/箱 | 105 | 54 | 43 | 97 | 48.5 |
| 5 | 李圣波 | 2009/10/23 | 良 | 保湿精华露 | 48瓶/箱 | 115 | 39 | 46 | 85 | 42.5 |
| 1 | 肖建波 | 2014/9/1 | 一般 | 眼部修护素 | 48瓶/件 | 125 | 11 | 14 | 25 | 12.5 |
| 3 | 张无晋 | 2011/2/3 | 良 | 角质调理露 | 48瓶/件 | 105 | 40 | 33 | 73 | 36.5 |
| 2 | 赵丽 | 2010/8/15 | 良 | 修护晚霜 | 48瓶/件 | 105 | 32 | 55 | 87 | 43.5 |
| 8 | 龚平 | 2010/11/18 | 良 | 保湿日霜 | 48瓶/件 | 95 | 42 | 43 | 85 | 42.5 |

图4-21-4 任务二十一样张(4)

**任务分析：**

对Excel数据进行排序是数据分析不可缺少的组成部分。

### 1. 数据排序

数据排序是把一列或多列无序的数据整理成按照指定关键字有序排列的数据，为进一步处理数据做好准备。对数据可以进行升序排序、降序排序和自定义排序。

#### 1) 简单排序

如果要针对某一列数据进行排序，可以单击【升序】或【降序】按钮进行操作。具体操作步骤如下：

(1) 选定要排序列中的任一单元格(选中G2单元格，对“单价”进行升序排序)。

(2) 执行【数据】/【排序和筛选】/【升序】或【降序】按钮。

#### 2) 多重排序

对于多重排序操作，执行【数据】/【排序和筛选】/【排序】命令，弹出如图4-21-5所示的【排序】对话框。

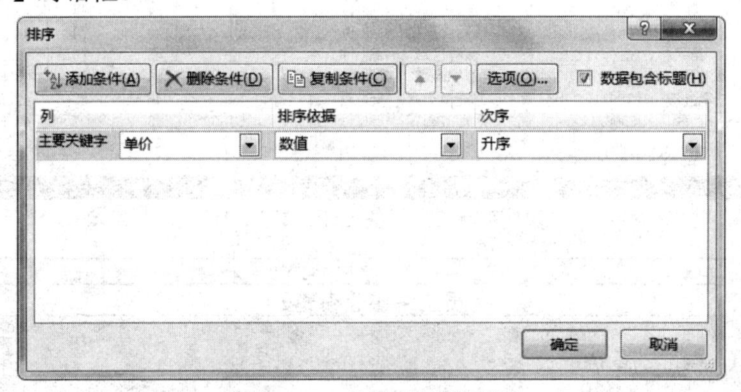


图4-21-5　【排序】对话框

该对话框主要包括下列选项：

- 【列】：用来设置主要关键字与次要关键字的名称，即选择同一工作区域中的多个数据名称。
- 【排序依据】：用来设置数据名称的排序类型，包括数值、单元格颜色、字体颜色与单元格图标。
- 【次序】：用来设置数据的排序方法，包括升序、降序与自定义序列。
- 【添加条件】：单击该按钮，可在主要关键字下方添加次要关键字条件，选择排序依据与顺序即可。
- 【删除条件】：单击该按钮，可删除选中的排序条件。
- 【复制条件】：单击该按钮，可复制当前的关键字条件。
- 【选项】：单击该按钮，可在弹出的【排序选项】对话框中设置排序方法与排序方向，如图4-21-6所示。
- 【数据包含标题】：选中该复选框，即可包含或取消数据区域内的列标题。

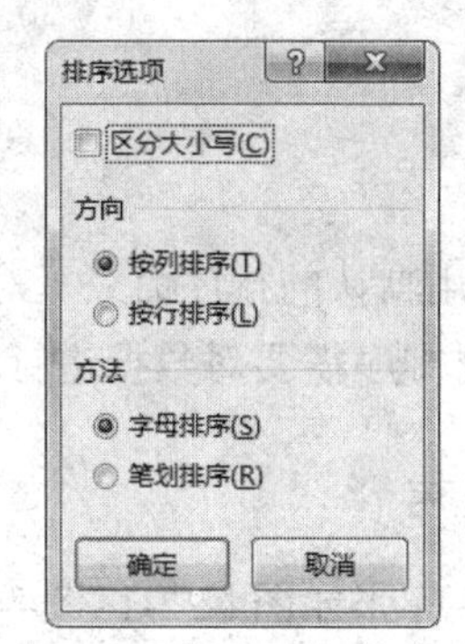


图4-21-6　【排序选项】对话框

### 3) 排序提醒

在表格中排序可分为两种情况：一种是对当前选定区域进行排序，另一种是对当前区域及其对应的扩展区域进行排序。对这两种排序方式的选择完全是由用户选择数据区域时决定的，当用户选择任意数据单元格进行排序时，系统会默认对整个数据区域排序；而当用户选择对数据单元格区域进行排序时，系统就会自动打开【排序提醒】对话框，如图4-21-7所示，让用户根据排序情况进行选择。

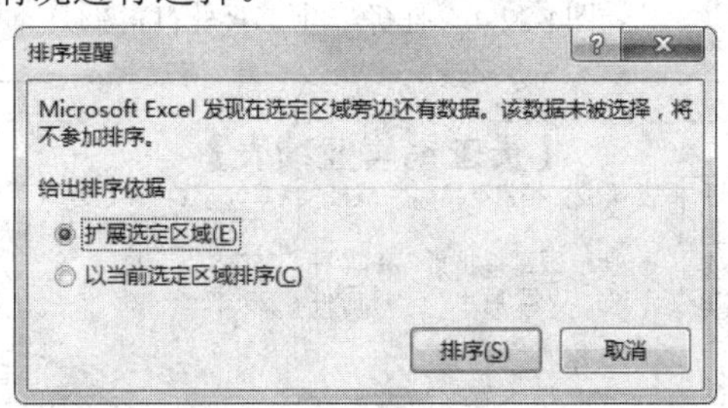


图4-21-7　【排序提醒】对话框

### 4) 恢复排序前的数据状态

如果想随时都能很容易地返回到工作表的原来次序，那么最好在排序操作之前增加一列，用来存放记录序列号。当需要恢复时，按此列排序就可使数据恢复原来状态。当然也可以保存一个文件副本，以备不时之需。

**任务实施：**

① 打开“销售业绩表”。

② 插入工作表：Sheet1、Sheet2、Sheet3、Sheet4。

③ 将“销售业绩表”中的数据分别复制到Sheet1、Sheet2、Sheet3、Sheet4中。

④ 在Sheet1中，按“单价”升序排序(选中G2单元格)。

⑤ 在Sheet2中，按“入职时间”降序排序(选中C2单元格)。

⑥ 在Sheet3中，按“单价”降序排序，在“单价”相同的情况下再按“全的年销售数量”降序排序(选中A2：K10数据区域)。

⑦ 在Sheet4中，进行无标题排序，按“列B”的 “笔画”升序排序(选中A3:K10数据区域，取消【数据包含标题】复选框，在【排序选项】对话框中选择【笔画排序】)。

⑧ 保存：另存为“任务21”。

**任务小结：**

在Excel 2013中，用户可以使用默认的排序命令，对文本、数字、时间、日期等数据进行排序。另外，用户也可以根据排序需要对数据进行自定义排序。

## 任务二十二　按条件筛选业绩表

对“销售业绩表”进行筛选，样张如图4-22-1~图4-22-6所示。

【员工销售业绩表】

| 员工号 | 销售员姓名 | 入职时间 | 销售等级 | 销售产品 | 规格 | 单价 | 上半年销售数量 | 下半年销售数量 | 全年销售数量 | 平均销售数量 |
|---|---|---|---|---|---|---|---|---|---|---|
| 2 | 赵丽 | 2010/8/15 | 良 | 修护晚霜 | 48瓶/件 | 105 | 32 | 55 | 87 | 43.5 |
| 3 | 张无晋 | 2011/2/3 | 良 | 角质调理露 | 48瓶/件 | 105 | 40 | 33 | 73 | 36.5 |
| 5 | 李圣波 | 2009/10/23 | 良 | 保湿精华露 | 48瓶/箱 | 115 | 39 | 46 | 85 | 42.5 |
| 7 | 王佳佳 | 2011/7/9 | 良 | 保湿乳液 | 48瓶/件 | 98 | 30 | 34 | 64 | 32 |
| 8 | 龚平 | 2010/11/18 | 良 | 保湿日霜 | 48瓶/件 | 95 | 42 | 43 | 85 | 42.5 |

销售业绩表　Sheet1　Sheet2　Sheet3　Sheet4　Sheet5　Sheet6

就绪　“筛选”模式　100%

图4-22-1　任务二十二样张(1)

【员工销售业绩表】

| 员工号 | 销售员姓名 | 入职时间 | 销售等级 | 销售产品 | 规格 | 单价 | 上半年销售数量 | 下半年销售数量 | 全年销售数量 | 平均销售数量 |
|---|---|---|---|---|---|---|---|---|---|---|
| 1 | 肖建波 | 2014/9/1 | 一般 | 眼部修护素 | 48瓶/件 | 125 | 11 | 14 | 25 | 12.5 |
| 6 | 孔波 | 2016/9/1 | 一般 | 柔肤水 | 48瓶/件 | 85 | 21 | 32 | 53 | 26.5 |

销售业绩表　Sheet1　Sheet2　Sheet3　Sheet4　Sheet5　Sheet6

就绪　“筛选”模式　100%

图4-22-2　任务二十二样张(2)

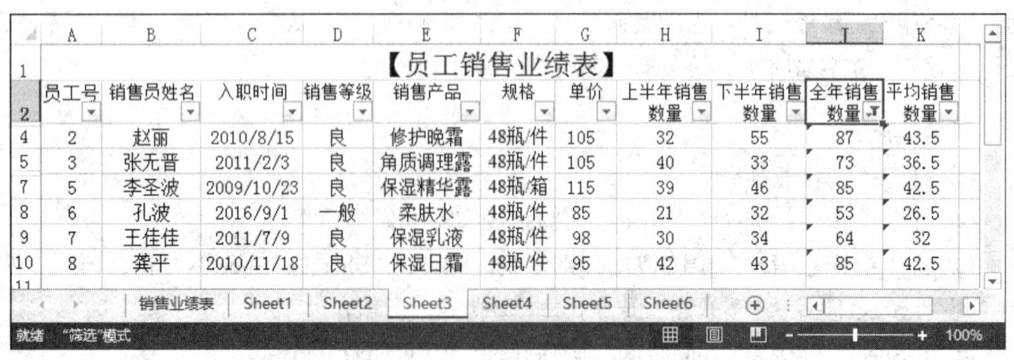

【员工销售业绩表】

| 员工号 | 销售员姓名 | 入职时间 | 销售等级 | 销售产品 | 规格 | 单价 | 上半年销售数量 | 下半年销售数量 | 全年销售数量 | 平均销售数量 |
|---|---|---|---|---|---|---|---|---|---|---|
| 2 | 赵丽 | 2010/8/15 | 良 | 修护晚霜 | 48瓶/件 | 105 | 32 | 55 | 87 | 43.5 |
| 3 | 张无晋 | 2011/2/3 | 良 | 角质调理露 | 48瓶/件 | 105 | 40 | 33 | 73 | 36.5 |
| 5 | 李圣波 | 2009/10/23 | 良 | 保湿精华露 | 48瓶/箱 | 115 | 39 | 46 | 85 | 42.5 |
| 6 | 孔波 | 2016/9/1 | 一般 | 柔肤水 | 48瓶/件 | 85 | 21 | 32 | 53 | 26.5 |
| 7 | 王佳佳 | 2011/7/9 | 良 | 保湿乳液 | 48瓶/件 | 98 | 30 | 34 | 64 | 32 |
| 8 | 龚平 | 2010/11/18 | 良 | 保湿日霜 | 48瓶/件 | 95 | 42 | 43 | 85 | 42.5 |

销售业绩表　Sheet1　Sheet2　Sheet3　Sheet4　Sheet5　Sheet6

就绪　“筛选”模式　100%

图4-22-3　任务二十二样张(3)

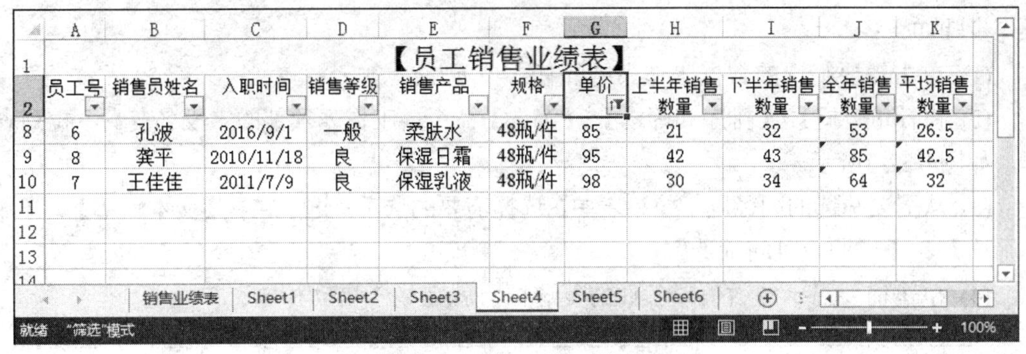

【员工销售业绩表】

| 员工号 | 销售员姓名 | 入职时间 | 销售等级 | 销售产品 | 规格 | 单价 | 上半年销售数量 | 下半年销售数量 | 全年销售数量 | 平均销售数量 |
|---|---|---|---|---|---|---|---|---|---|---|
| 6 | 孔波 | 2016/9/1 | 一般 | 柔肤水 | 48瓶/件 | 85 | 21 | 32 | 53 | 26.5 |
| 8 | 龚平 | 2010/11/18 | 良 | 保湿日霜 | 48瓶/件 | 95 | 42 | 43 | 85 | 42.5 |
| 7 | 王佳佳 | 2011/7/9 | 良 | 保湿乳液 | 48瓶/件 | 98 | 30 | 34 | 64 | 32 |

图4-22-4　任务二十二样张(4)

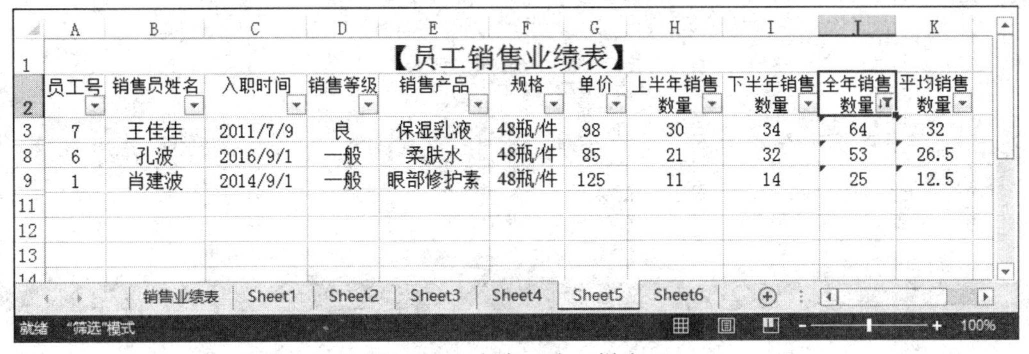

【员工销售业绩表】

| 员工号 | 销售员姓名 | 入职时间 | 销售等级 | 销售产品 | 规格 | 单价 | 上半年销售数量 | 下半年销售数量 | 全年销售数量 | 平均销售数量 |
|---|---|---|---|---|---|---|---|---|---|---|
| 7 | 王佳佳 | 2011/7/9 | 良 | 保湿乳液 | 48瓶/件 | 98 | 30 | 34 | 64 | 32 |
| 6 | 孔波 | 2016/9/1 | 一般 | 柔肤水 | 48瓶/件 | 85 | 21 | 32 | 53 | 26.5 |
| 1 | 肖建波 | 2014/9/1 | 一般 | 眼部修护素 | 48瓶/件 | 125 | 11 | 14 | 25 | 12.5 |

图4-22-5　任务二十二样张(5)

【员工销售业绩表】

| 员工号 | 销售员姓名 | 入职时间 | 销售等级 | 销售产品 | 规格 | 单价 | 上半年销售数量 | 下半年销售数量 | 全年销售数量 | 平均销售数量 |
|---|---|---|---|---|---|---|---|---|---|---|
| 1 | 肖建波 | 2014/9/1 | 一般 | 眼部修护素 | 48瓶/件 | 125 | 11 | 14 | 25 | 12.5 |
| 2 | 赵丽 | 2010/8/15 | 良 | 修护晚霜 | 48瓶/件 | 105 | 32 | 55 | 87 | 43.5 |
| 3 | 张无晋 | 2011/2/3 | 良 | 角质调理露 | 48瓶/件 | 105 | 40 | 33 | 73 | 36.5 |

| 规格 | 单价 |
|---|---|
| 48瓶/件 | >100 |

图4-22-6　任务二十二样张(6)

## 任务分析：

### 1. 数据筛选

筛选是从工作表中查找和分析具备特定条件数据的快捷方法。经过筛选的工作表，只显示满足条件的行，条件可以针对某列指定。Excel提供了两种筛选命令：自动筛选和高级筛选。

#### 1) 自动筛选

自动筛选适用于简单条件，通常是在一个工作表的一列中查找相同的值。利用自动筛选功能，可以在具有大量数据的工作表中快速找出符合多重条件的记录，自动筛选的具体操作步骤如下：

(1) 单击需要筛选的数据工作表中的任一单元格。

(2) 执行【数据】/【排序和筛选】/【筛选】命令，工作表顶部的字段名变为下拉列表框，如图4-22-7所示。

(3) 从需要筛选的列标题下拉列表中，选择需要的选项，这里包含【文本筛选】、【数字筛选】、【日期或时间筛选】。

(4) 单击需要显示的数值或条件的复选框，就完成了自动筛选。

【员工销售业绩表】

| 员工号 | 销售员姓名 | 入职时间 | 销售等级 | 销售产品 | 规格 | 单价 | 上半年销售数量 | 下半年销售数量 | 全年销售数量 | 平均销售数量 |
|---|---|---|---|---|---|---|---|---|---|---|
| 1 | 肖建波 | 2014/9/1 | 一般 | 眼部修护素 | 48瓶/件 | 125 | 11 | 14 | 25 | 12.5 |
| 2 | 赵丽 | 2010/8/15 | 良 | 修护晚霜 | 48瓶/件 | 105 | 32 | 55 | 87 | 43.5 |
| 3 | 张无晋 | 2011/2/3 | 良 | 角质调理露 | 48瓶/件 | 105 | 40 | 33 | 73 | 36.5 |
| 4 | 孙茜 | 2006/12/1 | 优 | 活性滋润霜 | 48瓶/箱 | 105 | 54 | 43 | 97 | 48.5 |
| 5 | 李圣波 | 2009/10/23 | 良 | 保湿精华露 | 48瓶/箱 | 115 | 39 | 46 | 85 | 42.5 |
| 6 | 孔波 | 2016/9/1 | 一般 | 柔肤水 | 48瓶/件 | 85 | 21 | 32 | 53 | 26.5 |
| 7 | 王佳佳 | 2011/7/9 | 良 | 保湿乳液 | 48瓶/件 | 98 | 30 | 34 | 64 | 32 |
| 8 | 龚平 | 2010/11/18 | 良 | 保湿日霜 | 48瓶/件 | 95 | 42 | 43 | 85 | 42.5 |

销售业绩表　　就绪　　100%

图4-22-7　【自动筛选】示例

如果要取消某一列的筛选，单击该列的自动筛选箭头，从下拉列表框中选中【全选】复选框。

如果想要取消全部数据筛选，可再次选择【数据】/【排序和筛选】/【筛选】命令即可。

### 2) 自动筛选前 10 项

使用自动筛选可以选择显示前10项数据或后10项数据等，具体操作步骤如下：

(1) 单击【自动筛选】下拉列表按钮。

(2) 选择【数字筛选】/【前10项…】选项，弹出【自动筛选前10个】对话框，如图4-22-8所示。

(3) 在【显示】的三个下拉列表框中，在第一个下拉列表框中可选择“最大”、“最小”两个选项；在第二个下拉列表框中可输入的数字为1～500；在第三个下拉列表框中可选择“项”和“百分比”。例如选择“最大10项”，即可实现显示最大的前10个数据。

(4) 单击【确定】按钮，完成筛选。

图4-22-8　【自动筛选前10个】对话框

3) 自动筛选高于/低于平均值的数据

使用自动筛选可以选择显示高于平均值或低于平均值的数据，具体操作步骤如下：

(1) 单击【自动筛选】下拉列表按钮。

(2) 选择【数字筛选】/【高于平均值】(【低于平均值】)选项，如图4-22-9所示，完成筛选。

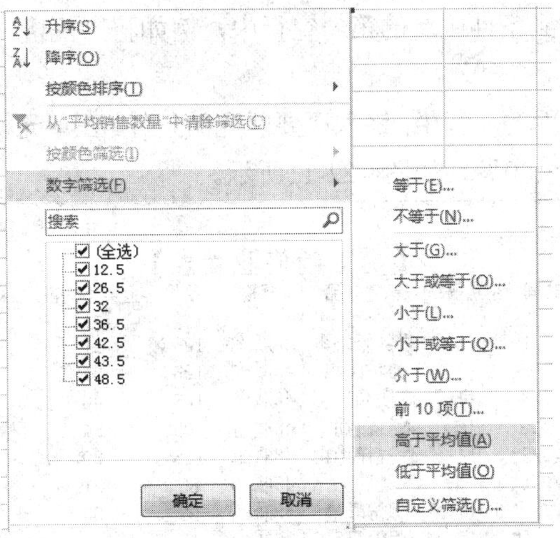


图4-22-9 【高于平均值】选项

4) 自定义自动筛选

在筛选过程中，自定义自动筛选可以实现只显示自定义条件的数据，具体操作步骤如下：

(1) 单击【自动筛选】下拉列表按钮。

(2) 选择【数字筛选】/【自定义筛选】选项，弹出【自定义自动筛选方式】对话框，例如在【平均销售数量】中筛选"大于40"的产品，如图4-22-10所示。

图4-22-10 【自定义自动筛选方式】对话框

(3) 单击【确定】按钮，完成筛选。

5) 高级筛选

如果工作表中的字段比较多，筛选条件也比较多，就可以使用"高级筛选"功能来筛选数据。

要使用高级筛选功能，必须建立一个条件区域，用来指定筛选的数据需要满足的条件。条件区域的第一行是作为筛选条件的字段名，这些字段名必须与工作表中的字段名完全相同，条件区域的其他行用来输入筛选条件。

条件区域必须与工作表相距至少一个空白行或列，具体操作步骤如下：

(1) 在工作表中复制含有待筛选值字段的字段名。

(2) 将字段名粘贴到条件区域的第一空行中，例如将“规格”和“单价”分别复制到单元格H12和I12中。

(3) 在条件标志下面的一行中，键入所要匹配的条件，在单元格H13中输入“48瓶/件”，在单元格I13中输入“>100”，如图4-22-11所示。

|  | A | B | C | D | E | F | G | H | I | J | K |
|---|---|---|---|---|---|---|---|---|---|---|---|
| 1 | 【员工销售业绩表】 | | | | | | | | | | |
| 2 | 员工号 | 销售员姓名 | 入职时间 | 销售等级 | 销售产品 | 规格 | 单价 | 上半年销售数量 | 下半年销售数量 | 全年销售数量 | 平均销售数量 |
| 3 | 1 | 肖建波 | 2014/9/1 | 一般 | 眼部修护素 | 48瓶/件 | 125 | 11 | 14 | 25 | 12.5 |
| 4 | 2 | 赵丽 | 2010/8/15 | 良 | 修护晚霜 | 48瓶/件 | 105 | 32 | 55 | 87 | 43.5 |
| 5 | 3 | 张无晋 | 2011/2/3 | 良 | 角质调理露 | 48瓶/件 | 105 | 40 | 33 | 73 | 36.5 |
| 6 | 4 | 孙茜 | 2006/12/1 | 优 | 活性滋润霜 | 48瓶/箱 | 105 | 54 | 43 | 97 | 48.5 |
| 7 | 5 | 李圣波 | 2009/10/23 | 良 | 保湿精华露 | 48瓶/箱 | 115 | 39 | 46 | 85 | 42.5 |
| 8 | 6 | 孔波 | 2016/9/1 | 一般 | 柔肤水 | 48瓶/件 | 85 | 21 | 32 | 53 | 26.5 |
| 9 | 7 | 王佳佳 | 2011/7/9 | 良 | 保湿乳液 | 48瓶/件 | 98 | 30 | 34 | 64 | 32 |
| 10 | 8 | 龚平 | 2010/11/18 | 良 | 保湿日霜 | 48瓶/件 | 95 | 42 | 43 | 85 | 42.5 |
| 11 | | | | | | | | | | | |
| 12 | | | | | | | | 规格 | 单价 | | |
| 13 | | | | | | | | 48瓶/件 | >100 | | |
| 14 | | | | | | | | | | | |

图4-22-11　条件设置

(4) 单击工作表数据区中的任一单元格。

(5) 选择【数据】/【排序和筛选】/【高级】命令，打开如图4-22-12所示的对话框。

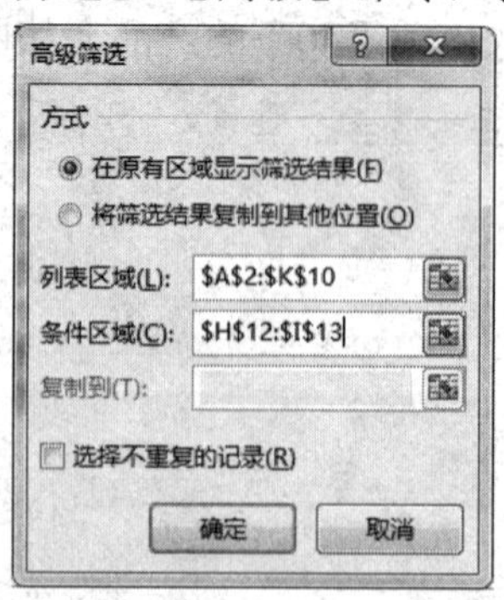


图4-22-12　【高级筛选】对话框

(6) 在【条件区域】编辑框中键入条件区域的引用(包括条件标志)，也可使用鼠标选中。

(7) 如果不想显示重复的记录，可选中【选择不重复的记录】复选框。设置完成后，单击【确定】按钮，筛选结果如图4-22-13所示。

(8) 如果选中【将筛选结果复制到其他位置】，对话框将变为如图4-22-14所示的对话框。

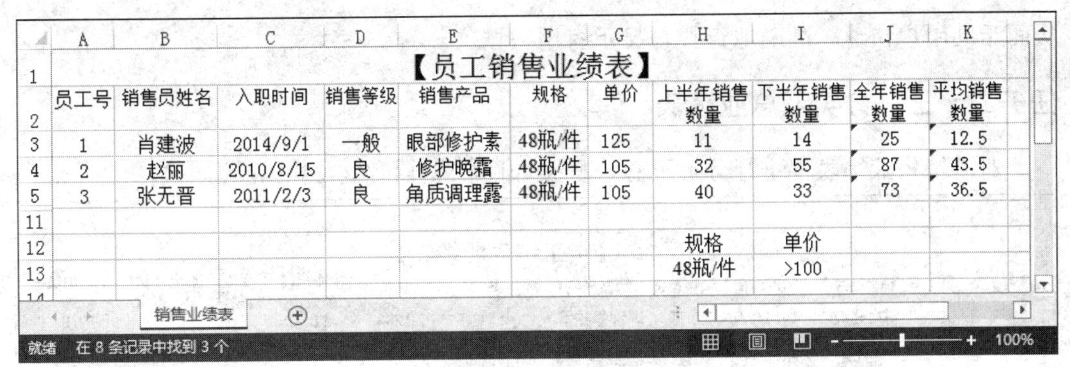

|  | A | B | C | D | E | F | G | H | I | J | K |
|---|---|---|---|---|---|---|---|---|---|---|---|
| 1 | 【员工销售业绩表】 | | | | | | | | | | |
| 2 | 员工号 | 销售员姓名 | 入职时间 | 销售等级 | 销售产品 | 规格 | 单价 | 上半年销售数量 | 下半年销售数量 | 全年销售数量 | 平均销售数量 |
| 3 | 1 | 肖建波 | 2014/9/1 | 一般 | 眼部修护素 | 48瓶/件 | 125 | 11 | 14 | 25 | 12.5 |
| 4 | 2 | 赵丽 | 2010/8/15 | 良 | 修护晚霜 | 48瓶/件 | 105 | 32 | 55 | 87 | 43.5 |
| 5 | 3 | 张无晋 | 2011/2/3 | 良 | 角质调理露 | 48瓶/件 | 105 | 40 | 33 | 73 | 36.5 |
| 11 | | | | | | | | | | | |
| 12 | | | | | | | | 规格 | 单价 | | |
| 13 | | | | | | | | 48瓶/件 | >100 | | |



图4-22-13　将筛选结果显示在原有区域

(9) 在文本框中键入要复制到的区域，或用鼠标选中，单击【确定】按钮，即可将结果显示在要复制到的区域。

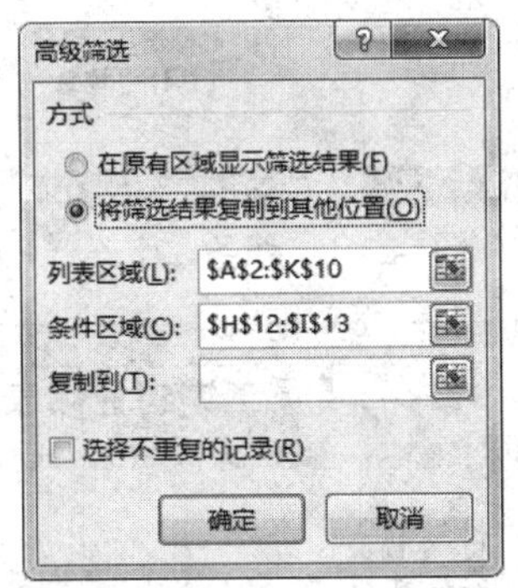


图4-22-14　将筛选结果复制到其他位置

若要取消高级筛选，选择【数据】/【排序和筛选】/【清除】命令即可。

**任务实施：**

① 打开“销售业绩表”。

② 插入工作表：Sheet1、Sheet2、Sheet3、Sheet4、Sheet5、Sheet6。

③ 将“销售业绩表”中的数据分别复制到Sheet1、Sheet2、Sheet3、Sheet4、Sheet5、Sheet6中。

④ 在Sheet1中，自动筛选出“销售等级”为“良”的数据。

⑤ 在Sheet2中，自动筛选出“入职时间”在“2014/1/1”之后的数据。

⑥ 在Sheet3中，自动筛选出“全年销售数量”介于“50”和“90”之间的数据。

⑦ 在Sheet4中，自动筛选出“单价”最少的3个数据，并将结果按升序排序。

⑧ 在Sheet5中，自动筛选出“全年销售数量”低于平均值的数据，并将结果按降序排序。

⑨ 在Sheet6中，高级筛选出“规格”为“48瓶/件”、“单价”大于“100”的数据。

⑩ 保存：另存为“任务22”。

**任务小结：**

筛选数据是从无序、庞大的数据清单中找出符合指定条件的数据，并删除无用的数据，从而帮助用户快速、准确地查找与显示有用数据。

## 任务二十三　分类汇总业绩表

对“销售业绩表”进行分类汇总，样张如图4-23-1和图4-23-2所示。

| | A | B | C | D | E | F | G | H | I | J | K |
|---|---|---|---|---|---|---|---|---|---|---|---|
| 1 | 【员工销售业绩表】 | | | | | | | | | | |
| 2 | 员工号 | 销售员姓名 | 入职时间 | 销售等级 | 销售产品 | 规格 | 单价 | 上半年销售数量 | 下半年销售数量 | 全年销售数量 | 平均销售数量 |
| 3 | 1 | 肖建波 | 2014/9/1 | 一般 | 眼部修护素 | 48瓶/件 | 125 | 11 | 14 | 25 | 12.5 |
| 4 | 2 | 赵丽 | 2010/8/15 | 良 | 修护晚霜 | 48瓶/件 | 105 | 32 | 55 | 87 | 43.5 |
| 5 | 3 | 张无晋 | 2011/2/3 | 良 | 角质调理露 | 48瓶/件 | 105 | 40 | 33 | 73 | 36.5 |
| 6 | 6 | 孔波 | 2016/9/1 | 一般 | 柔肤水 | 48瓶/件 | 85 | 21 | 32 | 53 | 26.5 |
| 7 | 7 | 王佳佳 | 2011/7/9 | 良 | 保湿乳液 | 48瓶/件 | 98 | 30 | 34 | 64 | 32 |
| 8 | 8 | 龚平 | 2010/11/18 | 良 | 保湿日霜 | 48瓶/件 | 95 | 42 | 43 | 85 | 42.5 |
| 9 | | | | | | **48瓶/件 平均值** | 102 | | | | |
| 10 | 4 | 孙茜 | 2006/12/1 | 优 | 活性滋润霜 | 48瓶/箱 | 105 | 54 | 43 | 97 | 48.5 |
| 11 | 5 | 李圣波 | 2009/10/23 | 良 | 保湿精华露 | 48瓶/箱 | 115 | 39 | 46 | 85 | 42.5 |
| 12 | | | | | | **48瓶/箱 平均值** | 110 | | | | |
| 13 | | | | | | **总计平均值** | 104 | | | | |

销售业绩表　Sheet1　Sheet2　就绪　100%

图4-23-1　任务二十三样张(1)

| | A | B | C | D | E | F | G | H | I | J | K |
|---|---|---|---|---|---|---|---|---|---|---|---|
| 1 | 【员工销售业绩表】 | | | | | | | | | | |
| 2 | 员工号 | 销售员姓名 | 入职时间 | 销售等级 | 销售产品 | 规格 | 单价 | 上半年销售数量 | 下半年销售数量 | 全年销售数量 | 平均销售数量 |
| 8 | | | | **良 汇总** | | | | 183 | 211 | | |
| 9 | | | | **良 平均值** | | | | | | 78.8 | |
| 12 | | | | **一般 汇总** | | | | 32 | 46 | | |
| 13 | | | | **一般 平均值** | | | | | | 39 | |
| 15 | | | | **优 汇总** | | | | 54 | 43 | | |
| 16 | | | | **优 平均值** | | | | | | 97 | |
| 17 | | | | **总计** | | | | 269 | 300 | | |
| 18 | | | | **总计平均值** | | | | | | 71.125 | |
| 19 | | | | | | | | | | | |

销售业绩表　Sheet1　Sheet2　就绪　100%

图4-23-2　任务二十三样张(2)

**任务分析：**

### 1. 数据分类汇总

在对表格数据或数据进行分析处理时，往往需要对其进行汇总，还要插入带有汇总信息的行。Excel 2013提供的分类汇总功能将使这一工作变得非常简单，它能自动插入汇总信息行，而不需要人工进行操作。

#### 1) 分类汇总

分类汇总功能可以自动对所选数据进行汇总，并插入汇总行。汇总方式灵活多样，可以求和、求平均值、求最大值、求标准方差等，能满足用户多方面的需要。下面就以“销售业绩表”为例，介绍对数据进行分类汇总的具体操作步骤：

(1) 分类汇总前，必须按照分类字段进行排序。例如：按照“销售等级”分类，对“全年销售数量”进行“求平均值”分类汇总，因而首先要按照“销售等级”进行排序。

(2) 选定工作表，执行【数据】/【分级显示】/【分类汇总】命令，弹出【分类汇总】对话框。在【分类字段】下拉列表框中选择“销售等级”选项，在【汇总方式】下拉列表框中选择“平均值”选项，在【选定汇总项】列表框中选中“全年销售数量”复选项，如图4-23-3所示。

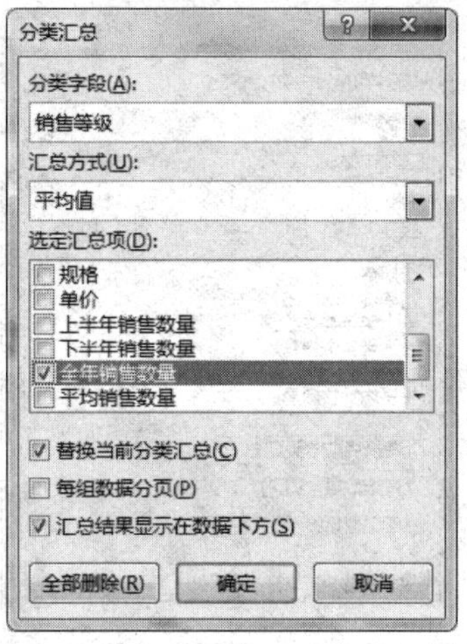


图4-23-3　【分类汇总】对话框

(3) 单击【确定】按钮，结果如图4-23-4所示。

| | A | B | C | D | E | F | G | H | I | J | K |
|---|---|---|---|---|---|---|---|---|---|---|---|
| 1 | 【员工销售业绩表】 | | | | | | | | | | |
| 2 | 员工号 | 销售员姓名 | 入职时间 | 销售等级 | 销售产品 | 规格 | 单价 | 上半年销售数量 | 下半年销售数量 | 全年销售数量 | 平均销售数量 |
| 3 | 2 | 赵丽 | 2010/8/15 | 良 | 修护晚霜 | 48瓶/件 | 105 | 32 | 55 | 87 | 43.5 |
| 4 | 3 | 张无晋 | 2011/2/3 | 良 | 角质调理露 | 48瓶/件 | 105 | 40 | 33 | 73 | 36.5 |
| 5 | 5 | 李圣波 | 2009/10/23 | 良 | 保湿精华露 | 48瓶/箱 | 115 | 39 | 46 | 85 | 42.5 |
| 6 | 7 | 王佳佳 | 2011/7/9 | 良 | 保湿乳液 | 48瓶/件 | 98 | 30 | 34 | 64 | 32 |
| 7 | 8 | 龚平 | 2010/11/18 | 良 | 保湿日霜 | 48瓶/件 | 95 | 42 | 43 | 85 | 42.5 |
| 8 | | | | 良 平均值 | | | | | | 78.8 | |
| 9 | 1 | 肖建波 | 2014/9/1 | 一般 | 眼部修护素 | 48瓶/件 | 125 | 11 | 14 | 25 | 12.5 |
| 10 | 6 | 孔波 | 2016/9/1 | 一般 | 柔肤水 | 48瓶/件 | 85 | 21 | 32 | 53 | 26.5 |
| 11 | | | | 一般 平均值 | | | | | | 39 | |
| 12 | 4 | 孙茜 | 2006/12/1 | 优 | 活性滋润霜 | 48瓶/箱 | 105 | 54 | 43 | 97 | 48.5 |
| 13 | | | | 优 平均值 | | | | | | 97 | |
| 14 | | | | 总计平均值 | | | | | | 71.125 | |

图4-23-4　分类汇总结果

### 2) 分类汇总的嵌套

上面的工作表经过分类汇总后，得到了一个较为满意的结果，但是，在上面的工作表中能否再计算出“上半年销售数量”及“下半年销售数量”的总和呢？Excel 2013提供了进行这种汇总的方法，这就是分类汇总的嵌套。在进行嵌套汇总的工作表中需要先进行排序，可以说，嵌套汇总是对排序和分类汇总功能的综合应用。嵌套汇总的具体操作步骤是：

(1) 选中上面的销售业绩表，按“销售等级”分类，对“上半年销售数量”和“下半年销售数量”进行“求和”分类汇总。

(2) 执行【数据】/【分级显示】/【分类汇总】命令，弹出【分类汇总】对话框。在【分类字段】下拉列表框中选择“销售等级”选项，在【汇总方式】下拉列表框中选择“求和”选项，在【选定汇总项】列表框中选择【上半年销售数量】和【下半年销售数量】复选框，取消【替换当前分类汇总】复选框，如图4-23-5所示。

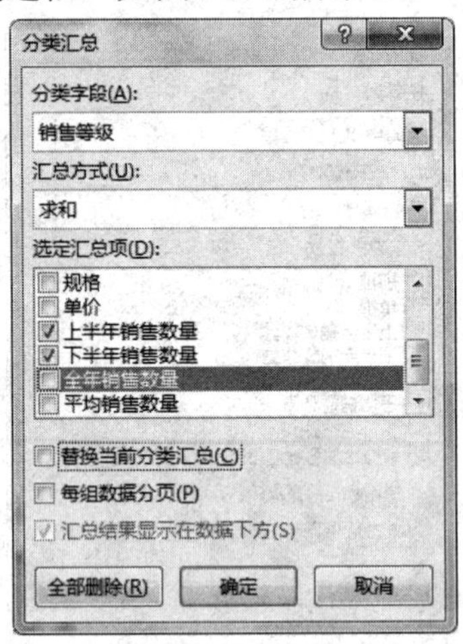


图4-23-5　嵌套的分类汇总

(3) 单击【确定】按钮，结果如图4-23-6所示。

| | A | B | C | D | E | F | G | H | I | J | K |
|---|---|---|---|---|---|---|---|---|---|---|---|
| 1 | 【员工销售业绩表】 | | | | | | | | | | |
| 2 | 员工号 | 销售员姓名 | 入职时间 | 销售等级 | 销售产品 | 规格 | 单价 | 上半年销售数量 | 下半年销售数量 | 全年销售数量 | 平均销售数量 |
| 3 | 2 | 赵丽 | 2010/8/15 | 良 | 修护晚霜 | 48瓶/件 | 105 | 32 | 55 | 87 | 43.5 |
| 4 | 3 | 张无晋 | 2011/2/3 | 良 | 角质调理露 | 48瓶/件 | 105 | 40 | 33 | 73 | 36.5 |
| 5 | 5 | 李圣波 | 2009/10/23 | 良 | 保湿精华露 | 48瓶/箱 | 115 | 39 | 46 | 85 | 42.5 |
| 6 | 7 | 王佳佳 | 2011/7/9 | 良 | 保湿乳液 | 48瓶/件 | 98 | 30 | 34 | 64 | 32 |
| 7 | 8 | 龚平 | 2010/11/18 | 良 | 保湿日霜 | 48瓶/件 | 95 | 42 | 43 | 85 | 42.5 |
| 8 | | | | 良 汇总 | | | | 183 | 211 | | |
| 9 | | | | 良 平均值 | | | | | | 78.8 | |
| 10 | 1 | 肖建波 | 2014/9/1 | 一般 | 眼部修护素 | 48瓶/件 | 125 | 11 | 14 | 25 | 12.5 |
| 11 | 6 | 孔波 | 2016/9/1 | 一般 | 柔肤水 | 48瓶/件 | 85 | 21 | 32 | 53 | 26.5 |
| 12 | | | | 一般 汇总 | | | | 32 | 46 | | |
| 13 | | | | 一般 平均值 | | | | | | 39 | |
| 14 | 4 | 孙茜 | 2006/12/1 | 优 | 活性滋润霜 | 48瓶/箱 | 105 | 54 | 43 | 97 | 48.5 |
| 15 | | | | 优 汇总 | | | | 54 | 43 | | |
| 16 | | | | 优 平均值 | | | | | | 97 | |
| 17 | | | | 总计 | | | | 269 | 300 | | |
| 18 | | | | 总计平均值 | | | | | | 71.125 | |
| 19 | | | | | | | | | | | |

销售业绩表　就绪　100%

图4-23-6　嵌套的分类汇总

### 3) 分级显示

进行分类汇总后，分类汇总表的左侧提供了显示或隐藏明细数据的功能。即工作表区域的左侧提供了显示明细数据的按钮、隐藏明细数据的按钮和数字按钮。通过数字按钮，将菜单分为几级，可按级显示。当上一级显示为明细状态时，才可以决定是否显示下一级，也可以按数字键显示该层。

在汇总显示结果表中，单击各级联按钮[-]，可以展开或隐藏结果数据，如图4-23-7所示。

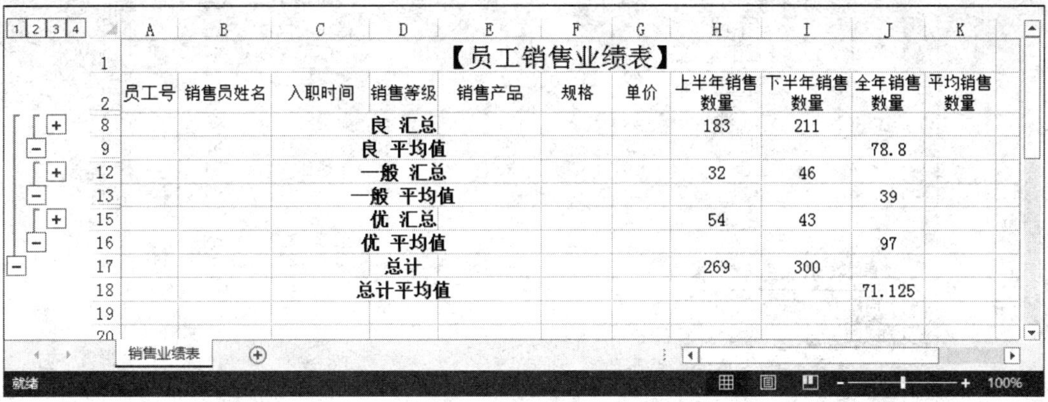

【员工销售业绩表】

| | 员工号 | 销售员姓名 | 入职时间 | 销售等级 | 销售产品 | 规格 | 单价 | 上半年销售数量 | 下半年销售数量 | 全年销售数量 | 平均销售数量 |
|---|---|---|---|---|---|---|---|---|---|---|---|
| 8 | | | | 良 汇总 | | | | 183 | 211 | | |
| 9 | | | | 良 平均值 | | | | | | 78.8 | |
| 12 | | | | 一般 汇总 | | | | 32 | 46 | | |
| 13 | | | | 一般 平均值 | | | | | | 39 | |
| 15 | | | | 优 汇总 | | | | 54 | 43 | | |
| 16 | | | | 优 平均值 | | | | | | 97 | |
| 17 | | | | 总计 | | | | 269 | 300 | | |
| 18 | | | | 总计平均值 | | | | | | 71.125 | |

图4-23-7　分类汇总结果

4) 删除分类汇总的方法

对数据进行分类汇总后，还可以恢复工作表的原始数据，具体操作步骤如下：

(1) 再次单击工作表，执行【数据】/【分级显示】/【分类汇总】命令。

(2) 在弹出的【分类汇总】对话框中单击【全部删除】按钮，即可恢复到原始数据状态。

**任务实施：**

① 打开“销售业绩表”。

② 插入工作表：Sheet1、Sheet2。

③ 将“销售业绩表”中的数据分别复制到Sheet1、Sheet2中。

④ 在Sheet1中，按照“规格”分类，对“单价”进行“求平均值”分类汇总。

⑤ 在Sheet2中，按照“销售等级”分类，对“全年销售数量”进行“求平均值”分类汇总，再对“上半年销售数量”和“下半年销售数量”进行“求和”分类汇总。

⑥ 保存：另存为“任务23”。

**任务小结：**

用户可以运用Excel 2013的分类汇总功能，对数据进行统计汇总工作。分类汇总功能即是Excel 2013根据数据自动创建公式，并利用自带的求和、求平均值等函数实现分类汇总计算，并将计算结果显示出来。通过分类汇总功能，可以帮助用户快速而有效地分析种类数据。分类汇总的前提是，先按照分类字段进行排序。

## 任务二十四　业绩表的合并计算

对“销售业绩表”进行合并计算，样张如图4-24-1和图4-24-2所示。

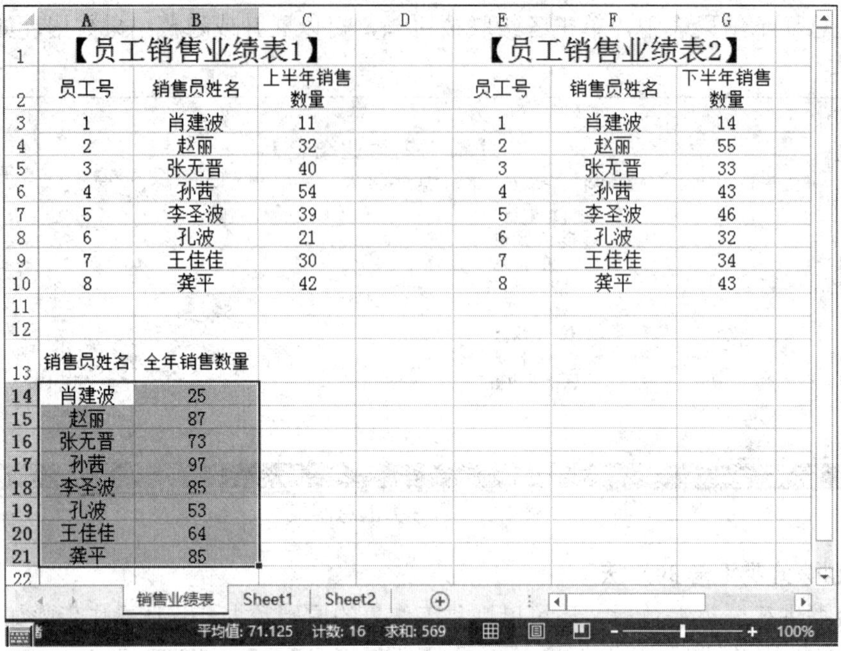

| | A | B | C | D | E | F | G |
|---|---|---|---|---|---|---|---|
| 1 | 【员工销售业绩表1】 | | | | 【员工销售业绩表2】 | | |
| 2 | 员工号 | 销售员姓名 | 上半年销售数量 | | 员工号 | 销售员姓名 | 下半年销售数量 |
| 3 | 1 | 肖建波 | 11 | | 1 | 肖建波 | 14 |
| 4 | 2 | 赵丽 | 32 | | 2 | 赵丽 | 55 |
| 5 | 3 | 张无晋 | 40 | | 3 | 张无晋 | 33 |
| 6 | 4 | 孙茜 | 54 | | 4 | 孙茜 | 43 |
| 7 | 5 | 李圣波 | 39 | | 5 | 李圣波 | 46 |
| 8 | 6 | 孔波 | 21 | | 6 | 孔波 | 32 |
| 9 | 7 | 王佳佳 | 30 | | 7 | 王佳佳 | 34 |
| 10 | 8 | 龚平 | 42 | | 8 | 龚平 | 43 |
| 11 | | | | | | | |
| 12 | | | | | | | |
| 13 | 销售员姓名 | 全年销售数量 | | | | | |
| 14 | 肖建波 | 25 | | | | | |
| 15 | 赵丽 | 87 | | | | | |
| 16 | 张无晋 | 73 | | | | | |
| 17 | 孙茜 | 97 | | | | | |
| 18 | 李圣波 | 85 | | | | | |
| 19 | 孔波 | 53 | | | | | |
| 20 | 王佳佳 | 64 | | | | | |
| 21 | 龚平 | 85 | | | | | |

销售业绩表　Sheet1　Sheet2

平均值: 71.125　计数: 16　求和: 569　100%

图4-24-1　任务二十四样张(1)

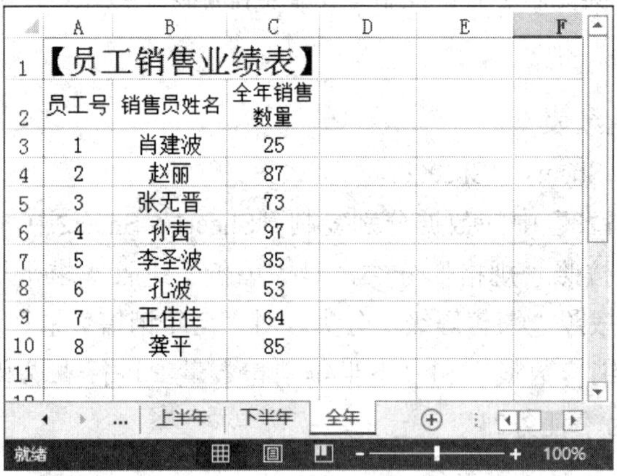

| | A | B | C |
|---|---|---|---|
| 1 | 【员工销售业绩表】 | | |
| 2 | 员工号 | 销售员姓名 | 全年销售数量 |
| 3 | 1 | 肖建波 | 25 |
| 4 | 2 | 赵丽 | 87 |
| 5 | 3 | 张无晋 | 73 |
| 6 | 4 | 孙茜 | 97 |
| 7 | 5 | 李圣波 | 85 |
| 8 | 6 | 孔波 | 53 |
| 9 | 7 | 王佳佳 | 64 |
| 10 | 8 | 龚平 | 85 |

上半年　下半年　全年

就绪　100%

图4-24-2　任务二十四样张(2)

## 任务分析：

### 1. 按位置合并计算

如果所有源数据具有相同的位置顺序，可以按位置进行合并计算。利用这种方式可以合并来自同一模板创建的一系列工作表。在同一工作表中进行合并计算是最常用的方法，无论是“求和”、“计数”，还是求“平均值”、“最大值”，方法都是一样的。

对图4-24-3所示的“销售业绩表”中的“销售数量”进行“求和”合并计算，具体操作步骤如下：

(1) 选定A14单元格，执行【数据】/【数据工具】/【合并计算】命令。

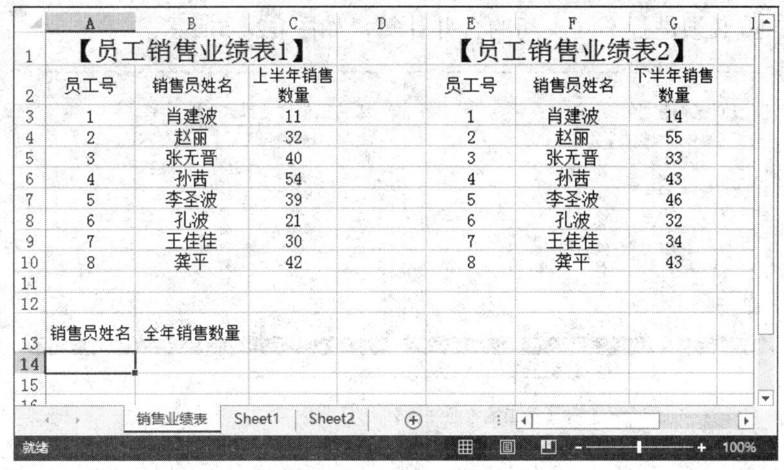

| | A | B | C | D | E | F | G |
|---|---|---|---|---|---|---|---|
| 1 | 【员工销售业绩表1】 | | | | 【员工销售业绩表2】 | | |
| 2 | 员工号 | 销售员姓名 | 上半年销售数量 | | 员工号 | 销售员姓名 | 下半年销售数量 |
| 3 | 1 | 肖建波 | 11 | | 1 | 肖建波 | 14 |
| 4 | 2 | 赵丽 | 32 | | 2 | 赵丽 | 55 |
| 5 | 3 | 张无晋 | 40 | | 3 | 张无晋 | 33 |
| 6 | 4 | 孙茜 | 54 | | 4 | 孙茜 | 43 |
| 7 | 5 | 李圣波 | 39 | | 5 | 李圣波 | 46 |
| 8 | 6 | 孔波 | 21 | | 6 | 孔波 | 32 |
| 9 | 7 | 王佳佳 | 30 | | 7 | 王佳佳 | 34 |
| 10 | 8 | 龚平 | 42 | | 8 | 龚平 | 43 |
| 11 | | | | | | | |
| 12 | | | | | | | |
| 13 | 销售员姓名 | 全年销售数量 | | | | | |
| 14 | | | | | | | |
| 15 | | | | | | | |

销售业绩表　Sheet1　Sheet2

就绪　100%

图4-24-3　销售业务表

(2) 打开【合并计算】对话框，如图4-24-4所示。在【函数】下拉列表框中选择【求和】选项。

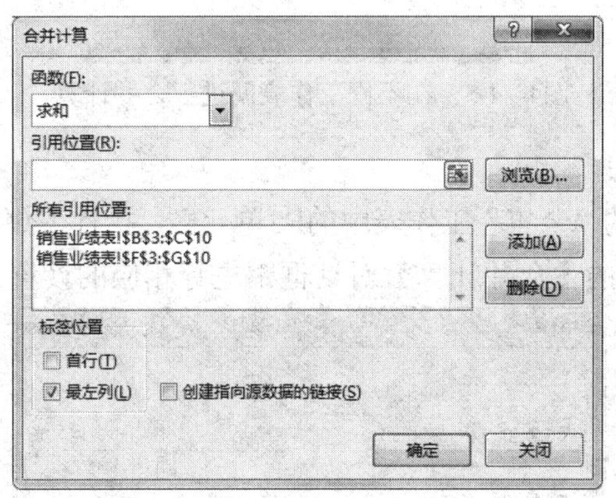


图4-24-4　【合并计算】对话框

(3) 单击折叠按钮，然后用鼠标选择B3:C10区域，单击【添加】按钮添加到【所有引用位置】；用同样方法添加F3:G10区域。

(4) 在【标签位置】，选中【最左列】复选框，单击【确定】按钮。

这是在同一工作表中进行的合并计算，在不同的工作表中进行合并计算的方法与在同一工作表中进行合并计算的方法是一样的。不同的是在【引用位置】文本框中，添加不同的工作表名和数据区域。

**提示：**

如果用户希望按源区域的首行字段进行汇总，需要勾选【标签位置】下的【首行】复选框。如果用户希望按源区域的左列分类标记进行汇总，需要勾选【标签位置】下的【最左列】复选框。

### 2. 不同工作表间的合并计算

假设“员工销售业绩表”来自“上半年”、“下半年”两个表，用户要得到完整的“全年”数据表，就必须进行不同表间的合并计算，如图4-24-5所示。

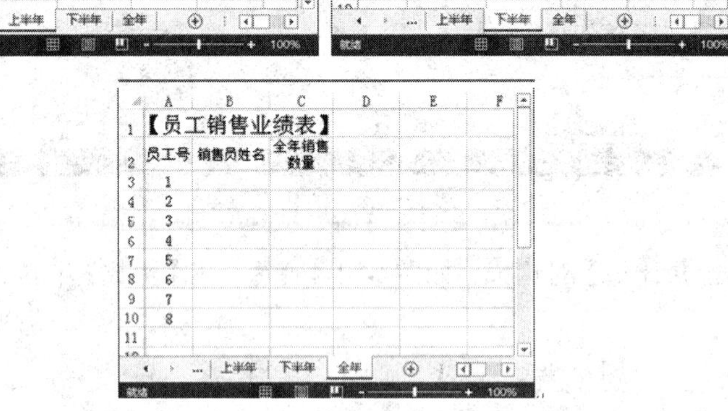


图4-24-5　在不同工作表间进行合并计算

具体操作步骤如下：

(1) 选中合并结果的“全年”工作表中的B3单元格，执行【数据】/【数据工具】/【合并计算】命令，在弹出的【合并计算】对话框中进行相应的设置，如图4-24-6所示。

图4-24-6　【合并计算】对话框

(2) 单击“确定”按钮，完成合并计算。

在进行不同工作表间的合并计算时，往往由于数据的改变而影响合并计算表的准确性，因此需要更新合并计算的工作表。也就是说，我们希望当源数据改变时， Excel会自动更新合并计算表。要实现该功能，在【合并计算】对话框中选中【创建指向源数据的链接】复选框。这样，当每次更新源数据时，就不必再执行一次【合并计算】选项。

**任务实施：**

① 打开“销售业绩表”。

② 对“销售业绩表”中的数据进行合并计算。

③ 将“上半年”和“下半年”两个工作表中的数据合并到“全年”工作表中。

④ 保存：另存为“任务24”。

**任务小结：**

合并计算与分类汇总的区别在于首列不用排序，这就提高了合并计算的灵活性；另外，分类汇总只能在原来的数据区域显示分类汇总结果，合并计算可以指定区域显示结果。

## 任务二十五　“员工工资表”的数据管理与分析

(1) 打开“员工工资表”。

(2) 插入工作表：Sheet2、Sheet3、Sheet4。

(3) 将“员工工资表”中的数据分别复制到Sheet2、Sheet3、Sheet4中。

(4) 在Sheet1中，按“实发金额”降序排序。

(5) 在Sheet2中，自动筛选出“职务”为“部员”、“奖金”小于或等于300的数据，并按“实发金额”升序排序。

(6) 在Sheet3中，按“部门”分类，对“基本工资”和“奖金”进行求平均值汇总。

(7) 在Sheet4中，进行合并计算。

(8) 保存：另存为“任务25”。

结果如图4-25-1~图4-25-4所示。

员工工资表

| | A | B | C | D | E | F | G | H | I | J | K | L |
|---|---|---|---|---|---|---|---|---|---|---|---|---|
| 2 | 员工编号 | 员工姓名 | 部门 | 职务 | 基本工资 | 奖金 | 住房补助 | 车费补助 | 应发金额 | 五险一金 | 出勤扣款 | 实发金额 |
| 3 | 1006 | 李聃 | 采购部 | 部长 | 3500 | 550 | 300 | 200 | 4550 | 400 | 0 | 4150 |
| 4 | 1002 | 杨陶 | 财务部 | 部长 | 3500 | 500 | 300 | 200 | 4500 | 400 | 10 | 4090 |
| 5 | 1001 | 李丹 | 人事部 | 部长 | 3500 | 500 | 300 | 200 | 4500 | 400 | 20 | 4080 |
| 6 | 1014 | 赵磊 | 人事部 | 部员 | 3000 | 450 | 300 | 100 | 3850 | 400 | 60 | 3390 |
| 7 | 1012 | 周纳 | 采购部 | 部员 | 3000 | 360 | 300 | 100 | 3760 | 400 | 0 | 3360 |
| 8 | 1008 | 马英 | 财务部 | 部员 | 3000 | 340 | 300 | 100 | 3740 | 400 | 30 | 3310 |
| 9 | 1005 | 张炜 | 人事部 | 部员 | 3000 | 340 | 300 | 100 | 3740 | 400 | 60 | 3280 |
| 10 | 1016 | 刘仪伟 | 财务部 | 部员 | 3000 | 120 | 300 | 100 | 3520 | 400 | 15 | 3105 |
| 11 | 1018 | 张洁 | 采购部 | 部员 | 2500 | 450 | 300 | 100 | 3350 | 400 | 10 | 2940 |
| 12 | 1003 | 刘小明 | 人事部 | 部员 | 2500 | 360 | 300 | 100 | 3260 | 400 | 0 | 2860 |
| 13 | 1009 | 周晓红 | 财务部 | 部员 | 2500 | 250 | 300 | 100 | 3150 | 400 | 0 | 2750 |
| 14 | 1013 | 李菊芳 | 财务部 | 部员 | 2500 | 120 | 300 | 100 | 3020 | 400 | 10 | 2610 |
| 15 | 1017 | 杨柳 | 采购部 | 部员 | 2000 | 450 | 300 | 100 | 2850 | 400 | 0 | 2450 |
| 16 | 1011 | 祝苗 | 财务部 | 部员 | 2000 | 360 | 300 | 100 | 2760 | 400 | 0 | 2360 |
| 17 | 1007 | 杨娟 | 采购部 | 部员 | 2000 | 300 | 300 | 100 | 2700 | 400 | 20 | 2280 |
| 18 | 1004 | 张嘉 | 人事部 | 部员 | 2000 | 360 | 300 | 100 | 2760 | 400 | 100 | 2260 |
| 19 | 1015 | 王涛 | 财务部 | 部员 | 2000 | 120 | 300 | 100 | 2520 | 400 | 0 | 2120 |
| 20 | 1010 | 薛敏 | 财务部 | 部员 | 1500 | 450 | 300 | 100 | 2350 | 400 | 0 | 1950 |

Sheet1　Sheet2　Sheet3　Sheet4

图4-25-1　任务二十五样张(1)

员工工资表

| | A | B | C | D | E | F | G | H | I | J | K | L |
|---|---|---|---|---|---|---|---|---|---|---|---|---|
| 2 | 员工编号 | 员工姓名 | 部门 | 职务 | 基本工资 | 奖金 | 住房补助 | 车费补助 | 应发金额 | 五险一金 | 出勤扣款 | 实发金额 |
| 9 | 1015 | 王涛 | 财务部 | 部员 | 2000 | 120 | 300 | 100 | 2520 | 400 | 0 | 2120 |
| 11 | 1007 | 杨娟 | 采购部 | 部员 | 2000 | 300 | 300 | 100 | 2700 | 400 | 20 | 2280 |
| 15 | 1013 | 李菊芳 | 财务部 | 部员 | 2500 | 120 | 300 | 100 | 3020 | 400 | 10 | 2610 |
| 17 | 1009 | 周晓红 | 财务部 | 部员 | 2500 | 250 | 300 | 100 | 3150 | 400 | 0 | 2750 |
| 18 | 1016 | 刘仪伟 | 财务部 | 部员 | 3000 | 120 | 300 | 100 | 3520 | 400 | 15 | 3105 |

Sheet1　Sheet2　Sheet3　Sheet4

就绪　“筛选”模式

图4-25-2　任务二十五样张(2)

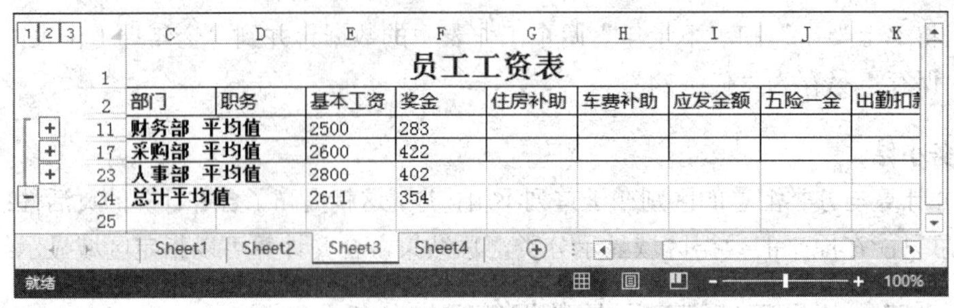

员工工资表

| 部门 | 职务 | 基本工资 | 奖金 | 住房补助 | 车费补助 | 应发金额 | 五险一金 | 出勤扣款 |
|---|---|---|---|---|---|---|---|---|
| 财务部 | 平均值 | 2500 | 283 | | | | | |
| 采购部 | 平均值 | 2600 | 422 | | | | | |
| 人事部 | 平均值 | 2800 | 402 | | | | | |
| 总计平均值 | | 2611 | 354 | | | | | |

图4-25-3　任务二十五样张(3)

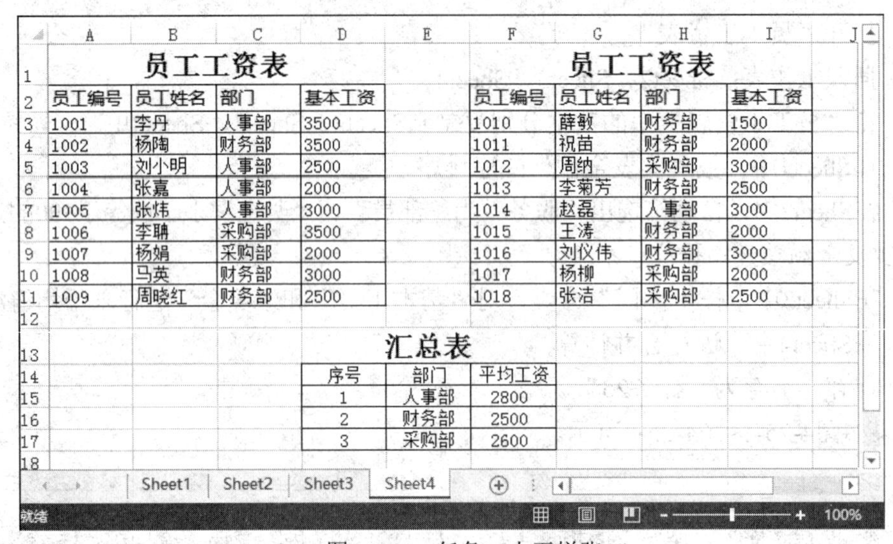

员工工资表

| 员工编号 | 员工姓名 | 部门 | 基本工资 |
|---|---|---|---|
| 1001 | 李丹 | 人事部 | 3500 |
| 1002 | 杨陶 | 财务部 | 3500 |
| 1003 | 刘小明 | 人事部 | 2500 |
| 1004 | 张嘉 | 人事部 | 2000 |
| 1005 | 张炜 | 人事部 | 3000 |
| 1006 | 李聃 | 采购部 | 3500 |
| 1007 | 杨娟 | 采购部 | 2000 |
| 1008 | 马英 | 财务部 | 3000 |
| 1009 | 周晓红 | 财务部 | 2500 |

员工工资表

| 员工编号 | 员工姓名 | 部门 | 基本工资 |
|---|---|---|---|
| 1010 | 薛敏 | 财务部 | 1500 |
| 1011 | 祝苗 | 财务部 | 2000 |
| 1012 | 周纳 | 采购部 | 3000 |
| 1013 | 李菊芳 | 财务部 | 2500 |
| 1014 | 赵磊 | 人事部 | 3000 |
| 1015 | 王涛 | 财务部 | 2000 |
| 1016 | 刘仪伟 | 财务部 | 3000 |
| 1017 | 杨柳 | 采购部 | 2000 |
| 1018 | 张洁 | 采购部 | 2500 |

汇总表

| 序号 | 部门 | 平均工资 |
|---|---|---|
| 1 | 人事部 | 2800 |
| 2 | 财务部 | 2500 |
| 3 | 采购部 | 2600 |

图4-25-4　任务二十五样张(4)

# 项 目 习 题

## 一、选择题

1. 如下能正确表示Excel工作表单元格绝对地址的是______。

A. C125　　B. $B$5

C. $D3　　D. $F$E$7

2. 在同一工作簿中为了区分不同工作表的单元格，要在地址的前面增加______来标识。

A. 单元格地址　　B. 公式

C. 工作表名称　　D. 工作簿名称

3. 在A1单元格中输入=SUM(8,7,8,7)，则其值为______。

A. 15　　B. 30

C. 7　　D. 8

4. 在Excel操作中，假设在B5单元格中存在公式SUM(B2:B4)，将其复制到D5后，公式将变成______。

A. SUM(B2:B4)　　B. SUM(B2:D4)

C. SUM(D2:D4) D. SUM(D2:B4)

5. Excel工作表中，单元格A1、A2、B1、B2中的数据分别是11、12、13、"x"，函数SUM(A1:A2)的值是______。

A. 18 B. 0

C. 20 D. 23

6. ______是工作簿中最小的单位。

A. 工作表 B. 行

C. 列 D. 单元格

7. Excel中有多个常用的简单函数，其中函数AVERAGE(区域)的功能是______。

A. 求区域内数据的个数 B. 求区域内所有数字的平均值

C. 求区域内数字的和 D. 返回函数的最大值

8. 在Excel工作表中，正确表示IF函数的表达式是______。

A. IF("平均成绩">60,"及格","不及格")

B. IF(e2>60,"及格","不及格")

C. IF(e2>60,及格,不及格)

D. IF(e2>60,及格,不及格)

9. Excel函数的参数可以有多个，相邻参数之间可用______分隔。

A. 空格 B. 分号

C. 逗号 D. /

10. 本来输入Excel单元格的是数，结果却变成了日期，那是因为______。

A. 不可预知的原因

B. 该单元格太宽了

C. 该单元格的数据格式被设定为日期格式

D. Excel程序出错

## 二、操作题

打开素材“员工信息表.xls”，具体操作要求如下：

1. 进行格式设置：

(1) 将【部门】一列数据移至【工号】一列之前。

(2) 在【部门】一列数据前插入一个空列，填充序号。

(3) 在第一行数据之前插入一个空行，在A1单元格中输入“员工信息表”标题。

(4) 调整【工号】一列的列宽为12，其余各列根据内容设置最合适的列宽，各行行高为15。

(5) 设置标题字体为黑体、14号字、红色、加粗、合并居中，同时添加黄色底纹。

(6) 设置表头字体为楷体、12号字、字体颜色为蓝色、表头加灰色底纹。

(8) 工资一列数据靠右对齐，表头和其余各列数据居中对齐。

(9) 工资一列数据应用货币格式，保留两位小数，出生日期一列数据采用XX年XX月XX日格式。

(10) 将工龄大于10年的数据变为红色、粗斜体。

(11) 设置表格边框：外边框为粗线，内边框为细线。

(12) 将Sheet1工作表重命名为“员工信息表”，并将其复制到Sheet2中。

2. 公式(函数)的应用：使用sheet3表中的数据，计算每名同学的平均成绩和总成绩。

3. 数据排序：使用sheet4表中的数据，以CJ3为关键字，按升序排序。

4. 数据筛选：使用sheet5表中的数据，筛选出CJ1大于90且小于95分的记录。

5. 分类汇总：使用sheet6表中的数据，按照【部门】分类，将【年龄】、【工龄】和【工资】进行【最大值】分类汇总。

6. 合并计算：使用sheet7表中的数据，在“统计表”中进行“计数”合并计算。

7. 制作图表：使用sheet8中的品牌和销售额两列数据创建数据点折线图。

打开素材“财务预算工作表”，具体操作要求如下：

1. 进行格式设置：

(1) 将标题设为黑体、18号字、合并居中。字形：粗体。字体颜色：白色，深蓝色底纹。

(2) 所有单元格数据中数值设置为货币格式，应用货币符号，保留两位小数，右对齐，其余数据居中。

(3) C2~D2合并单元格，E2~F2合并单元格。

(4) 各行各列设置为最合适的行高和列宽。

(5) 将表中的所有“预算”替换成“财务预算”。

(6) 将“差额”为负数的单元格数据变为绿色、粗斜体。

(7) 表格外边框为粗线，内边框为细线。

(8) 将Sheet1工作表重命名为“预算工作表”，并将其复制到Sheet2中。

2. 公式(函数)的应用：使用sheet3表中的数据，求出平均价，并将均价小于2000元的数值设为浅蓝色、加单下画线。

3. 数据排序：使用sheet4表中的数据，按【规格】升序排列。

4. 数据筛选：使用sheet5表中的数据，筛选出品牌为IRIS的记录。

5. 分类汇总：使用sheet6表中的数据，按照【品牌】分类，对“第一季度”至“第四季度”进行“求和”分类汇总。

6. 合并计算：使用sheet7表中的数据，在“价格汇总(元)”中进行“求和”合并计算。

7. 制作图表：使用sheet8表中的数据，根据指数函数表中的B4:K8数据创建一张三维曲面图。

# 项目五　PowerPoint 2013应用

**【能力目标】**

1. 能够插入新幻灯片
2. 能够应用幻灯片版式
3. 能够插入图片、剪贴画
4. 能够使用超链接
5. 能够设置自定义动画
6. 能够设置幻灯片切换
7. 能够设置幻灯片放映
8. 能够使用母版制作演示文稿
9. 能够下载利用网络资源

**【知识目标】**

1. 掌握演示文稿的基本操作
2. 掌握幻灯片的各种版式
3. 掌握图片艺术字的插入方法
4. 掌握超链接的使用
5. 掌握演示文稿的动画设置方法
6. 掌握幻灯片切换操作方法
7. 掌握幻灯片放映方式的设置方式
8. 掌握母版的基本知识
9. 掌握网络资源的下载和利用

**【素质目标】**

1. 具有积极思考以及善于归纳、总结的能力
2. 具有审美意识并能应用于幻灯片的制作中
3. 具有仔细认真、力求完美的态度

**【项目情境】**

临近年末，支行行长准备向分行行长汇报一年来的工作情况。若以演示文稿的形式展现给分行行长，内容不但直观，且可以通过图片、形状等展示方法，使内容更生动、形象、不死板。这就需要具备一定的演示文稿操作基础，才能制作出精美的年终汇报演示文稿。

# 项 目 描 述

本项目旨在熟练掌握PowerPoint 2013演示文稿处理，分为如下9个任务：

任务一：制作简单的PPT演示文稿

任务二：录入年度工作汇报演示文稿

任务三：为年度工作汇报演示文稿添加超链接

任务四：为年度工作汇报演示文稿添加自定义动画效果

任务五：年度工作汇报演示文稿的幻灯片切换设置

任务六：设置幻灯片放映

任务七：为年度工作汇报演示文稿添加备注

任务八：为年度工作汇报演示文稿设置统一的母版

任务九：利用网络资源下载演示文稿素材

PowerPoint是Office办公软件的重要组件之一，它为人们提供了一个很好的展示工具，使信息交流变得更为便捷和生动。PowerPoint用于制作电子演示文稿，被广泛运用于学术交流演讲、产品演示、学校教学等领域。与旧版相比，PowerPoint 2013提供了更多实用的功能，使用户可以自由地发挥想象力和创造力，制作出引人入胜的幻灯片。

# 学 习 任 务

## 任务一　制作简单的PPT演示文稿

**任务分析：**

PowerPoint是最佳的幻灯片制作工具，可以用于演讲、教学、商务演示等用途的多媒体幻灯片，被广泛应用于各个领域。

### 1. PowerPoint 2013简介

PowerPoint 2013的启动与退出方法与Word和Excel相同，下面只介绍两种常用的操作方法。

#### 1) PowerPoint 2013 的启动

(1) 使用【开始】菜单。单击【开始】/【程序】/【Microsoft Office 2013】/【PowerPoint 2013】菜单项，即可启动PowerPoint 2013应用程序。

(2) 使用快捷菜单。双击PowerPoint快捷方式来启动。

#### 2) PowerPoint 2013 的退出

(1) 选择【文件】/【退出】菜单项。

(2) 单击PowerPoint 2013窗口标题栏右上角的【关闭】按钮☒。

3) PowerPoint 2013 的工作界面如图 5-1-1 所示

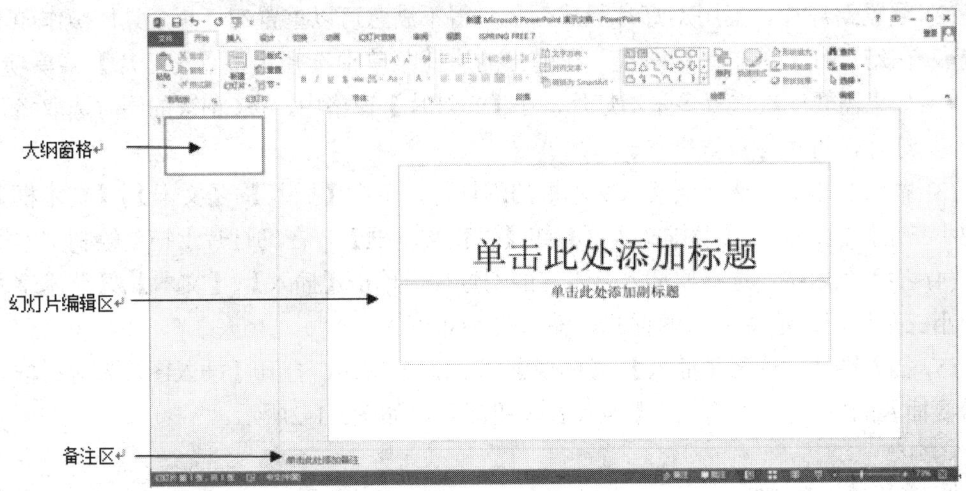


图5-1-1　PowerPoint 2013的工作界面

- 大纲窗格：窗口左侧显示整个演示文稿中的所有幻灯片。在幻灯片设计过程中可根据需要选择不同的视图方式，默认为幻灯片视图。
- 幻灯片编辑区：在窗口的中部，大部分幻灯片编辑工作就在该区域进行。
- 备注区：在幻灯片的下方是备注区，可为幻灯片加上备注说明。

2. 演示文稿的基本操作

1) 创建及保存 PPT 文档

(1) 选择【文件】/【新建】/【空白演示文稿】菜单项，即可创建空白演示文档。

(2) 幻灯片的保存：

- 选择【文件】/【保存】或【另存为】菜单项，将文档命名并选择保存位置，即可保存此文档。
- 按【Ctrl+S】组合键。
- 单击快速访问工具栏中的【保存】按钮。

2) 幻灯片的新增及删除

(1) 新建幻灯片：在幻灯片窗格的空白处单击鼠标右键，在弹出的快捷菜单中选择【新建幻灯片】菜单项。或者以复制方式新增幻灯片：选中要复制的幻灯片，单击鼠标右键，在弹出的快捷菜单中选择【复制幻灯片】菜单项。

(2) 删除幻灯片：在左边窗格中选择要删除的幻灯片，单击鼠标右键，在弹出的快捷菜单中选择【删除幻灯片】菜单项。

3. 幻灯片的编辑

(1) 套用版式。新建幻灯片时指定版式：选择【开始】/【幻灯片】/【新建幻灯片】右侧的小三角按钮，在展开的版面列表中选择版式，即可新增一张套用该版式的幻灯片。

修改现有幻灯片的版式：在要修改版式的幻灯片上单击鼠标右键，在弹出的快捷菜单中选择【版式】菜单项，选择所需版式即可。

(2) 重置幻灯片。套用幻灯片版式后，觉得不满意可以重置幻灯片，具体操作如下：

- 在幻灯片上单击鼠标右键，在弹出的快捷菜单中选择【重置幻灯片】菜单项。
- 如果需要一次重置多张幻灯片，在【幻灯片】窗格中，按Ctrl键的同时选取多张幻灯片，再执行重置操作。

(3) 插入文本框。选择要插入文本框的幻灯片，单击【插入】/【文本】/【文本框】下方的小三角按钮，选择【横排文本框】或【垂直文本框】，在幻灯片上拖动绘制文本框。

(4) 插入艺术字。选择要插入艺术字的幻灯片，单击【插入】/【文本】/【艺术字】下方的小三角按钮，选择所需的样式，输入文字即可。

(5) 插入图片。选择【插入】/【图像】/【图片】按钮，打开【插入图片】对话框。选择需要插入的图片文件，单击【插入】按钮即可，如图5-1-2所示。

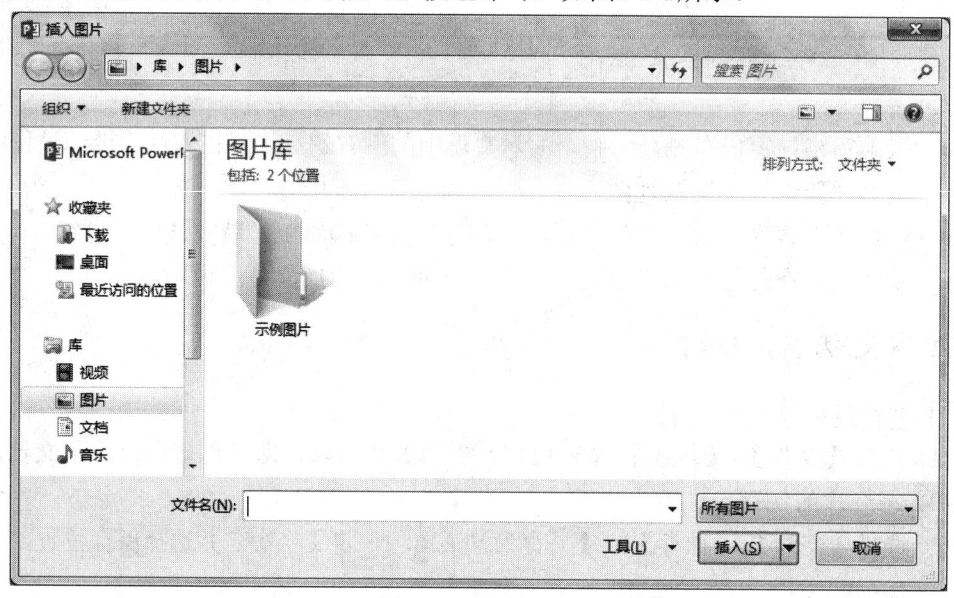


图5-1-2　插入图片

(6) 插入屏幕截图。切换至要插入截图的幻灯片，选择【插入】/【图像】/【屏幕截图】按钮，在左侧列表中选择待截取软件的界面，PowerPoint便会截取该软件运行的界面，并插入至当前幻灯片中。

(7) 插入剪贴画。切换至要插入图片的幻灯片，选择【插入】/【图像】/【联机图片】按钮，在【插入图片】对话框的【搜索必应】文本框内输入关键字，单击【搜索】按钮即可，如图5-1-3所示。

(8) 插入Office形状库中的形状。切换至要插入Office形状的幻灯片，选择【插入】/【插图】/【形状】按钮，选择需要绘制的形状，在幻灯片上拖动绘制即可。

选择待修改的形状，单击【绘图工具】/【格式】/【形状样式】/【形状轮廓】按钮，选择合适的颜色方块，即可调整形状的边框颜色。

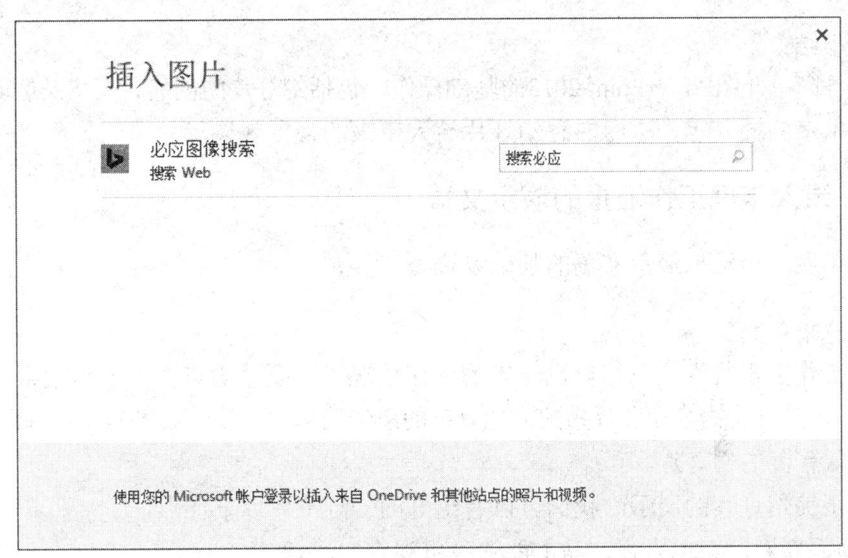


图5-1-3　搜索剪贴画

(9) 插入SmartArt图形。PowerPoint 2013内置了列表、流程、循环、层次结构、关系、矩阵、棱锥图、图片8大类SmartArt图形。

套用这些图形可以将理论性、概念性较强的内容生动形象地加以展示，深入了解文字难以描述的操作流程、层次结构、相互依赖关系等抽象信息。具体操作步骤如下：

① 切换至需要插入SmartArt图形的幻灯片，单击【插入】/【插图】中的SmartArt按钮。

② 在打开的【选择SmartArt图形】对话框中，选择需要插入图形的类型，单击【确定】按钮。

③ 在选定的图形中输入文字，即可构成一幅完整的流程图。

(10) 调整SmartArt图形的布局。

- 删除不需要的形状：按Del键。
- 增加形状：选择要添加形状的位置，单击【SmartArt工具】下的【设计】选项卡，在【创建图形】分组中单击【添加形状】右侧的小三角按钮，根据需要选择一种添加方式。

**任务实施：**

① 打开PowerPoint 2013，新建空白文档。

② 设置幻灯片版式。

③ 插入文本框。

④ 插入艺术字。

⑤ 插入图片。

⑥ 插入剪贴画。

⑦ 插入屏幕截图。

⑧ 插入Office形状库中的形状。

⑨ 插入SmartArt图形。

**任务小结：**

本任务简单介绍PowerPoint 2013的基础操作，包括幻灯片的创建、新增及删除，以及图片和艺术字的插入等，进而熟悉幻灯片给人带来的视觉效果。

## 任务二　录入年度工作汇报的演示文稿

完成年度工作汇报演示文稿的基础设置。

**任务分析：**

年度工作汇报是为了总结自己一年的工作情况，主要着力点在于如何把事情描述清楚，所以利用PPT将内容和图片搭配，把复杂的事情简单化，让观众更容易理解。接下来，我们先欣赏精美的幻灯片。

通过精美幻灯片的展示，我们可以看出好的幻灯片有以下优点：

- 画面新颖，表现力强，马上能够吸引观众的注意。
- 动画效果配合背景音乐的切入，激发观众的兴趣。
- 将内容以图文并茂的形式展现，更易于观众理解接受。

### 1. 新建演示文稿，插入背景图片

(1) 选择【开始】/【新建幻灯片】/【空白】，单击鼠标右键，选择【设置背景格式】，为【填充】选择【图片或纹理填充】，如图5-2-1所示。

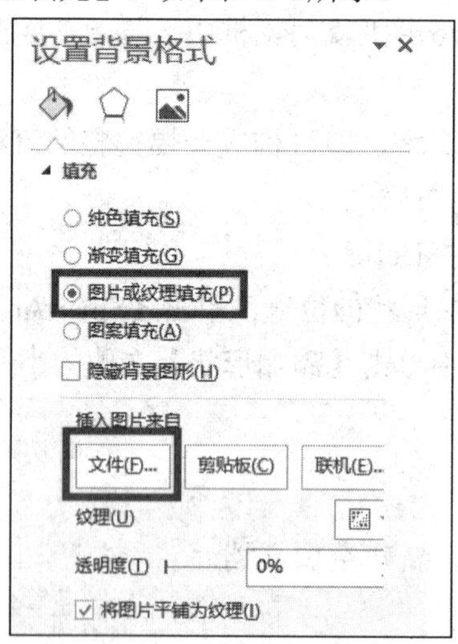


图5-2-1　设置背景格式

(2) 插入的图片来自文件中的“背景”，如图5-2-2所示。

### 2. 插入图片“日历”，将图片放在居中偏上位置；插入【形状】并添加标题内容

(1) 调整“日历”图片，调整大小及位置。

(2) 插入【形状】中的【圆角矩形】，添加的文字内容为【年度工作总结汇报】，设置字体为“微软雅黑”红色、字号42加粗。

图5-2-2　插入背景图片

(3) 填充颜色为白色、背景1、深色5%，如图5-2-3所示。

图5-2-3　封面效果

### 3. 插入艺术字和形状

(1) 插入新幻灯片，版式选择【空白】。插入背景图片仍为【背景】，将透明度调至77%，在幻灯片的左侧插入艺术字【目录】，设置艺术字样式为第3行第3列，设置文本填充颜色为红色，字号60。

(2) 在幻灯片的右侧插入虚线线条、箭头、方形以及矩形，填充颜色为蓝色，并添加文字，设置字体为“微软雅黑”白色、字号27，效果如图5-2-4所示。

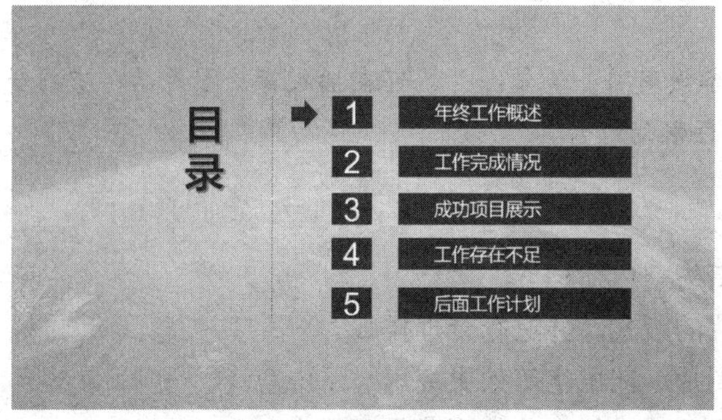


图5-2-4　设置文本效果

### 4. 插入表格

(1) 插入新幻灯片，版式选择【标题和内容】，插入背景图片仍为【背景】，将透明度调至77%；并在最上端插入【矩形框】，填充颜色为【深蓝，着色1】。

(2) 插入农行logo，放在左上角。

(3) 输入标题【银行业绩报表】，设置字体为“微软雅黑”红色、字号40。

(4) 插入 5 行 4 列表格，选择【表格工具】/【设计】/【表格样式】，选择“中度样式2-强调 1”，如图 5-2-5 所示。

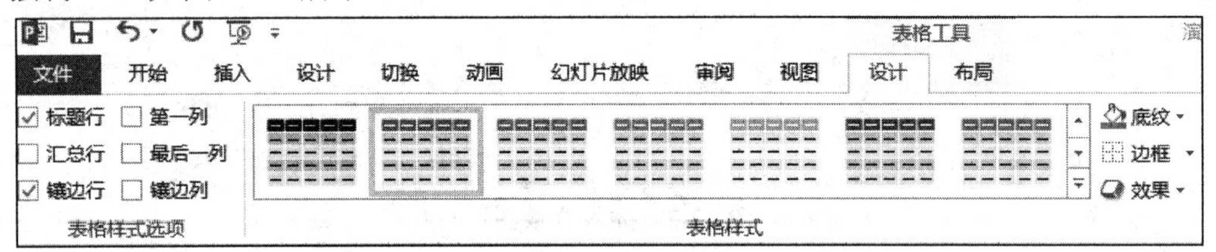


图5-2-5　选择表格样式

### 5. 设置段落间距及行距

选择【开始】选项卡，单击【段落】分组右下角的小三角形图标，打开【段落】对话框。在【缩进和间距】选项卡下，可以设置段落的对齐方式、缩进和间距，如图5-2-6所示。

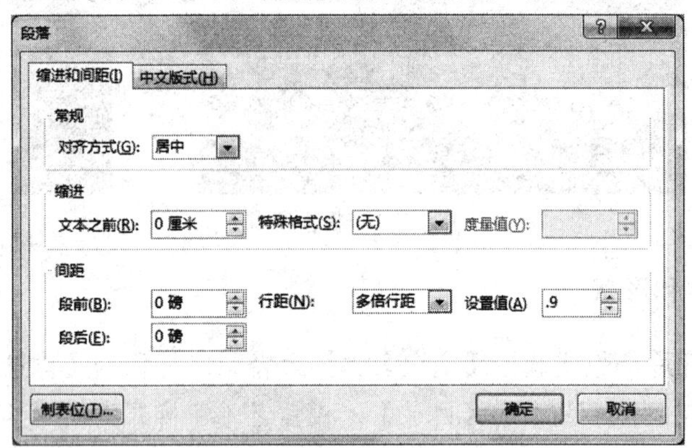


图5-2-6　设置段落缩进和间距

调整表格的大小以及位置，并添加文字，最终效果如图5-2-7所示。

**提示：**

若所有幻灯片都使用同一背景图片，可在插入背景图片后，直接选择“全部应用”即可，不必重复添加每张幻灯片。

**任务实施：**

① 继续创建新的空白文档。

② 选择幻灯片的版式，并进行合理排版。

③ 通过插入图片、艺术字等效果突出显示内容。

④ 将年度工作总结以幻灯片的形式呈现出来。

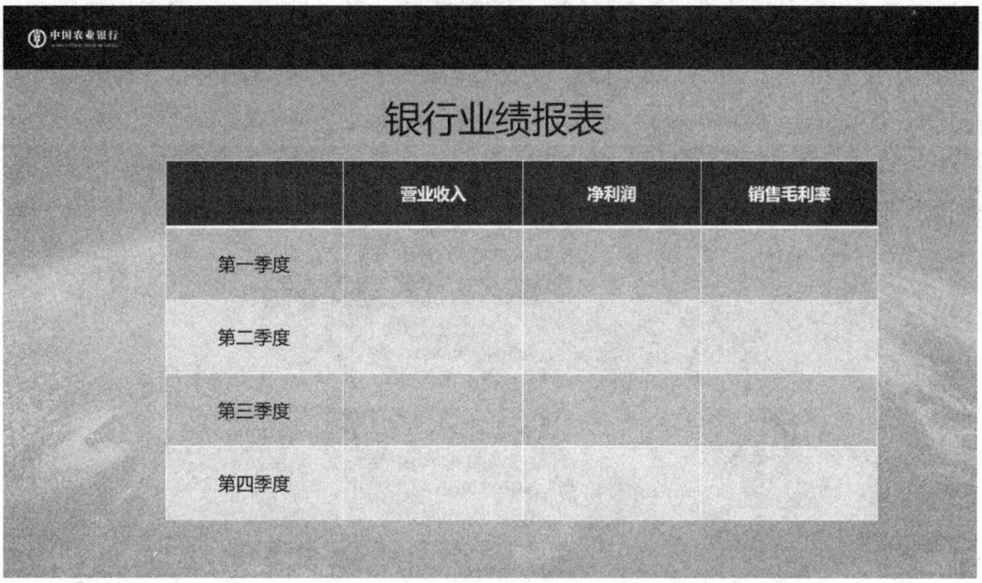

中国农业银行

银行业绩报表

| | 营业收入 | 净利润 | 销售毛利率 |
| --- | --- | --- | --- |
| 第一季度 | | | |
| 第二季度 | | | |
| 第三季度 | | | |
| 第四季度 | | | |

图5-2-7　银行业绩报表

**任务小结：**

通过前两个任务能够熟练掌握PowerPoint 2013的基本操作；以及如何插入图片、形状、艺术字，并对该对象进行详细设置。

但也出现了一个问题，如果创建的每张幻灯片都需要添加背景图片、矩形框、农行logo，是否需要每张幻灯片重复操作，该如何解决？先思考一下。

# 考 核 任 务

## 任务三　为年度工作汇报的演示文稿添加超链接

**任务分析：**

超链接是从一张幻灯片到同一演示文稿的另一张幻灯片的链接，或是从一张幻灯片到不同演示文稿中另一张幻灯片、网页或文件等的链接。选择要用作超链接的文本或对象，在【插入】菜单中，单击【超链接】，在【连接到】下，单击要连接的位置即可。

(1) 新建空白文档，重复任务二中的操作，插入背景图片仍为“背景”，将透明度调至77%，插入矩形框以及农行logo；插入形状包括六边形、线条、矩形，并调整位置。

(2) 在六边形中添加文字内容【工作概述】，字体为“微软雅体”白色、字号32。

(3) 插入形状为矩形，填充颜色为“白色，背景1，深色15%”。插入文本框，添加文字内容，字体为“微软雅体”黑色、字号16。

(4) 插入形状为矩形，填充颜色为“深蓝，着色3”。插入文本框并添加文字内容，字体为“微软雅黑”、字号16。

(5) 插入形状为箭头，调整位置，最终效果如图5-3-1所示。

(6) 切换到第二张“目录”幻灯片，为第二张幻灯片内容设置超链接，具体步骤如下：

① 选中第二张幻灯片中的文本内容“年终工作概述”。

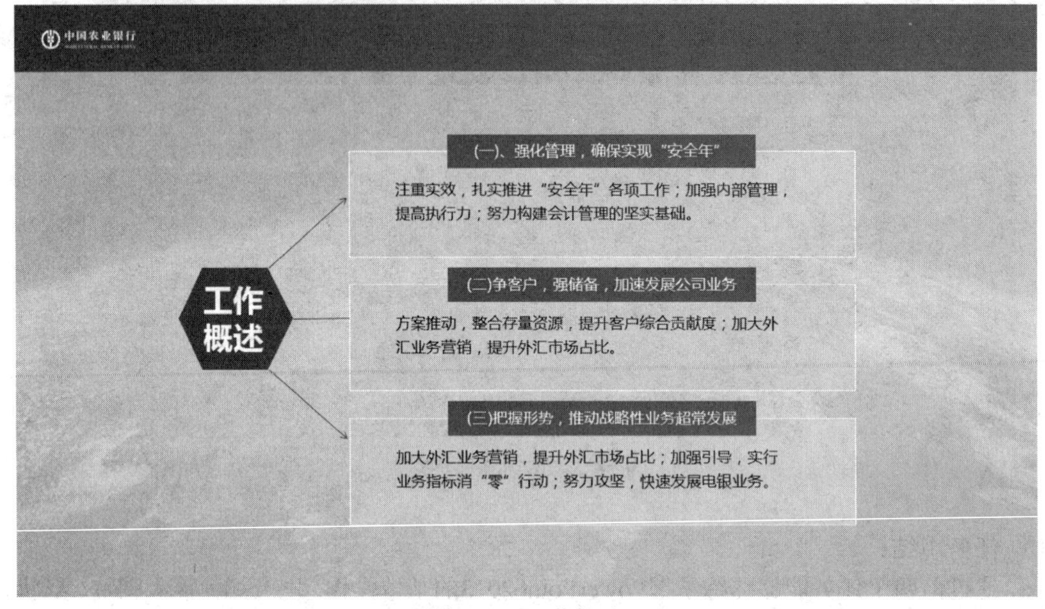


图5-3-1　工作概述

② 单击鼠标右键，在弹出的快捷菜单中选择【超链接】命令，弹出【插入超链接】对话框。在【链接到】中选择【本文档中的位置】，然后选择第四张“工作概述”幻灯片，单击【确定】按钮，用同样的方法为其他行创建超链接。

**知识拓展**

在PowerPoint 2013内创建的普通表格及手绘表格均不具备计算功能，插入到幻灯片中的Excel可支持公式、函数、批量填充等Excel计算特性，能满足复杂的计算需要。

选择【插入】选项卡，单击【表格】按钮下的小三角形图标，选择【Excel电子表格】选项。幻灯片上将显示Excel表格，拖动鼠标可以调整行、列数。

## 任务四　为年度工作汇报的演示文稿添加自定义动画效果

**任务分析：**

使用PowerPoint 2013可以制作包含图片、文字、声音、动画、视频等多媒体材料的丰富多彩的演示文稿。

### 1. 添加声音和视频

在一张幻灯片上，可以根据需要插入一个或多个音频/视频文件。文件插入后，将显示为一个个的音频/视频图标。在演示时，单击这些图标，将播放相应的音频/视频文件。PowerPoint 2013支持的音频文件有MP3、MAV、WMA、ACC、AU、MID等常见的音频格式。支持的视频文件有Windows Media、Windows Stream Media、Windows Video、MKV、

MP4、MPEG、Flash Media等10大类共计36种格式的视频文件。

(1) 插入音频：选择【插入】/【媒体】，在【媒体】分组中单击【音频】按钮，选择音频文件，单击【插入】按钮。

(2) 插入视频：选择【插入】/【媒体】，在【媒体】分组中单击【视频】按钮，选择视频文件，单击【插入】按钮。

### 2. 为对象添加动画效果

可以将PowerPoint 2013演示文稿中的文本、图片、形状、表格、SmartArt图形和其他对象制作成动画，赋予它们进入、退出、大小或颜色变化甚至移动等视觉效果。

PowerPoint 2013有以下4种不同类型的动画效果：

- “进入”效果：包括使对象逐渐淡入焦点、从边缘飞入幻灯片或跳入视图中。
- “退出”效果：包括使对象飞出幻灯片、从视图中消失或从幻灯片旋出。
- “强调”效果：包括使对象缩小或放大、更改颜色或沿着其中心旋转。
- 动作路径：指定对象或文本的运动路径，它是幻灯片动画序列的一部分。使用这些效果可以使对象上下移动、左右移动或者沿着星形或圆形图案移动。

幻灯片上的对象可以单独使用任何一种动画，也可以将多种效果组合在一起。

#### 1) 添加动画

选择【动画】，在【动画】分组中选择合适的动画即可，如图5-4-1所示。

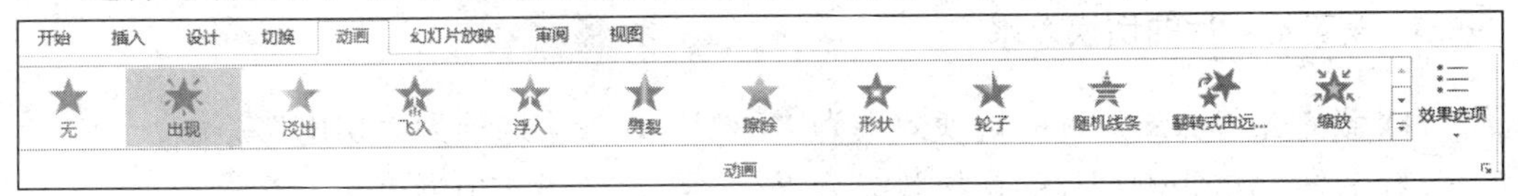


图5-4-1 选择动画

#### 2) 动画的高级设置

选择【动画】，在【动画】分组中单击【效果选项】下方的箭头；或选择【高级动画】/【动画窗格】，在【动画窗格】中单击某动画后面的下拉按钮，在下拉菜单中选择【效果选项】，在打开的对话框中可以设置动画的【效果】和【计时】，如图5-4-2所示。

若要调整动画的播放顺序，可以在【动画窗格】分组中单击需要调整的动画，在【计时】分组中选择【向前移动】或【向后移动】。

**任务实施：**

① 打开年度工作汇报演示文稿，添加声音与视频。

② 选择幻灯片中的对象，添加动画效果。

③ 调整动画的播放顺序。

**任务小结：**

本次任务主要掌握在演示文稿中添加声音和视频，以及动画效果的设置。

图5-4-2　动画的高级设置

## 任务五　年度工作汇报演示文稿的幻灯片切换设置

**任务分析：**

默认情况下，幻灯片的切换效果是上一张结束后，马上显示下一张幻灯片；而想要使幻灯片的切换生动、吸引人，就要为每张幻灯片的切换设置切换效果。

PowerPoint 2013预设了翻页效果、缩放效果、平移效果等30多种切换特效，每一种还有多个效果选项进行设置，从而可以设计出数以百计的切换效果。

### 1. 设置幻灯片的切换效果

(1) 设置第一张幻灯片的切换效果为“形状”，效果选项为“切出”。

(2) 设置第二张幻灯片的切换效果为“时钟”，效果选项为“切入”。

(3) 设置第三张幻灯片的切换效果为“飞过”，效果选项为“弹跳切入”。

### 2. 添加切换音效

打开需要添加切换音效的一张或多张幻灯片，选择【切换】，在【声音】下拉列表中选择【其他声音】选项，打开【添加音频】对话框。

- 选择需要添加的音效，单击【确定】按钮。
- 切换音效，仅支持WAV格式的音频文件。

**任务实施：**

① 为其他幻灯片设置切换效果。

② 为幻灯片设置切换音效。

**任务小结：**

本次任务能够让学生为不同的幻灯片设置切换效果以及添加和切换音效。

## 任务六　设置幻灯片放映

**任务分析：**

设置年终工作汇报演示文稿的放映方式。

选择【幻灯片放映】选项卡，在【开始放映幻灯片】分组中，可以设置如下4种放映方式：

(1) 从头开始：从第一张幻灯片开始放映。

(2) 从当前幻灯片开始：从光标所在的当前幻灯片开始放映。

(3) 联机演示(广播幻灯片)：向可以在Web浏览器中观看的远程观众播放幻灯片，这也是PowerPoint新增的功能。

(4) 自定义幻灯片放映：创建或播放自定义幻灯片放映，具体方法如下：

① 选择【幻灯片放映】选项卡，单击【自定义幻灯片放映】按钮，选择【自定义放映】选项。

② 单击【新建】按钮，在【幻灯片放映名称】文本框内输入自定义的放映方案名称，然后在左边的列表中选择该方案需要播放的幻灯片，单击【添加】按钮将其添加至右侧列表中，单击【确定】按钮，再单击【关闭】按钮。

③ 选择【幻灯片放映】选项卡，单击【自定义幻灯片放映】按钮，再选择放映方案名称，程序即播放该方案所选取的部分幻灯片。

**知识拓展**

**如何隐藏幻灯片？**

在放映过程中有时需要临时隐藏一些幻灯片，利用幻灯片隐藏即可实现。

(1) 选择【视图】选项卡，在【演示文稿视图】分组中单击【幻灯片浏览】按钮，进入浏览视图状态。

(2) 选中需要隐藏的幻灯片。

(3) 选择【幻灯片放映】选项卡，在【设置】分组中单击【隐藏幻灯片】按钮，被选定的幻灯片即被隐藏。

## 任务七　为年度工作汇报演示文稿添加备注

**任务分析：**

PowerPoint 2013视图主要分为演示文稿视图和母版视图，其中演示文稿视图包含普通视图、大纲视图、幻灯片浏览视图、备注页视图、阅读视图；母版视图包括幻灯片母版、讲义母版和备注母版。

### 1. 演示文稿视图

#### 1) 普通视图

普通视图是主要的编辑视图，可用于撰写和设计演示文稿。

#### 2) 大纲视图

主要用于查看、编排演示文稿的大纲。和普通视图相比，大纲栏和备注栏被扩展，而幻灯片栏被压缩。

#### 3) 幻灯片浏览视图

查看缩略图形式的幻灯片。通过此视图，在创建演示文稿以及准备打印演示文稿时，可以对演示文稿的顺序进行排列。

#### 4) 备注页视图

【备注】窗格位于【幻灯片】窗格下。在【备注】窗格中键入应用于当前幻灯片的备注，并可以将备注打印出来，在放映演示文稿时作为参考。

#### 5) 阅读视图

用于使用个人计算机查看演示文稿的人员放映演示文稿。如果希望在一个设有简单控件以方便审阅的窗口中查看演示文稿，而不想使用全屏的幻灯片放映视图，也可以在个人计算机上使用阅读视图。如果要更改演示文稿，可以随时从阅读视图切换至某个其他视图。

### 2. 母版视图

包括幻灯片母板、讲义母版和备注母版。它们是存储有关演示文稿信息的主要幻灯片，其中包括背景、颜色、字体、效果、占位符大小和位置。使用母版视图的一个主要优点在于，在幻灯片母版、备注母版或讲义母版上，可以对演示文稿关联的每个幻灯片、备注页或讲义的样式进行全局更改。

### 3. 打印演示文稿

在PowerPoint 2013中可以很方便地将演示文稿制作成打印版本，并在打印之前预览打印效果。

#### 1) 页面设置

与Word、Excel一样，在打印前需要进行页面设置。选择【设计】菜单项，在【自定义】分组中选择【幻灯片大小】右下方的小三角箭头，选择【自定义幻灯片大小】，在弹出的【幻灯片大小】对话框中选取适当的幻灯片大小、选定方向，选取幻灯片的起始页码，单击“确定”按钮完成设置，如图5-7-1所示。

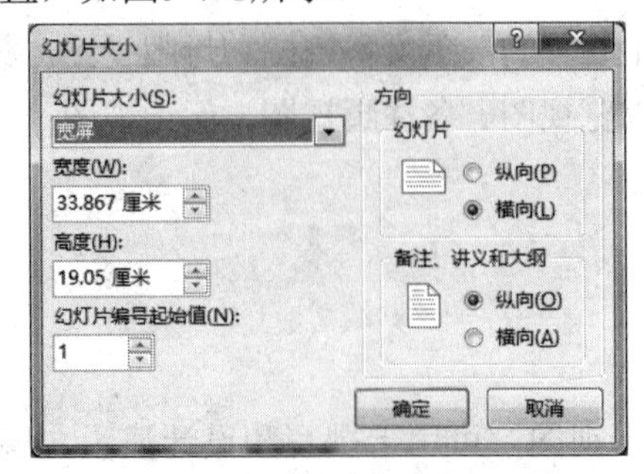


图5-7-1　【幻灯片大小】对话框

2) 编辑页眉和页脚

在打印前还需要设置页眉和页脚，比如在页脚中显示页码、日期、文字信息等。选择【文件】菜单项，在下拉菜单中选择【打印】，单击【编辑页眉和页脚】按钮，打开【页眉和页脚】对话框，如图5-7-2所示。

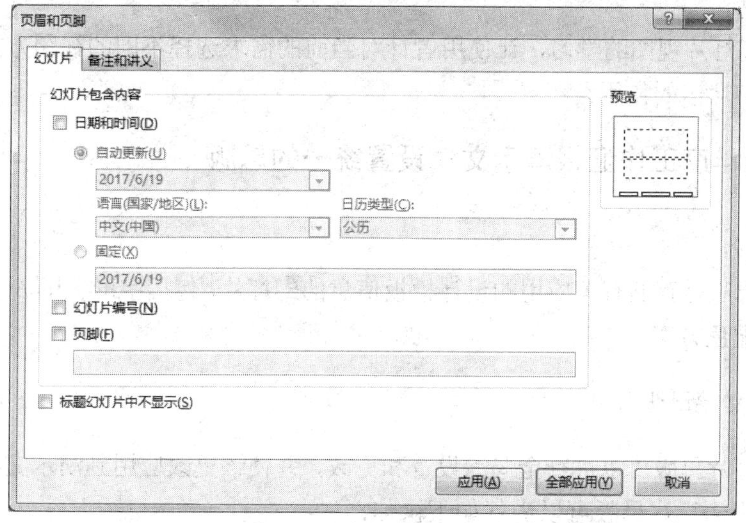


图5-7-2　编辑页眉和页脚

3) 打印

PowerPoint 2013对老版本的“打印”和“打印预览”功能进行了整合。选择【文件】菜单项，在下拉菜单中选择【打印】。左侧为【打印设置项】，右侧为【预览窗口】。用户可以通过下方的【页码选择】项来分页预览演示文稿内每张幻灯片的打印效果，如图5-7-3所示。

预览后，可以在【设置】区域进行各种打印设置，最后单击【打印】按钮，将演示文稿输出到打印机。

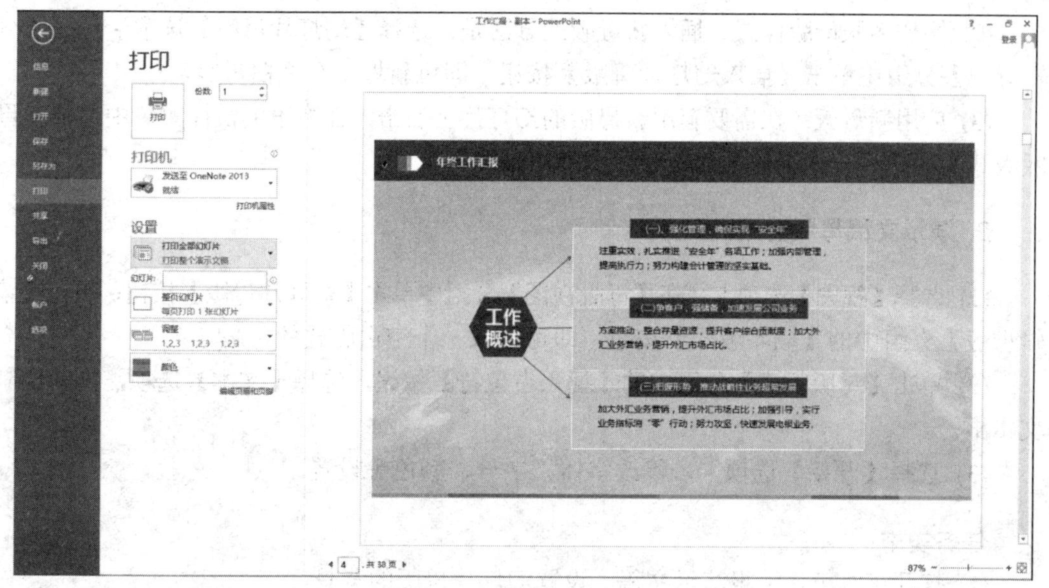


图5-7-3　【打印】对话框

**任务实施：**

① 为年度汇报演示文稿中的幻灯片添加备注。

② 打印预览添加了备注的演示文稿。

**任务小结：**

通过对幻灯片视图的学习，让使用者针对当前的需求选择不同的视图方式，以方便操作，起到事半功倍的作用。

## 任务八　为年度工作汇报演示文稿设置统一的母版

**任务分析：**

幻灯片母版是存储有关应用的设计模板信息的幻灯片，包括字形、占位符大小或位置、背景设计和配色方案。

### 1. 演示文稿母版

使用幻灯片母版可以进行全局的设置和更改，并使该更改应用到演示文稿中的所有幻灯片上，使用幻灯片母版可以进行如下操作：

(1) 改变标题、正文和页脚文本的字体。

(2) 改变文本和对象的占位符位置。

(3) 改变项目符号样式。

(4) 改变背景设计和配色方案。

### 2. 演示文稿母版的基本操作

(1) 要查看或修改幻灯片母版，可选择【视图】选项卡，在【母版视图】分组中单击【幻灯片母版】按钮，即可进入幻灯片母版编辑状态。

(2) 增加多张母版样式。插入新母版的方法是：选择【幻灯片母版】选项卡，在【编辑母版】分组中单击【插入幻灯片母版】按钮，即可新增一个空白母版。

(3) 应用新母版：在需要套用新母版的幻灯片上右击，在弹出的快捷菜单中选择【母版版式】命令，再选择使用的母版版式即可。

### 3. 演示文稿母版的版式

(1) 选择【视图】选项卡，在【母版视图】分组中单击【幻灯片母版】按钮，单击【编辑母版】分组中的【插入版式】按钮，即可插入一个空白版式的母版。

(2) 单击【母版版式】分组中的【插入占位符】按钮，选择【文本】选项，拖动绘制文本框。

(3) 选择【开始】选项卡，修改字体、字号、颜色等设置。

**任务实施：**

① 打开年终工作汇报演示文稿，设置幻灯片母版的背景。

② 为母版添加矩形框，并填充蓝色。

③ 在矩形框中插入农行logo。

最终效果如图5-8-1所示。

**任务小结：**

通过本次任务的学习，你会发现，对于任务二、任务三中的重复操作，通过本次学习轻松得到了解决。只需要选中第三张幻灯片，选择【视图】/【母版视图】/【幻灯片母版】，在此状态下进行编辑操作，操作完成后关闭“母版视图”即可。使用幻灯片母版，可以将幻灯片风格统一，需要更改的版式只需要更改一次即可，不用对每张幻灯片做修改。

图5-8-1　母版

## 任务九　利用网络资源下载演示文稿素材

**任务分析：**

在网络资源高速发展的今天，我们不需要自己创建幻灯片模板，只需在网络中搜索，找到适合自己需要的幻灯片版式，在此基础上改成自己所需的幻灯片即可。

### 1. 演示文稿模板的查找

微软预先为常用的办公场景设计了许多PowerPoint模板。这些模板含有直接可以套用的报告框架、精美的背景以及一些通用示范文本。用户只需要填写部分内容，即可制作出一份具有专业水准的演示文稿。

使用模板创建PPT文档的方法如下：

(1) 首先连接网络，选择【文件】选项卡，在下拉菜单中选择【新建】选项，根据所需要的条件输入关键字，在【搜索】栏中搜索即可，如图5-9-1所示。

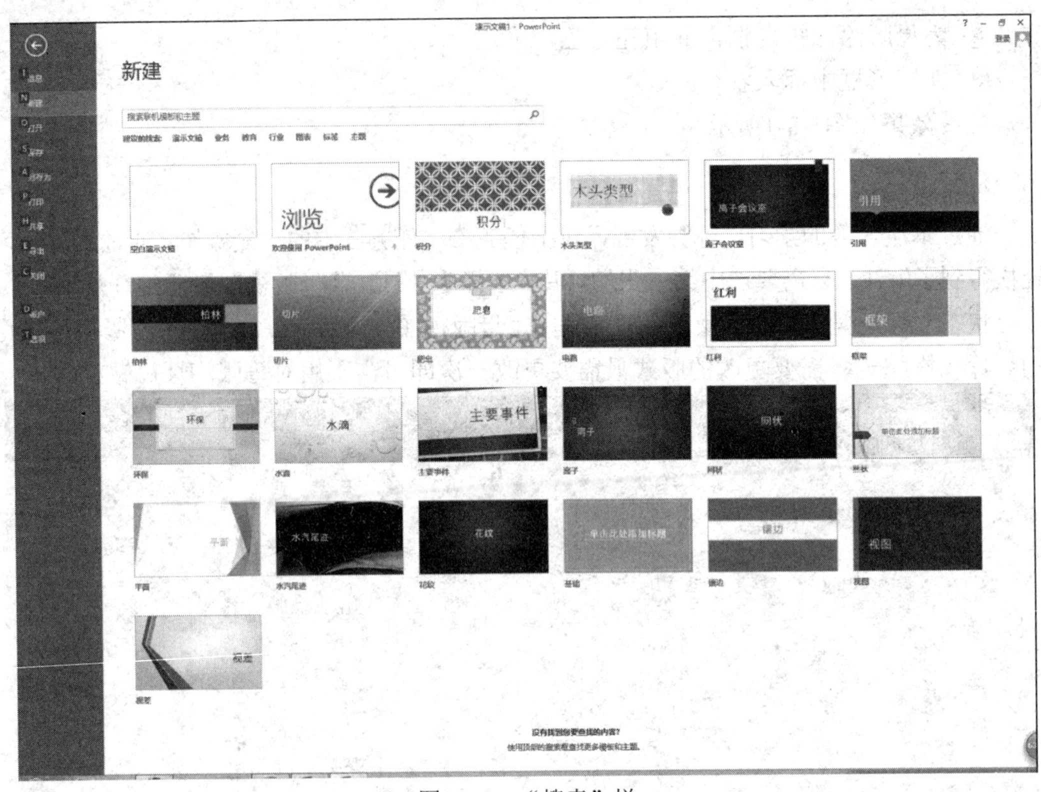

图5-9-1　“搜索”栏

(2) 选择一个合适的模板，单击【下载】按钮，下载后PowerPoint将自动使用该模板新建文件。

### 2. 从网站下载模板及图片

网络资源非常丰富，我们可以通过网站下载各种精美的图片以及幻灯片模板素材，将这些素材应用到幻灯片中，不但节省时间，而且增加了美感，起到画龙点睛的效果。

下面简单介绍几个下载素材的网站：

- 第1 PPT　　www.1ppt.com
- 千图网　　www.58pic.com
- 51 PPT模板　　www.51pptmoban.com
- 我图网　　www.ooopic.com
- 花瓣网　　huaban.com

**知识拓展**

占位符：在创建新幻灯片时，在幻灯片上显示的虚线方框即占位符。占位符表示在此有待确定的对象，如幻灯片标题、文本、表格、剪贴画等。占位符是幻灯片设计模板的主要组成元素，在占位符中添加文本和其他对象以便建立美观的演示文稿。

**任务实施：**

① 从网上下载模板素材。

② 作为银行职员，对一年工作进行总结。

③ 以演示文稿的形式展现。

# 项 目 小 结

本项目包括9个任务，介绍了PowerPoint 2013的各种基本功能，包括新建演示文稿、插入文本框、图片、艺术字、设置背景图片、添加自定义动画、幻灯片的切换与放映以及创建母版等实用内容。幻灯片采用图文结合的表达方式，运用文字排版及图文排版功能使表达事半功倍，有效地将信息传递给他人；此外，幻灯片能够设置丰富多彩的动态表达方式，有效控制观者的信息浏览顺序，引导观者顺着笔者的思路进入状态。

# 项 目 习 题

## 一、选择题

1. PowerPoint 2013文档的扩展名是______。

   A. ppt　　　　B. pwt

   C. xsl　　　　D. doc

2. 在PowerPoint 2013中，如果要对多张幻灯片的外观进行同样的修改，______。

   A. 必须对每张幻灯片进行修改

   B. 只需要对幻灯片母版做一次修改

   C. 只需要更改标题母版的版式

   D. 无法修改，只能重新制作

3. 在PowerPoint 2013中可以插入的内容有______。

   A. 文字、图表、图像　　　　B. 声音、视频、剪辑

   C. 超级链接　　　　D. 以上都是

4. 在编辑演示文稿时，要在幻灯片中插入表格、剪贴画或照片等图形，应在以下哪种视图中进行______？

   A. 备注页视图　　　　B. 幻灯片浏览视图

   C. 幻灯片放映视图　　　　D. 普通视图

5. 在PowerPoint 2013中，使字体变粗的快捷键是______。

   A. Alt+B　　　　B. Ctrl+B

   C. Shift+B　　　　D. Ctrl+Alt+B

6. 关于幻灯片的删除，以下叙述中正确的是______。

   A. 可以在各种视图中删除幻灯片，包括在幻灯片放映时

   B. 只能在幻灯片浏览视图和幻灯片视图中删除幻灯片

C. 可以在各种视图中删除幻灯片，但不能在幻灯片放映时

D. 不能在备注页视图中删除幻灯片

7. 在PowerPoint 2013中，在_____视图中，用户可以看到画面变成上下两半，上面是幻灯片，下面是文本框，可以记录演讲者讲演时所需的一些提示重点。

A. 备注页视图

B. 浏览视图

C. 幻灯片视图

D. 黑白视图

8. 如果在母版中加入了公司logo图片，每张幻灯片都会显示此图片。如果不希望在某张幻灯片中显示此图片，下列哪些做法不能实现？

A. 在母版中删除图片

B. 在幻灯片中删除图片

C. 在幻灯片中设置不同的背景颜色

D. 在幻灯片中进入背景设置，并选中【忽略母版的背景图形】

## 二、操作题

**操作要求：**

制作银行实习生的交互式相册。

1. 新建演示文稿，创建相册。选择【插入】选项卡，在【图像】分组中单击【相册】下方的小三角按钮，打开【相册】对话框。

2. 插入图片。单击【文件/磁盘】按钮，在弹出的【插入新图片】对话框中选择需要添加到相册中的图片。

3. 调整图片位置。在【相册】对话框的【相册中的图片】列表框中显示了当前插入的图片，并能够在【预览】框中预览。选中【相册中的图片】，可以调整图片的顺序。

4. 编辑母版样式。单击【视图】选项卡中的【幻灯片母版】按钮，选中并右击【单击此处编辑母板标题样式】，设置字体为“黑体”、字号为44；选中并右击【单击此处编辑母版文本样式】，设置字体为“楷体”，各级文本的字号均为默认字号。

5. 再次插入图片。单击【插入】选项卡中的【图片】按钮，在弹出的对话框中插入图片，设置旋转角度为45°，设置宽度、高度均为原始尺寸的50%并返回普通视图。

6. 添加标题。为第一张幻灯片添加标题“我是银行实习生”，副标题为“难忘的回忆”。分别为第2~第5张幻灯片添加合适的标题。

7. 设置图片格式。设置第二张幻灯片的图片格式，设置【锁定纵横比】并设置【尺寸和旋转】中的【高度】为“7厘米”。

8. 绘制标注框。选定第一张幻灯片，插入形状为“圆角矩形”的标注框，并添加文字内容；修改文字的字体为“华文新魏”、“字号为24”，颜色为“按强调文字配色方案”。依次为其他图片添加标注。

9. 打开母版，插入形状。打开母版，添加“横卷形”旗帜，文字方向为“纵向”，在

其中添加4列文字“欢乐”、“精彩”、“付出”、“收获”。设置字体为“隶书”，字号为“20”，文字“颜色”为“按强调文字和超链接配色方案”，放在幻灯片中适当的位置。

10. 设置超链接。分别将“欢乐”、“精彩”、“付出”、“收获”链接到对应的幻灯片上。

11. 设置自定义动画。右击导航图，设置自定义动画，执行【添加效果】/【进入】/【其他效果】，选择【华丽型】中的【弹跳】动画类型，将【开始】设置为“”，将【速度】设置为“快速”。关闭母版。

12. 幻灯片放映。进行幻灯片放映，可以单击链接在页面之间跳转。

# 项目六　宣传设计

**【能力目标】**

1. 能使用光影魔术手对照片进行美容，使图片亮丽；能完成多图组合及增添边框等
2. 具备一定的审美能力
3. 能够使用会声会影进行视频编辑、截取、转码、配乐等，能添加特效和字幕

**【知识目标】**

1. 了解图片色彩的搭配原则
2. 了解常用的图片存储格式
3. 了解常用的视频制作软件
4. 了解视频存储的常用格式

**【素质目标】**

1. 具有团队意识，组成团队共同完成较大型的任务，每名成员分工明确，各有可展示的成果
2. 培养学生利用互联网合作完成任务的能力和审美意识

**【项目情境】**

小王在单位工作的几年，业绩良好，发展空间越来越大，经过深思并与团队反复探讨沟通后，单位决定推出一款新的产品，由小王负责制作宣传图片和宣传视频。于是小王想到了光影魔术手与会声会影两款制作软件，怎么制作才能够达到好的效果呢？

## 项 目 描 述

本项目旨在循序渐进地学习使用光影魔术手及会声会影制作视频，分为如下六个任务：

任务一：掌握光影魔术手修图示范

任务二：学练光影魔术手多图组合及添加边框

任务三：自己动手制作产品宣传海报

任务四：会声会影使用攻略

任务五：宣传视频素材下载

任务六：制作宣传视频

目前，专业图形图像处理软件非常多，对于非专业人员而言，要进行简单的数码图片后期处理，且希望简单易操作，可以使用光影魔术手进行简单的图形改色、人像美容、多图组合等，并能够对公司宣传做简单处理。光影魔术手是针对没有专业图像处理技术人员的最好、最强大的工具，光影魔术手对摄影作品后期处理及冲印整理、宣传图册的制作等操作，能够满足绝大部分数码照片后期处理的需要。

会声会影是一套操作简单、功能强大的DV、HDV影片剪辑软件。不仅完全符合家庭或个人所需的影片剪辑功能，具有图像抓取、视频编辑及截取等功能，可对视频文件进行转码、特效、字幕、配乐等操作，可导出多种常见的视频格式。操作简单、功能强大的会声会影编辑模式，从捕获、剪接、转场、特效、覆叠、字幕、配乐到刻录，提供完美支持。会声会影支持各类编码，包括音频和视频编码，是最简单、易操作、易上手的DV、影片剪辑软件。

# 学习任务

## 任务一　光影魔术手修图示范

示范图片“景色.jpg”的不同胶片效果设置。

任务分析：

### 1. 使用光影魔术手进行图片色彩的基本设置

依据光影魔术手的效果设置，对“点钞.jpg”在数码暗房中进行多种效果设置。

#### 1) 认识图像的格式

看到一张图片，首先要了解图片的格式，可以通过图片的属性来了解图片的具体格式。光影魔术手支持目前所有的数码图像格式。常用的图片格式有BMP、JPG、GIF三种。BMP是英文Bitmap(位图)的简写，是Windows操作系统中的标准图像文件格式。JPG是一种常用的图片压缩格式，JPG文件的优点是体积小巧，并且兼容性好。GIF分为静态GIF和动画GIF两种，扩展名为.gif，是一种压缩位图格式，支持透明背景图像。

#### 2) 光影魔术手的工作界面

启动光影魔术手后，工作界面如图6-1-1所示。启动与退出应用程序的方式与Office办公软件类似，参照其启动与退出方法来操作。用户界面包括工具栏和右侧栏。

#### 3) 用光影魔术手对图片设置基本调整

(1) 浏览图片：打开需要进行效果设置的图片，单击【浏览图片】，在地址栏中浏览图片所在位置，选中“点钞.jpg”，将图片使用光影魔术手打开，然后对图片进行编辑。

(2) 一键设置：对图片进行系统内自带的效果设置，包括图片的自动美化、自动曝光、自动白平衡、一键模糊、一键锐化、严重白平衡、一键补光、一键减光、高ISO降噪。

图6-1-1　光影魔术手的工作界面

(3) 数码补光：对曝光不足的部位进行后期补光，易用、智能、过渡自然，可使照片的细节显示清晰。“基本调整”\“数码补光”可通过调节范围选择、补光亮度、强力追补进行补光设置。

(4) 数码减光：对曝光过度的部位进行后期的细节追补，“基本调整”\“数码减光”可通过调节范围选择、强力增效进行减光的设置，对闪光过度、天空过曝等十分有效。

(5) 色阶：“多通道调整”，色阶是表示图像亮度强弱的指数标准，也就是我们说的色彩指数。“基本调整”\“色阶”，色阶通过调整“RGB通道”、“R红色通道”、“G绿色通道”、“B蓝色通道”分别进行调色。色阶、曲线、通道混合处理器是可以混合使用的。

(6) 曲线：对图像中的个别颜色通道进行精确调整。打开需要处理的图片，单击右边工具栏的“基本调整”\“曲线”，可看到一条斜直线，斜直线的右下角表示亮度为0，即黑色，右上角表示亮度为255，即白色。直线上的每个点都代表着一个亮度值。把线条向上拖动，画面就会变亮，向下拖动画面则会变暗。可以通过单击鼠标左键，在曲线上设置几个点，调整几个点的位置，曲线弯曲程度就可以改变图片的明暗变化，从而影响图片的实际效果。在“曲线调整”中，还可以通过调整“RGB通道”、“R红色通道”、“G绿色通道”、“B蓝色通道”，单独调整画面中的颜色达到意想不到的效果。

(7) 通道混合器：用于对图像色彩调整的一个复杂的功能。可以通过分别调整“红色”、“绿色”、“蓝色”调整图片的整体颜色效果。对图片“景色.jpg”进行通道混合器设置，调整红、绿、蓝通道，红色为-50，绿色为200，蓝色为-50，可将景色改变成秋日效果，另存为“秋色.jpg”。

#### 4) 用光影魔术手对图片设置数码暗房

数码暗房中的效果是光影魔术手最重要的功能之一。数码暗房中有三类不同效果，包括“全部”、“胶片”、“人像”，如图6-1-2所示。

图6-1-2　数码暗房

以对图片“点钞.jpg”设置黑白效果为例。选择【浏览图片】，使用工具栏【数码暗房】\【黑白效果】，另存为“景色黑白.jpg”。

使用同样的操作过程，可以对图片的多种效果进行设置，效果也可以叠加。

- 反转片效果：选择【浏览图片】，对“景色.jpg”设置【反转片效果】，另存为“景色反转片效果.jpg”；使用工具栏【数码暗房】\【反转片效果】，对图片进行调整。若效果不理想，可调整详细设置，对反差、暗部、高光、饱和度的详细数值进行设置。
- 反转片负冲：选择【浏览图片】，对“景色.jpg”设置【反转片负冲】，另存为“景色反转片负冲.jpg”；使用工具栏【数码暗房】\【反转片负冲】，对图片进行调整。若效果不理想，可调整详细设置，对绿色饱和度、红色饱和度、暗部细节的详细数值进行设置。
- 黑白效果：模拟多类黑白胶片的效果，在反差、对比方面，和数码相片完全不同。使用工具栏【数码暗房】\【黑白效果】，对图片进行调整，调节反差、对比来进行照片的精修。
- 人像美容：可以对图像美容、整体肤色及皮肤进行调整美化。使用工具栏【数码暗房】\【人像】\【人像美容】进行此处理。

数码暗房中的功能操作方法统一，设置简单，根据不同效果预览选择的功能，功能可以反复叠加。

**5) 用光影魔术手对图片添加文字**

为图像添加文字，能让图片更加生动、主题突出。单击右侧工具栏【文字】，在【文字】输入框中输入文字，可添加多个文字框，进行不同文字的字体、颜色、对齐方式、排列方式、透明度、旋转角度的设置。在【高级设置】中可以设置字体的三维及发光效果。也可以使用【画笔】工具栏中的字体进行设置。

通过【更多字体下载】可以从互联网上下载更多、更独特的字体格式。使用时可到【字体】\【下载】中进行选择。

**任务实施：**

① 先打开光影魔术手软件，并观察软件菜单栏的分布及名称。

② 练习光影魔术手修图的各项功能，包括“基本调整”、“数码暗房”、“文字”的设置。

③ 可以对自己满意的图片进行不同效果的设置。

**任务小结：**

光影魔术手把图像美容分为胶片、人像两大块。胶片的效果主要是图像、风景类型的数码图片，风景在不同的天气状况下和拍摄角度下，效果是完全不同的。在光影魔术手中可以调整光线、阴晴，可以用一个季节的风景调出不同的季节效果。

人像的拍摄角度及取光点的不同，以及人像肤色不同等客观因素，会导致拍摄效果有很大的差异，光影魔术手自带的人像美容功能可以一键调整。

## 任务二　学练光影魔术手多图组合

为示范图片“景色.jpg”的不同胶片效果设置多图组合。

**任务分析：**

### 1. 光影魔术手多图组合

设置了“景色.jpg”的多种效果后，可以对多张图片进行组合，并可以让图片更加饱满。拼图是图像处理中一种很常见的功能，可以把多张照片组合排列在一张照片中。组合图中包括自由拼图、模板拼图、图片拼接三种形式，如图6-2-1所示。

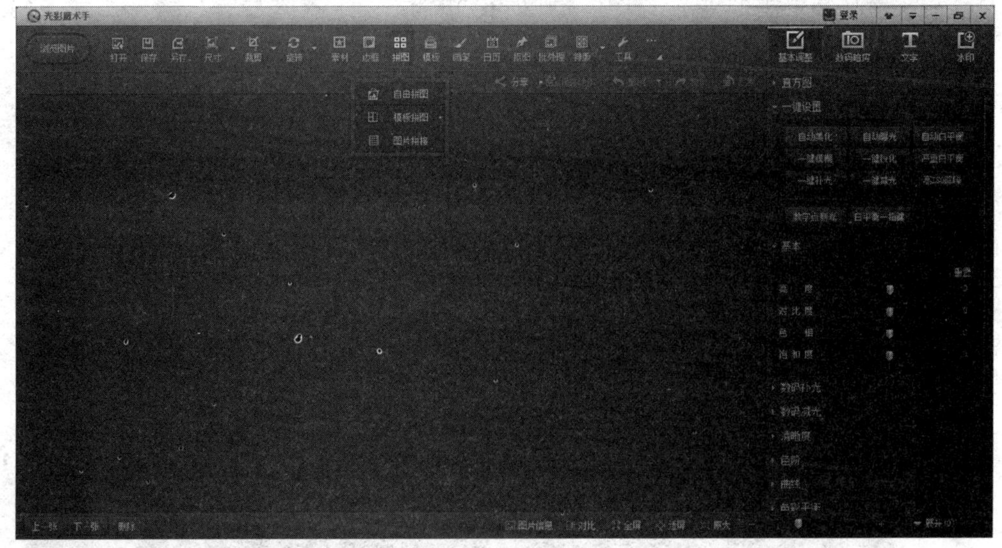


图6-2-1　拼图

(1) 自由拼图：在【拼图】中选择【自由拼图】，如图6-2-2所示；可以选择“内置素材”或“打开图片”作为自由拼图的背景图片；调整【画布尺寸】，在弹出的方框中选择自定义尺寸；使用【添加多张图片】\【随机排版】，也可以用鼠标对图片位置及角度进行更改；【边框设置】用于对插入的多张图片的边框进行设置，调整完成后，单击【确定】并保存。

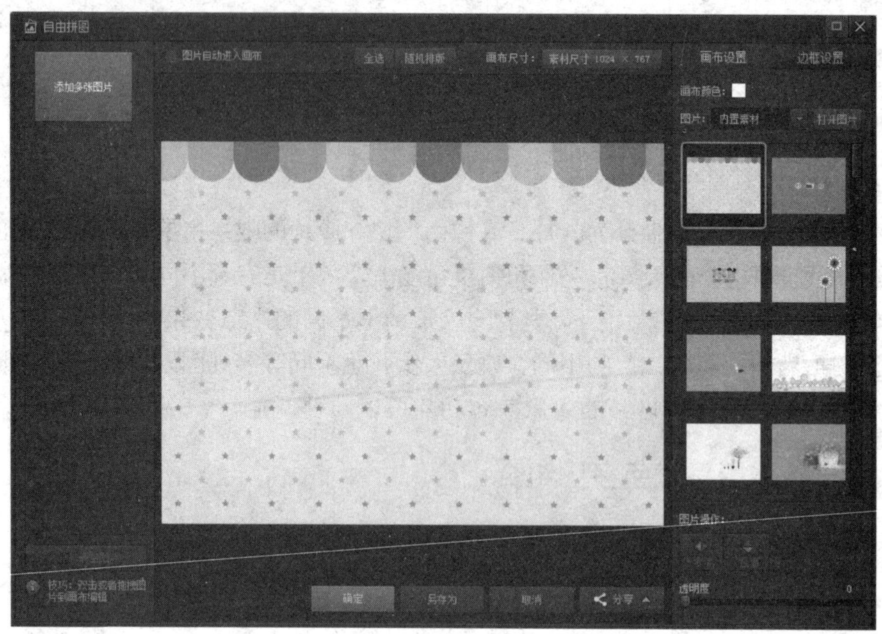


图6-2-2　自由拼图

(2) 模板拼图：在【拼图】中选择【模板拼图】，如图6-2-3所示。在窗口右侧选择模板样式，单击【画布尺寸】调整画布大小；对模板边框进行底纹设置。选择【添加多张图片】\【图片收藏夹】，选中需要的图片，使用鼠标左键把图片拖到模板中，使用鼠标拖动图片，调整其在模板中的位置，单击【确定】并保存。

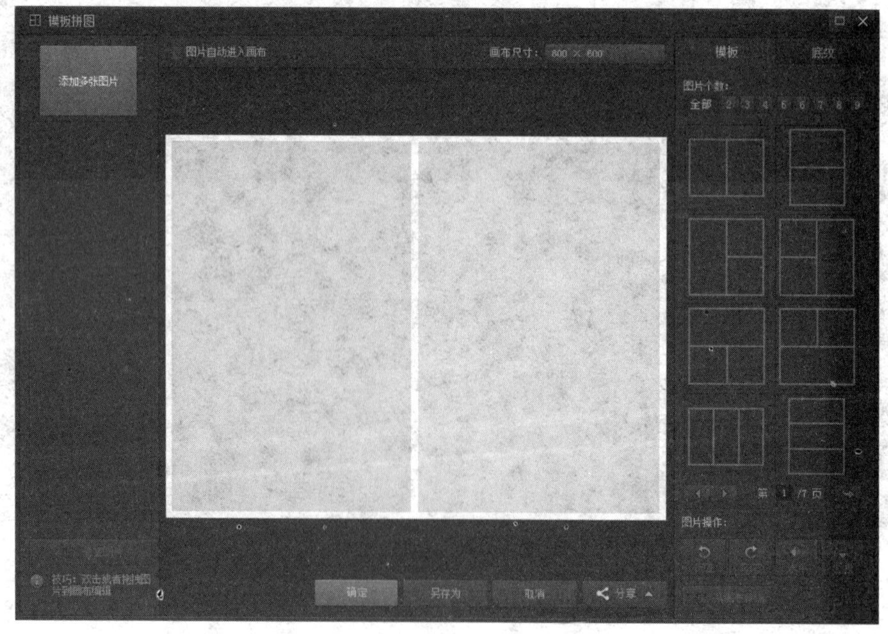


图6-2-3　模板拼图

(3) 图片拼接：拼接方式支持横排和竖排两种排版，如图6-2-4所示；单击【添加多张图片】后，挪动图片的摆放顺序；通过【外框宽度】、【内框宽度】、【图片圆角】调整边框样式及图片是否显示圆角；通过【拼接尺寸】调整图片拼接后的宽高；通过【图片操作】调整图片的方向。

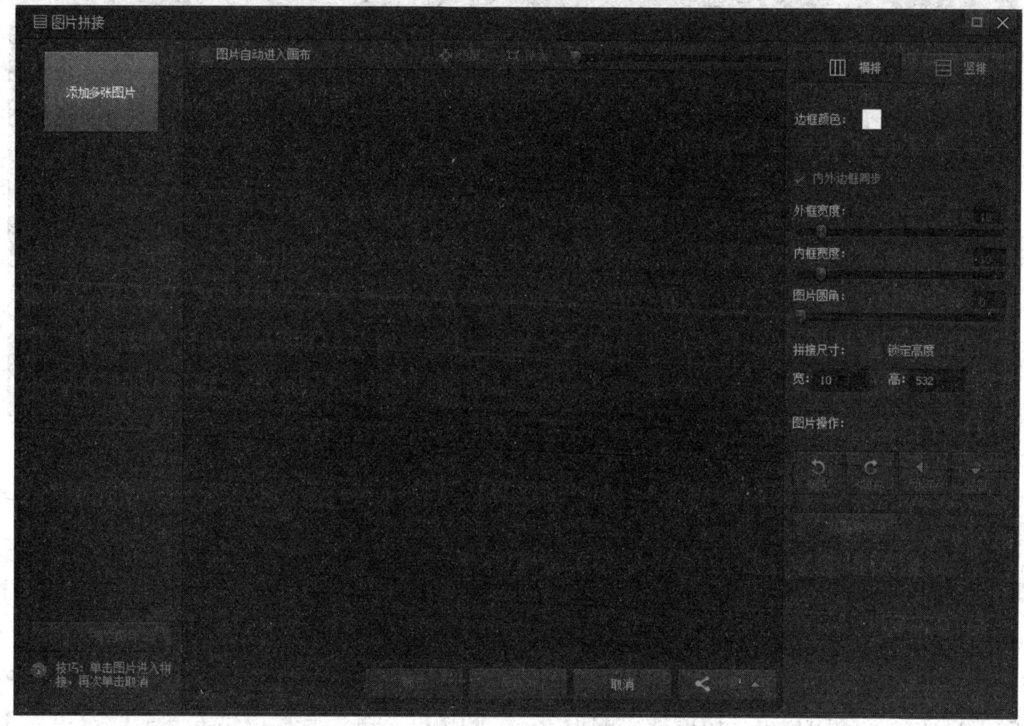


图6-2-4　自由拼接

## 2. 光影魔术手图片边框

为图片添加边框，能使图片更能得到融合，效果凸显、主题突出。

光影魔术手提供种类繁多的边框设计，如图 6-2-5所示。其中有轻松边框、花样边框、撕边边框、多图边框、自定义扩边等。轻松制作多种相片边框，如胶卷式、白边式等。提供大量花哨的边框素材，形状多变，生动有趣，并且不断有新边框提供下载。

(1) 【轻松边框】：单击【浏览图片】，选择要设置边框的图片。在工具栏中选择【边框】\【轻松边框】，选择一种边框，轻松边框中右侧工具栏提供【全部】、【简洁】、【可爱】、【清爽】四种类型的自带边框类型。通过【制作边框】可以根据图片主题制作个性化边框；通过【进入素材中心】可以连接互联网并下载更多边框。

(2) 【花样边框】：在工具栏中选择【边框】\【花样边框】，选择一种边框。如果图片尺寸不符合边框，可在【请指定照片在边框中的显示区域】中拖动照片。花样边框中右侧工具栏提供【全部】、【简洁】、【可爱】、【清新】四种类型的自带边框类型；通过【进入素材中心】可以连接互联网并下载更多边框。

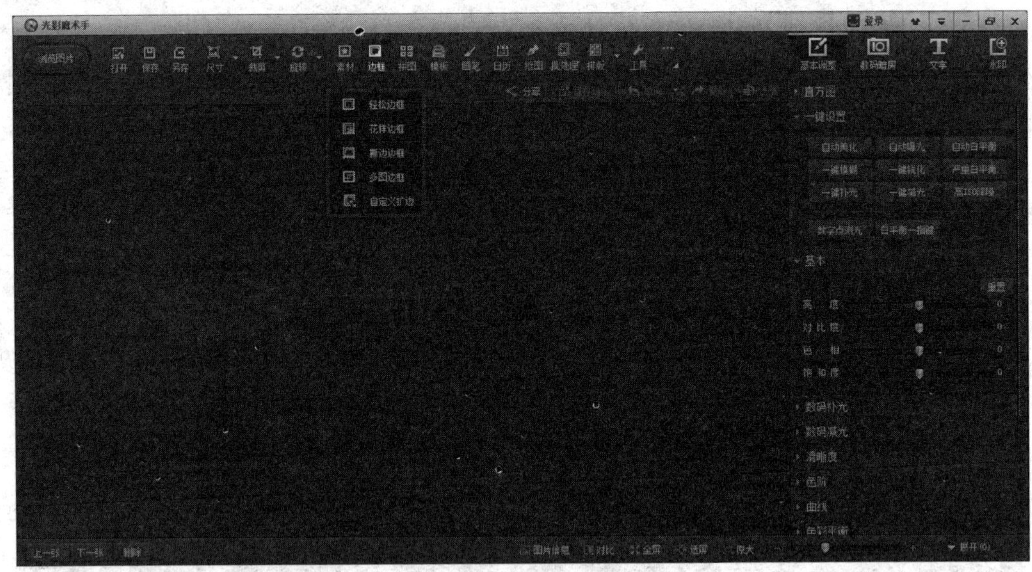


图6-2-5　边框

(3) 【撕边边框】：在工具栏中选择【边框】\【撕边边框】，在右侧栏中选择一种边框叠加到图片上，在左侧【边框效果】中，选择不同显示效果来设置撕边边框的不同效果。撕边边框右侧工具栏提供【全部】、【简洁】、【可爱】、【唯美】四种类型的自带边框类型；通过【进入素材中心】可以连接互联网并下载更多边框。

(4) 【多图边框】：多张图片在一张画框中显示，在工具栏中选择【边框】\【多图边框】，可选择多张图片进行边框效果的设置；多图边框右侧工具栏提供【全部】、【儿童】、【青春】、【场景】四种类型的自带边框类型；进入【制作边框】和【进入素材中心】，可制作及下载更多边框。

(5) 【自定义扩边】：自定义图片边框设置，通过【自定义扩边】可设置边框的上下左右边框的粗细、颜色、图案边框、透明度及阴影设置。

**提示：**

在光影魔术手中下载和制作的边框素材可以直接进行收藏。从互联网下载边框，可将扩展名为NLF的系统文件复制、粘贴到安装光影魔术手之后的一个名为Frame的文件夹里。

**任务实施：**

① 完成对多张图片不同效果的组合，并为组合图片添加边框。

② 打开自己满意的图片，对图片进行效果设置及图片的组合。

③ 打开光影魔术手，尝试完成任务中的功能。

**任务小结：**

光影魔术手本身提供的边框及多图组合形式，操作简单、容易上手。在边框设置中还方便地提供了【制作边框】和【进入素材中心】，以从网上下载新的边框供用户使用。

我们主要学习图片美容、添加文字、多张图片的组合、图片边框的设置，并能独立使用光影魔术手对图片进行美容及设计排版。

# 考 核 任 务

## 任务三　使用光影魔术手制作宣传海报

产品宣传报的制作：

(1) 打开光影魔术手，浏览素材文件，浏览“背景.jpg”，并对图片进行裁剪，将图片下方网址裁剪掉，对裁剪好的图片进行保存。

(2) 设置【自由拼图】的拼图背景为“背景.jpg”，单击自由拼图右侧工具栏中的【打开图片】，浏览“背景.jpg”，然后添加“logo.jpg”、“宣传.jpg”、“手机理财.jpg”。调整三张图片的位置、角度，然后保存拼图。设置边框的颜色及内外边框的宽度。

(3) 对拼图进行边框的设置，添加撕边边框“星星点点”(对撕边边框右键单击，出现收藏此边框的对话框，里面出现此边框的名称)，单击【确定】保存。

(4) 对拼好的图片进行【自定义扩边】处理，上下左右扩边宽度设置为2，扩边颜色为“灰色”，单击【确定】。再对图片进行一次扩边处理，此次扩边选择图案扩边，并对上下左右阴影复选框勾选，单击【确定】保存。

(5) 对制作的海报进行另存，文件名为“手机理财宣传报”。

### 知识拓展

#### 1. 光影魔术手水印及批量处理

对于文字和水印，可随意拖动操作。横排、竖排、发光、描边、阴影、背景等各种效果，让文字在图像上更加出彩，更可保存为文字模板供下次使用。多种混合模式让水印更加完美。

快速批量处理海量图片，充分利用CPU的多核功能。可以批量调整尺寸，加文字、水印、边框以及各种特效。还可以将一张图片上的历史操作保存为模板后，一键应用到所有图片上，功能强大，对于爱拍照、爱处理照片的人员，不容错过！

#### 2. 专业词汇中英文对照

(1) 光影魔术手——Neo Imaging

(2) 图片——IMG

(3) 效果—— Effect

## 任务四　会声会影使用攻略

示范视频短片“点钞比赛示范.flv”的剪辑特效等效果的操作。

### 任务分析：

#### 1. 会声会影操作示范

依据会声会影的常用操作，对“点钞比赛示范.flv”进行剪辑。

### 1) 视频常见格式，了解 AVI、MPEG 和 FLV 格式视频的特点

AVI即音频视频交错格式，AVI文件将音频(语音)和视频(影像)数据包含在一个文件容器中，AVI文件支持多个音视频流。AVI信息主要应用在多媒体光盘上，用来保存电视、电影等各种影像信息。

MEPG是由ISO制定和发布的视频、音频、数据压缩标准。

FLV流媒体格式是随着Flash MX的推出发展起来的视频格式。由于形成的文件极小、加载速度极快，使得网络观看视频文件成为可能。

### 2) 会声会影的工作界面

启动会声会影后，打开的工作界面如图6-4-1所示。启动与退出会声会影的方式与Office办公软件类似，参照其启动与退出的方法操作。会声会影的工作界面包括工具栏和右侧栏。

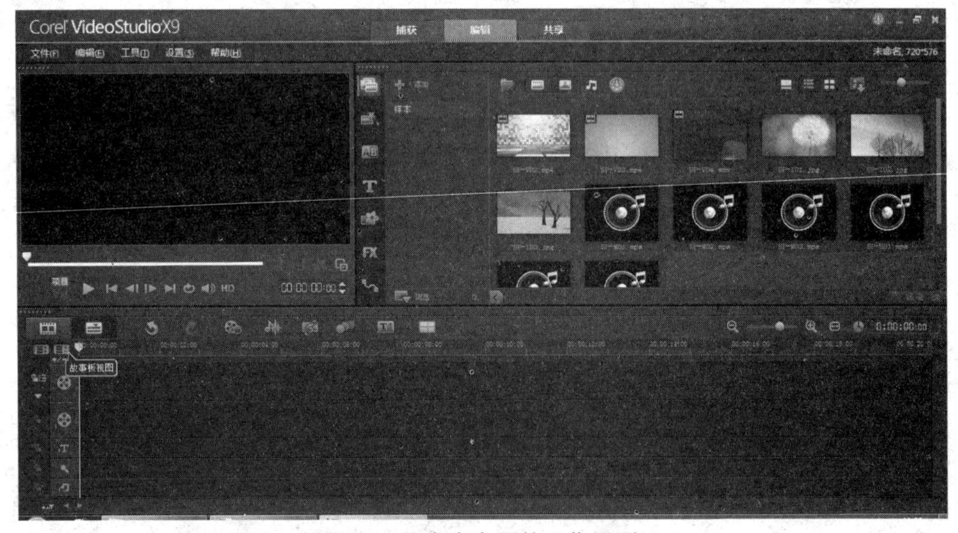


图6-4-1　会声会影的工作界面

### 3) 用会声会影对视频做基本调整

(1) 导入图片或视频等素材

导入素材有以下三种方法：

- 用户在打开软件后，可在时间轴的视图窗口中，右键单击插入素材，如图6-4-2所示。
- 单击菜单栏的【文件】里面的【打开项目】选项，导入素材，如图6-4-3所示。
- 直接将图片或视频等素材拖到软件的编辑框里。

(2) 对视频和音频进行剪辑。视频剪辑可采用“ ”小剪刀对视频和音频进行剪切，如图6-4-4所示。然后将不需要的部分删掉，在需要删除的视频上单击右键，如图6-4-5所示。同时也可以对剪辑好的素材进行重新排序。

图6-4-2　插入素材

图6-4-3　打开项目

图6-4-4　视频剪辑

图6-4-5　删除视频

4) 转场

用户可以单击转场按钮“AB”，只要将自己想要的转场效果拖拉到故事板视图中就可以了，这样做主要是为了让视频更加流畅和美观。转场效果可分为自动添加转场、手动添加转场、随机应用转场。

(1) 自动添加转场。在会声会影视频编辑软件中，如果需要在许许多多的静态照片间加入转场效果，应用自动添加转场效果最为方便。

首先打开会声会影，单击【设置】\【参数选择】命令，执行操作完毕后，界面上出现【参数选择】对话框；切换至【参数选择】的【编辑】选项卡，选中窗口下方的【自动添加转场效果】复选框，最后单击【确定】，如图6-4-6所示。

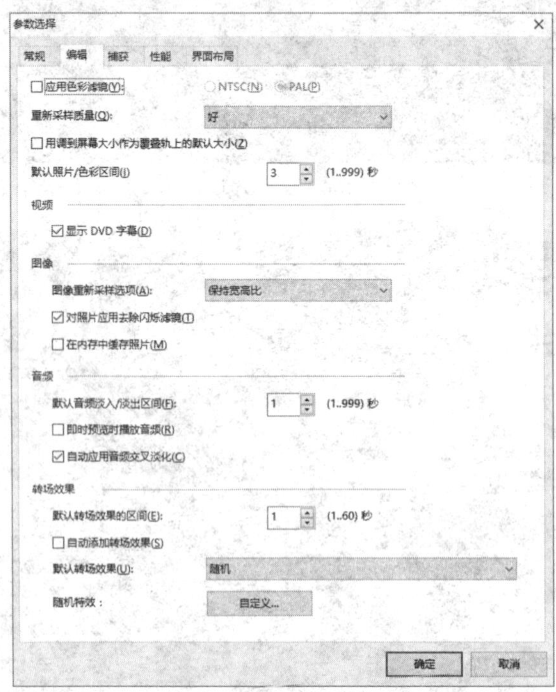


图6-4-6　【参数选择】对话框

最后返回会声会影编辑器，在故事板中插入两幅图像素材，便可在导览面板中预览自动添加的转场效果。

(2) 手动添加转场。手动添加转场可让用户充分发挥自己的主观能动性，选择最合适的转场效果，从而制作出绚丽多彩的视频作品。

首先在会声会影编辑器的故事板中插入两幅图像或视频素材，单击会声会影的【转场】按钮，切换至【转场】选项卡；在【全部】素材库中选择【交叉淡化】转场效果，单击鼠标左键将其拖放至故事板中的素材之间，如图6-4-7所示。

将【时间线】移至素材的开始位置，接下来在【导览】面板中预览【交叉淡化】转场效果。

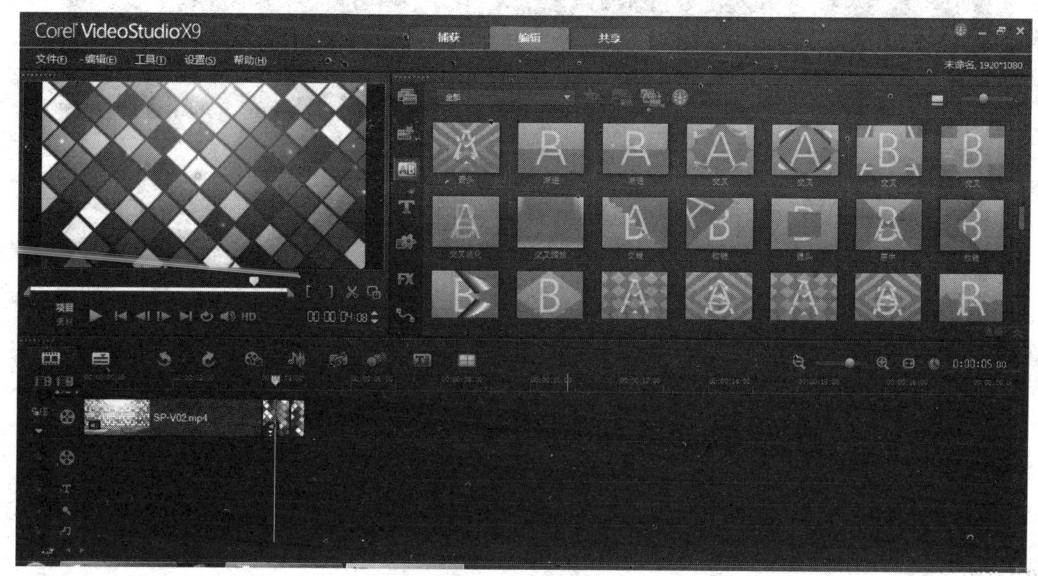


图6-4-7　设置转场效果

**提示：**

*会声会影X9中包含了常用的转场效果，用户也可以将自己常用的转场效果添加至收藏夹，以方便添加转场效果。*

(3) 随机应用效果。单击会声会影的【转场】按钮，切换至【转场】选项卡，单击窗口上方的“ ”对视频轨应用随机效果，将视线移至素材的开始位置。

巧妙掌握影片转场特效小技巧，将能制作出更多精彩绝伦的视频作品！

如何移动转场效果？

在会声会影中，用户还可以对转场效果进行移动，如何移动会声会影的转场效果呢？会声会影的移动转场效果如何使用？

① 进入会声会影编辑器，打开一个项目文件，在时间轴视图的视频轨中，选择第一张照片与第二张照片之间的转场效果。

② 单击鼠标左键，并拖曳至第二张与第三张照片之间释放鼠标左键，即可移动转场效果。

单击会声会影【导览】面板中的【播放】按钮即可预览移动转场后的视频素材效果。

5) 特效

制作视频都需要精湛的技术，如果没有的话也不必担心，可使用特效和音乐来弥补。所以学会添加特效，也能让视频大放异彩。

那么会声会影提供了那些特效及特效素材呢？会声会影提供了滤镜特效。

(1) 首先在视频轨上添加素材。

(2) 然后单击【滤镜】按钮，弹出各种类型的会声会影滤镜，如图6-4-8所示。

图6-4-8　滤镜

(3) 单击标题栏的下拉框，会有很多滤镜类型出现。

(4) 每个类型里面都有很多滤镜，可以根据需要选择滤镜，添加到素材上，效果如图6-4-9所示。

图6-4-9　添加特效

其实在会声会影中添加视频特效非常简单，主要就是利用滤镜，调整数值。通过滤镜选项，调整详细参数达到预期效果，如图6-4-10所示。

### 6) 字幕

字幕的添加看似没有视频画面的效果耀眼夺目，但对于视频内容的传播，有着更直接的表达作用。因此，学会字幕的添加也是必不可少的一个技能，下面教大家学习如何使用会声会影添加字幕。

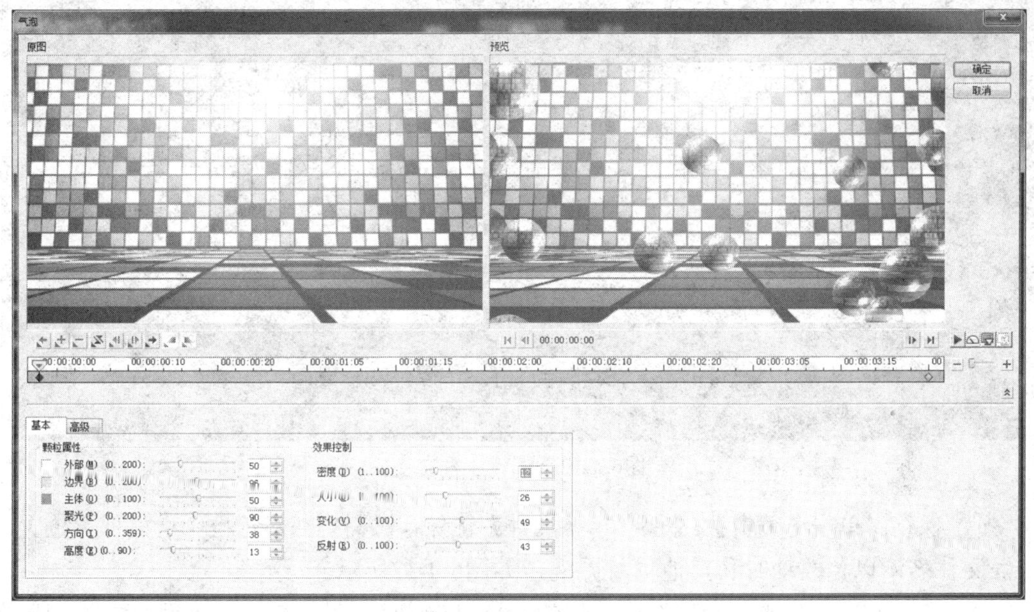


图6-4-10　设置滤镜参数

在会声会影中，字幕的添加分为几种不同的类型，基本的添加步骤相同，主要看需要怎样的字幕显现效果。

在会声会影中添加字幕的方法如下。

(1) 打开会声会影，导入需要添加文字的视频素材到视频轨上。单击【标题】选项，在字幕库中选择合适的字幕到标题轨上，如图6-4-11所示。

图6-4-11　添加标题字幕

(2) 编辑文字样式。在会声会影的视频预览框中选中文字，然后在【编辑】下对文字属性进行设置，字体、字号、颜色、对齐方式等都可在这里进行选择，如图6-4-12所示。

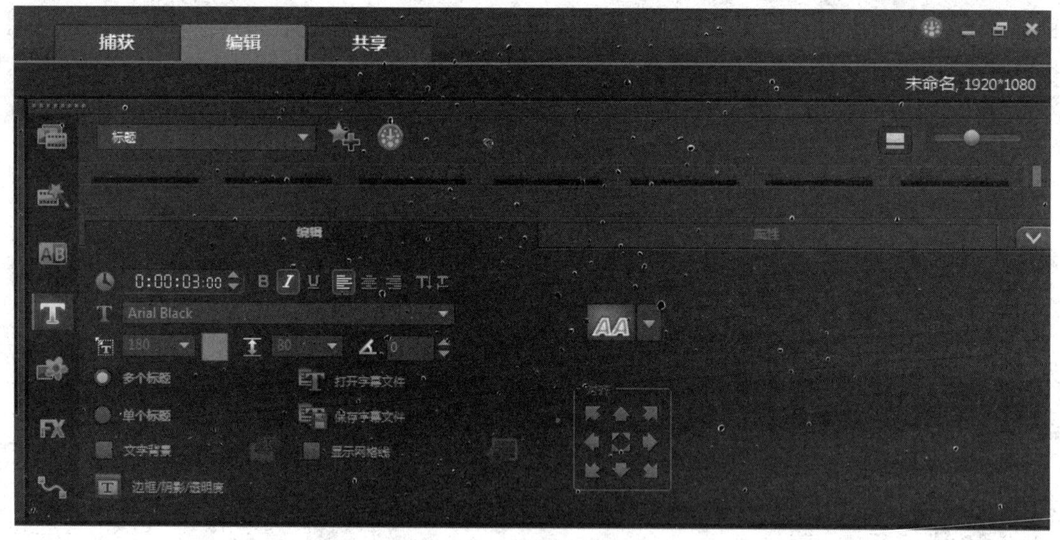


图6-4-12　编辑字幕文字

(3) 保存。单击【编辑】\【保存字幕文件】，保存时需要在对话框中选好保存位置，取好文件名，以免改动时和其他项目弄混，如图6-4-12所示。

(4) 修改文字。如果保存后发现添加的字幕仍需修改，选中字幕，在预览框中双击字幕，就可以修改文字了；在视频中添加字幕后，标题轨道就会出现当前插入的字幕。

(5) 为字幕添加特效，字幕同样有很多特效，就和视频转场特效类似，制作者可根据自己需要进行选择，同时，可在时间轨上延长或缩短来调整字幕的显示时间。

**提示：**

*在会声会影中添加字幕虽然比较容易，但是想要制作出便于观看者阅读、效果又吸引人的样式也是需要精心研究的，包括字体的设置、出场效果的选择等。*

**7) 配乐**

电子相册要想吸引人，光有图片是不够的，还要有音效。如何为视频添加音效？具体操作如下：

(1) 插入音效。在时间轴中单击鼠标右键，在弹出菜单后选择【插入音频】\【到声音轨】命令，如图6-4-13所示。

(2) 自动音乐。会声会影中提供了很多音乐素材文件供用户使用，单击自动配乐按钮“ ”。

(3) 调整区间。在声音轨中插入一段音频素材，并调整素材的区间，使之与视频轨上的素材区间一致。

图6-4-13　插入音频到声音轨

8) 视频的导出

如果项目还有需要修改的地方，需要进行项目的保存，进行再一次编辑。单击【文件】\【保存】，此时保存的是项目，保存的文件并不能直接播放。

如果项目已经编辑完，那么需要进行视频的输出。

导出视频的步骤如下：

① 视频编辑完成后，单击【共享】选项，会弹出如图6-4-14所示的界面。

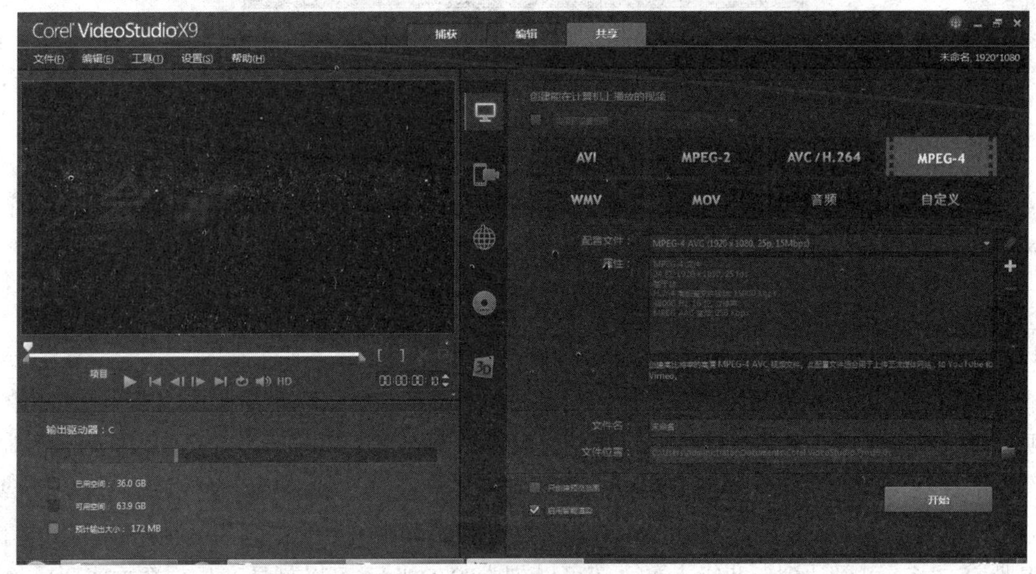


图6-4-14　视频导出界面

② 右侧工具栏是导出视频的格式，可以根据需要选择视频的格式。选项中出现的视频格式都是会声会影支持的视频文件格式。

③ 设置导出视频的名称和文件的位置，单击【文件位置】右边的文件夹图标，可以

指定视频导出的位置。

④ 需要导出视频时，单击右下角的【开始】按钮，弹出渲染进度条。当渲染进度条显示100%的时候，会弹出【已成功渲染该文件】提示框，表示视频渲染完成了，在文件保存位置的文件夹中就能找到该视频了。

9) 视频转码

视频格式种类繁多，如果遇到视频格式不符合要求的情况，就需要进行转码。具体操作如下：

单击【文件】\【成批转换】，添加需要转换的视频文件。单击【转换】命令，开始转换，如图6-4-15所示。

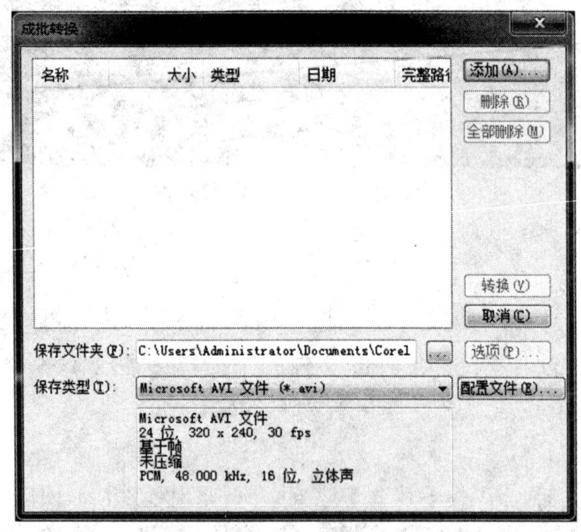


图6-4-15　视频成批转换

**任务实施：**

① 先打开会声会影软件，并观察软件菜单栏的分布及名称。

② 练习会声会影对视频及图片的各项编辑功能，包括【视频编辑】、【截取】、【转码】、【特效】、【字幕】、【配乐】等。

③ 可以使用会计比赛素材制作会计竞技比赛电子相册。

**任务小结：**

会声会影对于业余爱好者和专业人员都适用。会声会影可以轻易制作出非常有特色的视频，是编辑视频、音频、图片、动画的好帮手。网上很多作品其实就是使用会声会影制作而成。会声会影软件自带许多模板，应用到现成的视频、图片后，配上画外音(录音)或音乐，就成了片头或片尾。会声会影X9提供了滤镜，其中的“画中画”可制作MTV、电子相册或电影，可以达到专业级水平。还可以刻成DVD光盘(可以刻录音乐、数据光盘)；编辑高清视频(包括部分3D高清)、输出高清视频。

## 任务五　宣传视频素材下载

示范视频“银行点钞技能篇.flv”素材的下载。

### 任务分析：

### 下载素材类型

宣传视频的下载，可以采用从互联网下载或自己录制视频两种形式。

目前很多网站都可以提供视频的下载，例如现在比较流行的优酷土豆等视频网站。视频可以直接利用互联网进行下载，可下载安装视频的客户端，然后进行下载。

也可以使用自己录制的视频素材进行编辑。

### 任务实施：

① 下载并安装优酷客户端，然后搜索要下载视频的关键字，进入下载页面进行下载。

② 将下载的视频导入到会声会影中。

③ 打开会声会影，尝试完成任务中的功能。

### 任务小结：

会声会影提供了很多视频素材，可对自己录制或从网络下载的视频进行重新编辑裁剪和后期制作。会声会影操作简单，容易上手。

我们主要学习捕获、剪接、转场、特效、字幕、配乐等基本操作。会声会影支持各类编码，包括音频和视频编码，是最简单、易操作、易上手的DV、影片剪辑软件，还可以对后期合成的视频进行输出并刻录成光盘。

## 任务六　使用会声会影制作宣传视频

产品宣传视频的制作：

(1) 打开会声会影软件，浏览素材文件，打开项目“翻打传票技能篇.jpg”、“单指单张点钞法”，为视频文件添加入场片头，将会声会影提供的素材sp-vo2.MP4拖放到视频轨道上。

(2) 设置“标题字幕”，在入场片头处添加标题字幕“会计宣传片”，并为片头动画加入特效。将滤镜效果中的“气泡”效果拖放到音频轨道的片头文件上，预览效果，并调整选项值来确定滤镜的最后效果。

(3) 对视频文件进行剪辑，使用剪刀工具，切断视频文件，不需要的文件选中后直接右键删除(为使视频流畅，一定要仔细观看视频并调整帧数来剪辑视频)。对剪辑的视频文件添加转场效果，添加“淡化到黑色”、“转动”两种转场效果。

(4) 视频文件剪辑后，为宣传视频插入背景音乐，在音频轨道上单击右键【插入音频】，调整背景音乐的时间线与视频长度相同。

(5) 对制作的宣传视频进行预览，导出视频文件。执行【共享】\【MPEG4】\【文件名】\【文件位置】，输出文件名为“会计宣传视频”，输出位置为D盘。

### 知识拓展

#### 1. 选择视频导出格式

(1) 导出视频时，一般选择MPEG-4格式，可以直接上传到优酷等视频网站。

(2) AVI格式的视频，画面比较清晰，但是占用空间太大，不建议选择。

(3) MPEG-2和AVC/H.264都是DVD的视频格式。MPEG-2是压缩过的视频文件，而AVC/H.264则是会声会影渲染的高清视频文件。

(4) WMV是Windows Media Video的简称，是流媒体格式，不常用。

(5) 音频就直接渲染视频的音乐，有4种音乐格式，可根据自己的需求选择。

(6) 自定义选项里面还有其他视频格式。

另外，视频渲染速度很慢时，先取消渲染时预览的功能，如图6-7-1所示。然后将项目保存，重新打开再渲染，渲染速度就快一些。

图6-7-1　取消渲染预览功能

编辑视频是重点，但是导出视频也很重要。输出的格式选择、参数设置都直接影响着影片的质量。了解了上面介绍的视频输出参数设置，有助于提高工作效率。

#### 2. 专业词汇中英文对照

(1) 会声会影——COREL

(2) 视频——Video

(3) 渲染—— Render

(4) 流媒体——Stream Media

# 项 目 习 题

### 一、选择题

1. 对于图片的“黑白效果”，设置正确的是______。

A. 基本调整　　B. 数码暗房

C. 一键设置　　D. 模板设置

2. 多图组合中包括哪几种组合？

A. 自由拼图　　B. 模板拼图

C. 图片拼接　　D. 以上都对

3. 在图片边框设置中，下列哪种不属于边框设置？

A. 轻松边框、花样边框　　B. 场景边框

C. 多图拼接　　D. 内置电影边框

4. 通道混合器可以通过三种通道来进行细节调整，分别是哪三种通道？

A. 红色通道　　B. 绿色通道

C. 蓝色通道　　D. 以上都对

5. 下列哪些功能是光影魔术手无法实现的？

A. 图像美容　　B. 水印

C. 图片文字　　D. 以上都能实现

6. 会声会影支持的视频格式有______。

A. AVI　　B. MPEG

C. FLV　　D. 以上都对

7. 下面哪些功能是会声会影可以实现的？

A. 剪辑　　B. 添加音效

C. 视频格式转码　　D. 以上都对

8. 会声会影可以对下列哪些形式的素材做剪辑操作？

A. 图片　　B. 音乐

C. 视频　　D. 以上都对

9. 会声会影提供的转场可以通过以下哪种手段实现？

A. 手动添加转场　　B. 随机应用转场效果

C. 自动添加转场　　D. 以上都对

10. 下列哪些功能是会声会影无法实现的？

A. 图像美容　　B. 混合音效

C. 添加字幕　　D. 以上都能实现

## 二、操作题

### 1. 制作个人写真

(1) 通过互联网挑选一张自己喜欢的任务图片，并将图片重命名为“个人.jpg”，对“个人.jpg”分别进行反转片负冲效果、素描效果的设置，颜色容差设置为100，并分别对这三种效果进行保存。

(2) 对其中一张图片设置“内置电影边框”，此张图片裁剪时裁剪成宽屏效果；为另外两张设置“自定义扩边”，上下左右扩边宽度为1，扩边颜色为白色。

(3) 自由拼图，将拼图背景设置为“个人.jpg”，然后将设置效果的三张图片分别放在自由拼图中，并调整位置。

(4) 对拼接后的整体图片添加文字“JASON'S,FREE STYLE”并设置字体。

(5) 将最后制作效果另存为“个人写真.jpg”。

### 2. 制作墙壁展示画

(1) 对“沁园春.jpg”分别进行黑白效果、负冲片效果、素描效果的效果设置，并分别对三种效果进行保存。

(2) 对三张数码暗房效果图进行图片拼接，并设置边框的颜色以及内外边框的宽度。

(3) 为拼接后的整体图片添加文字“独立寒秋，湘江北去，橘子洲头。——毛泽东《沁园春 • 长沙》”并设置字体。

(4) 保存制作后的图片。

### 3. 制作会计从业比赛电子相册

(1) 收集会计电子的照片，并把照片添加到会声会影的视频轨道中，根据图片的场景调整照片的位置。

(2) 对需要添加转场效果的照片添加转场效果。对其中几张图片添加特效，以增强竞赛的整体效果。

(3) 对竞赛电子相册添加“标题字幕”，输入“会计从业比赛”。

(4) 为会计从业比赛电子相册添加音频文件，调整音频文件的长度与电子相册的时间线相同。

(5) 预览会计竞赛电子相册，并导出电子相册文件，导出文件格式为.MP4。

### 4. 制作会计技能电子竞赛视频宣传片

(1) 将录制的“会计技能竞赛.mp3”导入到会声会影视频轨道上，对多余及录制不合格的视频进行剪辑，并删除多余视频。

(2) 在两段视频之间加入“淡入淡出”专场效果。

(3) 为两段视频添加中文字幕，并保存字幕文件。

(4) 为视频添加音频文件，调整音频文件的时间线与视频文件相同。

(5) 保存并导出合成后的视频文件，格式为.MP4。